2021年版全国二级建造师执业资格考试
案例分析专项突破

矿业工程管理与实务案例分析专项突破

全国二级建造师执业资格考试案例分析专项突破编写委员会　编写

中国建筑工业出版社
中国城市出版社

图书在版编目(CIP)数据

矿业工程管理与实务案例分析专项突破 / 全国二级
建造师执业资格考试案例分析专项突破编写委员会编写.
— 北京：中国城市出版社，2021.2
2021年版全国二级建造师执业资格考试案例分析专项
突破

ISBN 978-7-5074-3342-5

Ⅰ．①矿… Ⅱ．①全… Ⅲ．①矿业工程－工程管理－
资格考试－自学参考资料 Ⅳ．①TD

中国版本图书馆 CIP 数据核字(2020)第 262368 号

本书根据考试大纲要求，以历年实务科目实务操作和案例分析题的考试命题规律及所
涉及的重要考点为主线，收录了 2011—2020 年度二级建造师执业资格考试实务操作和案
例分析真题，并针对历年真题实务操作和案例分析题中的各个难点进行了细致的讲解，从
而有效地帮助考生突破固定思维，启发解题思路。

同时以历年真题为基础排列了大量的典型实务操作和案例分析习题，注重关联知识
点、题型、方法的再巩固与再提高，着力培养考生对"能力型、开放型、应用型和综合
型"试题的解答能力，使考生在实务操作和面对案例分析考题时做到融会贯通、触类旁
通，顺利通过考试。

本书可供参加二级建造师执业资格考试的考生作为复习指导书，也可供建筑施工行业
管理人员参考。

责任编辑：蔡文胜
责任校对：芦欣甜

2021 年版全国二级建造师执业资格考试案例分析专项突破
矿业工程管理与实务案例分析专项突破
全国二级建造师执业资格考试案例分析专项突破编写委员会　编写

＊

中国建筑工业出版社、中国城市出版社出版、发行(北京海淀三里河路 9 号)
各地新华书店、建筑书店经销
北京红光制版公司制版
北京圣夫亚美印刷有限公司印刷

＊

开本：787 毫米×1092 毫米　1/16　印张：16¼　字数：391 千字
2021 年 1 月第一版　　2021 年 1 月第一次印刷
定价：**40.00** 元
ISBN 978-7-5074-3342-5
(904324)

前　　言

在二级建造师考试中，《专业工程管理与实务》科目一直是广大考生的拦路虎，而实务科目中的案例分析题更是让广大考生深感棘手。为了帮助广大考生在短时间内掌握案例分析题的重点和难点，迅速提高应试能力和答题技巧，更好地适应考试，我们组织了一批二级建造师考试培训领域的权威专家，根据考试大纲要求，以历年考试命题规律及所涉及的重要考点为主线，精心编写了这套《2021年版全国二级建造师执业资格考试案例分析专项突破》系列丛书。

本套丛书共分6册，涵盖了二级建造师执业资格考试的6个专业科目，分别是：《建筑工程管理与实务案例分析专项突破》《机电工程管理与实务案例分析专项突破》《市政公用工程管理与实务案例分析专项突破》《公路工程管理与实务案例分析专项突破》《水利水电工程管理与实务案例分析专项突破》和《矿业工程管理与实务案例分析专项突破》。

本套丛书具有以下特点：

要点突出——本套丛书对每一章的要点进行归纳总结，帮助考生快速抓住重点，节约学习时间，更加有效地掌握基础知识。

布局清晰——每套丛书分别从施工技术、进度、质量、安全、成本、合同、现场等方面，将历年真题进行合理划分，并配以典型习题。有助于考生抓住考核重点，各个击破。

真题全面——本套丛书收录了2011—2020年度二级建造师执业资格考试案例分析真题，便于考生掌握考试的命题规律和趋势，做到运筹帷幄。

一击即破——针对历年真题中的各个难点，进行细致的讲解，从而有效地帮助考生突破固定思维，启发解题思路。

触类旁通——以历年真题为基础编排的典型习题，着力加强"能力型、开放型、应用型和综合型"试题的开发与研究，注重关联知识点、题型、方法的再巩固与再提高，加强考生对知识点的进一步巩固，做到融会贯通、触类旁通。

为了配合考生的备考复习，我们开通了答疑QQ群：787239914、1043785895（加群密码：助考服务），配备了专家答疑团队，以便及时解答考生所提的问题。

由于编写时间仓促，书中难免存在疏漏之处，望广大读者不吝赐教。

目　　录

全国二级建造师执业资格考试答题方法及评分说明

全国二级建造师执业资格考试设《建设工程施工管理》《建设工程法规及相关知识》两个公共必考科目和《专业工程管理与实务》六个专业选考科目（专业科目包括建筑工程、公路工程、水利水电工程、市政公用工程、矿业工程和机电工程）。

《建设工程施工管理》《建设工程法规及相关知识》两个科目的考试试题为客观题。《专业工程管理与实务》科目的考试试题包括客观题和主观题。

一、客观题答题方法及评分说明

1. 客观题答题方法

客观题题型包括单项选择题和多项选择题。对于单项选择题来说，备选项有4个，选对得分，选错不得分也不扣分，建议考生宁可错选，不可不选。对于多项选择题来说，备选项有5个，在没有把握的情况下，建议考生宁可少选，不可多选。

在答题时，可采取下列方法：

（1）直接法。这是解常规的客观题所采用的方法，就是考生选择认为一定正确的选项。

（2）排除法。如果正确选项不能直接选出，应首先排除明显不全面、不完整或不正确的选项，正确的选项几乎是直接来自于考试教材或者法律法规，其余的干扰选项要靠命题者自己去设计，考生要尽可能多排除一些干扰选项，这样就可以提高选择出正确答案的概率。

（3）比较法。直接把各备选项加以比较，并分析它们之间的不同点，集中考虑正确答案和错误答案关键所在。仔细考虑各个备选项之间的关系。不要盲目选择那些看起来、读起来很有吸引力的错误选项，要去误求正、去伪存真。

（4）推测法。利用上下文推测词义。有些试题要从句子中的结构及语法知识推测入手，配合考生自己平时积累的常识来判断其义，推测出逻辑的条件和结论，以期将正确的选项准确地选出。

2. 客观题评分说明

客观题部分采用机读评卷，必须使用2B铅笔在答题卡上作答，考生在答题时要严格按照要求，在有效区域内作答，超出区域作答无效。每个单项选择题只有1个备选项最符合题意，就是4选1。每个多项选择题有2个或2个以上备选项符合题意，至少有1个错项，就是5选2~4，并且错选本题不得分，少选，所选的每个选项得0.5分。考生在涂卡时应注意答题卡上的选项是横排还是竖排，不要涂错位置。涂卡应清晰、厚实、完整，保持答题卡干净整洁，涂卡时应完整覆盖且不超出涂卡区域。修改答案时要先用橡皮擦将原涂卡处擦干净，再涂新答案，避免在机读评卷时产生干扰。

二、主观题答题方法及评分说明

1. 主观题答题方法

主观题题型是实务操作和案例分析题。实务操作和案例分析题是通过背景资料阐述一个项目在实施过程中所开展的相应工作，根据这些具体的工作提出若干小问题。

实务操作和案例分析题的提问方式及作答方法如下：

（1）补充内容型。一般应按照教材中对应内容将背景资料中未给出的内容都回答出来。

（2）判断改错型。首先应在背景资料中找出问题并判断是否正确，然后结合教材、相关规范进行改正。需要注意的是，考生在答题时，不能完全按照工作中的实际做法来回答问题，因为将实际做法作为答题依据得出的答案和标准答案之间可能存在很大差距，即使答了很多，得分也很低。

（3）判断分析型。这类题型不仅要求考生答出分析的结果，还需要通过分析背景资料来找出问题的突破口。需要注意的是，考生在答题时要针对问题作答。

（4）图表表达型。结合工程图及相关资料表回答图中构造名称、资料表中缺项内容。需要注意的是，关键词表述要准确，避免画蛇添足。

（5）分析计算型。充分利用相关公式、图表和考点的内容，计算题目要求的数据或结果。最好能写出关键的计算步骤，并注意计算结果是否有保留小数点的要求。

（6）简单问答型。这类题型主要考查考生记忆能力，一般情节简单、内容覆盖面较小。考生在回答这类型题时要直截了当，有什么答什么，不必展开论述。

（7）综合分析型。这类题型比较复杂，内容往往涉及不同的知识点，要求回答的问题较多，难度很大，也是考生容易失分的地方。要求考生具有一定的理论水平和实际经验，对教材知识点要熟练掌握。

2. 主观题评分说明

主观题部分评分采取网上评分的方法进行，为了防止出现评卷人的评分宽严度差异对不同考生产生的影响，每个评卷人员只评一道题的分数。每份试卷的每道题均由两位评卷人员分别独立评分，如果两人的评分结果相同或很相近（这种情况比例很大）就按两人的平均分为准。如果两人的评分差异较大，超过 $4\sim5$ 分（出现这种情况的概率很小），就由评分专家再独立评分一次，然后用专家所评的分数和与专家评分接近的那个分数的平均分数为准。

主观题部分评分标准一般以准确性、完整性、分析步骤、计算过程、关键问题的判别方法、概念原理的运用等为判别核心。标准一般按要点给分，只要答出要点基本含义一般就会给分，不恰当的错误语句和文字一般不扣分。

主观题部分作答时必须使用黑色墨水笔书写作答，不得使用其他颜色的钢笔、铅笔、签字笔和圆珠笔。作答时字迹要工整、版面要清晰。因此书写不能离密封线太近，密封后评卷人不容易看到；书写的字不能太粗、太密、太乱，最好买支极细笔，字体稍微书写大点、工整点，这样看起来工整、清晰，评卷人也愿意多给分。当本页不够答题要占用其他页时，在下面注明：转第×页；因为每个评卷人仅改一题，若转到另一页评卷人可能就看不到了。

主观题部分作答应避免答非所问，因此考生在考试时要答对得分点，答出一个得分点就给分，说的不完全一致，也会给分，多答不会给分的，只会按点给分。不明确用到什么规范的情况就用"强制性条文"或者"有关法规"代替，在回答问题时，只要有可能，就在答题的内容前加上这样一句话："根据相关法规或根据强制性条文"，通常这些是得分点之一。

　　主观题部分作答应言简意赅，并尽量使用背景资料中给出的专业术语。考生在考试时应相信第一感觉，往往很多考生在涂改答案过程中，"把原来对的改成错的"这种情形很多。在确定完全答对时，就不要展开论述，也不要写多余的话，能用尽量少的文字表达出正确的意思就好，这样评卷人看得舒服，考生自己也能省时间。如果答题时发现错误，不建议使用涂改液进行修改，应用笔画个框圈起来，打个"×"即可，然后再找一块干净的地方重新书写。

本科目常考的标准、规范

1. 《岩土锚杆与喷射混凝土支护工程技术规范》GB 50086—2015
2. 《煤矿井巷工程施工规范》GB 50511—2010
3. 《煤矿井巷工程质量验收规范》GB 50213—2010
4. 《煤矿巷道锚杆支护技术规范》GB/T 35056—2018
5. 《露天煤矿工程施工规范》GB 50968—2017
6. 《矿山立井冻结法施工及质量验收规范》GB/T 51277—2018
7. 《煤矿设备安装工程施工规范》GB 51062—2014
8. 《煤矿安全规程》

第一章 矿业工程施工技术

2011—2020 年度实务操作和案例分析题考点分布

考点 \ 年份	2011年	2012年6月	2012年10月	2013年	2014年	2015年	2016年	2017年	2018年	2019年	2020年
地质和水文资料及巷道设计的基本内容		●									
土方工程施工机械的选用											●
立井井筒施工机械化作业线配套方案			●				●	●		●	●
立井施工辅助生产系统及技术要求											●
矿井防治水工作的基本原则		●									
矿山井巷防治水的内容				●							
煤矿许用炸药的选择要求									●		
盲炮(瞎炮)的处理方法					●			●		●	
光面爆破对钻孔的要求								●		●	●
井巷凿岩爆破的施工工艺					●						
井下永久泵房与变电所在井下的重要性									●		
井壁基岩段成井后漏水的原因							●				
立井井筒井壁淋水的处理方法				●						●	
锚喷支护的施工技术要求					●					●	
施工防治水方法及应用						●					●
井筒涌水的危害						●					
"三小"技术的主要内容						●					
巷道贯通的基本内容						●					
硐室的施工方法									●		
台阶法施工											●

专家指导：

在本科目的实务操作和案例分析题中，除了对进度管理、质量管理、合同管理、安全管理及成本管理等内容进行考核外，同样会对施工技术的内容进行考核。涉及巷道施工爆破作业的内容与工程实际结合很强，题目一般会要求考生能够掌握通过施工图表达工程设计内容的方法，考查考生对实际内容的掌握情况。

要 点 归 纳

1. 矿井水的综合防治【重要考点】

矿井防治水工作的基本原则为坚持"预测预报、有疑必探、先探后掘、先治后采"。

矿井水害治理的基本技术方法是采取"探、防、堵、疏、排、截、监"综合防治措施。

目前常用的矿井水防治方法有地面防水、井下防水、疏干降压、矿井排水和注浆堵水等。

2. 巷道支护形式及应用（表 1-1）【重要考点】

巷道支护形式及应用　　　　　　　　　　　　　　　　　　　表 1-1

支护形式	应用
支架支护	支架支护属于被动支护，被动地承受围岩的重力作用和围岩变形压力的挤压作用，因此及早支护、避免围岩断裂、有利支架的作用。支架也可以和锚喷支护构成联合支护，也可以单独作为临时支护
拱形可缩支架支护	拱形金属可缩支架是一种让压式支护，适应围岩变形较大的情况
锚杆支护	锚杆支护要通过粘结或机械作用使杆体固结在围岩内部，同时用锚杆托盘紧贴岩面，从而达到约束围岩的破裂和变形。 锚杆的固结力（抗拉拔力）是发挥锚杆作用的关键。采用树脂（药卷）或水泥（卷）粘结、增加锚固长度的方法可以获得较高的、可靠的抗拉拔力
锚索支护	锚索对围岩施加的预应力是一种对围岩的主动作用，加之锚索深入围岩更深（一般达 5～8m 或更深），预应力的作用更大，因此锚索具有更有力的支护作用，效果更突出，它适用于压力大、围岩严重破碎等难支护的巷道中
喷射混凝土支护与锚喷联合支护	喷混凝土可以单独进行支护，也可以与锚杆、支架构成锚喷等多种支护形式；其混凝土多采用 C15～C20 等级，喷层厚度一般为 50～150m，作为单独支护时常采用 100～150mm，通常不超过 200mm。 喷射混凝土同时配置金属网时就构成锚喷网支护，对提高锚喷支护能力有重要作用。采用金属支架与锚喷混凝土的联合具有较大的支护能力，适用于围岩破碎、压力大等严重情况。 联合支护也常采用在二次支护的形式中，经首次支护使围岩变形基本控制后再采用二次联合支护，使围岩最终实现稳定
衬砌支护	衬砌支护可以采用砌块砌筑或者现浇混凝土浇筑，是一种刚性支护结构。衬砌支护具有坚固耐久、防火阻水、通风阻力小等特点，主要用在井筒、硐室及一些重要的永久支护工程中

3. 工业炸药的应用（表1-2）【重要考点】

工业炸药的应用   表1-2

工业炸药	应用
普通铵油炸药	多用于露天深孔爆破和硐室爆破
改性铵油炸药	一般用于露天或无瓦斯、无矿尘爆炸危险的地下矿山
重铵油炸药	适用于水孔和无水孔的露天深孔爆破
膨化硝铵炸药	适用于露天及无可燃气和（或）矿尘爆炸危险的地下爆破工程
水胶炸药	适用于水工作面的爆破作业
乳化炸药	适合各种条件下的爆破作业
煤矿许用炸药	（1）低瓦斯矿井的岩石掘进工作面，使用安全等级不低于一级的煤矿许用炸药。 （2）低瓦斯矿井的煤层采掘工作面、半煤岩掘进工作面，使用安全等级不低于二级的煤矿许用炸药。 （3）高瓦斯矿井，使用安全等级不低于三级的煤矿许用炸药。 （4）突出矿井，使用安全等级不低于三级的煤矿许用含水炸药

4. 井巷掘进爆破炮孔布置方法和原则【重要考点】

（1）首先选择适当的掏槽方式和掏槽位置，其次是布置好周边眼，最后根据断面大小布置崩落眼，即"抓两头、带中间"。

（2）掏槽眼的位置会影响岩石的抛掷距离和破碎块度，通常布置在断面的中央偏下，并考虑崩落眼的布置较为均匀。

（3）周边眼一般布置在断面轮廓线上。按光面爆破要求，各炮孔要相互平行，孔底落在同一平面上。

（4）布置好掏槽眼和周边眼后，再把崩落眼以槽腔为自由面层层布置，均匀地分布在被爆岩体上。

5. 光面爆破施工【高频考点】

井巷爆破施工中一般采用光面爆破技术。光面爆破施工有两种方案，即全断面一次爆破和预留光爆层分次爆破。

全断面一次爆破时，起爆顺序为掏槽眼、崩落眼、周边眼。

在大断面巷道和硐室掘进时，可采用预留光爆层分次爆破。先用超前掘进小断面导硐，然后扩大达到全断面。

为保证光面爆破的良好效果，除根据岩层条件、工程要求正确选择光爆参数外，精确的钻孔是极为重要的，是保证光爆质量的前提。

对钻孔的要求是"平、直、齐、准"，即：

（1）周边眼相互平行；

（2）各炮孔均垂直于工作面；

（3）炮孔底部要落在同一平面上；

（4）开孔位置要准确，都位于巷道断面轮廓线上，实际施工中偏斜一般不超过5°。

6. 露天浅孔台阶爆破与露天深孔台阶爆破【重要考点】

露天浅孔台阶爆破，爆后应超过 5min，方准许检查人员进入爆破作业地点；如不能确认有无盲炮，应经 15min 后才能进入爆区检查。

露天深孔台阶爆破，爆后应超过 15min，方准许检查人员进入爆区。

7. 盲炮事故处理【高频考点】

（1）处理盲炮前应由爆破技术负责人定出警戒范围，并在该区域边界设置警戒，处理盲炮时无关人员不许进入警戒区。

（2）应派有经验的爆破员处理盲炮，硐室爆破的盲炮处理应由爆破工程技术人员提出方案并经单位技术负责人批准。

（3）电力起爆网路发生盲炮时，应立即切断电源，及时将盲炮电路短路。

（4）导爆索和导爆管起爆网路发生盲炮时，应首先检查导爆索和导爆管是否有破损或断裂，发现有破损或断裂的可修复后重新起爆。

（5）严禁强行拉出炮孔中的起爆药包和雷管。

（6）盲炮处理后，应再次仔细检查爆堆，将残余的爆破器材收集起来统一销毁；在不能确认爆堆原残留的爆破器材之前，应采取预防措施并派专人监督爆堆挖运作业。

（7）盲炮处理后应由处理者填写登记卡片或提交报告，说明产生盲炮的原因、处理的方法、效果和预防措施。

8. 立井井筒的施工作业方式的选择【重要考点】

立井井筒施工作业方式在选择时，应综合分析和考虑：

（1）井筒穿过岩层性质、涌水量的大小和井壁支护结构；

（2）井筒直径和深度（基岩部分）；

（3）可能采用的施工工艺及技术装备条件；

（4）施工队伍的操作技术水平和施工管理水平。

掘砌单行作业的最大优点是工序单一，设备简单，管理方便，当井筒涌水量小于 $40m^3/h$，任何工程地质条件均可使用。特别是当井筒深度小于 400m，施工管理技术水平薄弱，凿井设备不足，无论井筒直径大小，应首先考虑采用掘砌单行作业。

短段掘砌单行作业省略了长段单行作业中掘、砌转换时间，减去了集中排水、清理井底落灰，以及吊盘、管路反复起落、接拆所消耗的辅助工时。当井筒施工采用单行作业时，应首先考虑采用这种施工方式。

掘砌平行作业是在有限的井筒空间内，上下立体交叉同时进行掘砌作业，空间、时间利用率高，成井速度快。但井上、井下人员多，安全工作要求高，施工管理较复杂，凿井设备布置难度大。因此，当井筒穿过的基岩深度大于 400m，井筒净径大于 6m，围岩稳定，井筒涌水量小于 $20m^3/h$，施工装备和施工技术力量较强时，可以采用平行作业。

9. 立井施工机械化作业线配套设备设计原则【重要考点】

（1）应根据工程的条件，施工队伍的素质和已具有的设备条件等因素，进行综合考虑，最后选定配套类型。

（2）各设备之间的能力要匹配，主要应保证提升能力与装岩能力、一次爆破矸石量与装岩能力、地面排矸与提升能力、支护能力与掘进能力和辅助设备与掘砌能力的匹配。

（3）配套方式应与作业方式相适应。

（4）配套方式应与设备技术性能相适应，选用寿命长、性能可靠的设备。

（5）配套方式应与施工队伍的素质相适应。培训能熟练使用和维护机械设备的队伍，保证作业线正常运行。

（6）配套方式应尽可能先进、合理，以充分改善工人劳动环境，降低劳动强度，确保施工安全，提高劳动效率。

（7）配套方式设计时，在可能的情况下应适当加大提升能力，以提高系统的可靠性。

10. 施工防治水方法及应用（表1-3）【重要考点】

施工防治水方法及应用　　　　　　　　　　　表1-3

施工防治水方法		应用
注浆堵水		注浆堵水就是用注浆泵经注浆孔将浆液注入含水岩层内，使之充满岩层的裂隙并凝结，堵住地下水流向井筒的通路，达到减少井筒涌水量和避免渗水的目的。注浆堵水有两种方法：预注浆和壁后注浆
井筒排水	吊桶排水	井筒工作面涌水量不超过 $10m^3/h$ 时采用
	吊泵排水	井筒工作面涌水量以不超过 $40m^3/h$ 为宜；否则，井筒内就需要设多台吊泵同时工作，占据井筒较大的空间，对井筒施工十分不利
	卧泵排水	不占用井筒空间，故障率低，易于维护，可靠性好，流量大扬程大，适应性更广
截水和泄水		截住井帮淋水的方法可在含水层下面设置截水槽，将淋水截住导入水箱内，再由卧泵排到地面。若井筒开挖前，已有巷道预先通往井筒底部，而且井底水平已构成排水系统，这时可采用钻孔泄水，可为井筒的顺利施工创造条件
表土施工降水	工作面降低水位法	在不稳定土层中，常采用工作面超前小井或超前钻孔两种方法来降低水位。它们都是在井筒中利用水泵抽水，使周围形成降水漏斗，变为水位下降的疏干区，以增加施工土层的稳定性。工作面降低水位法包括作业面超前小井降低水位法和工作面超前钻孔降低水位法两种
	井外疏干孔降低水位法	这种方法是在预定的井筒周围打钻孔，并深入不透水层，然后用泵在孔中抽水，形成降水漏斗，使工作面水位下降，保持井筒工作面在无水情况下施工

11. 钻眼爆破工作要求【重要考点】

（1）掏槽方式应结合工作面条件、钻眼设备进行合理确定，可采用斜眼、直眼等掏槽方式。

（2）炮眼深度应综合考虑钻眼设备、岩石性质、施工组织形式来合理确定。通常气腿式凿岩机炮眼深度为 $1.6 \sim 2.5m$，凿岩台车为 $1.8 \sim 3m$。

（3）炮眼直径可根据炸药药卷直径和爆破要求进行选择，通常为 $\phi 27 \sim 42mm$，大力推广使用"三小"，即小直径钎杆、小直径炸药药卷和小直径钻头，以提高钻眼速度和爆破效果。

（4）炮眼数目应综合考虑岩石性质、炸药性能和爆破效果来进行实际布置。

（5）炸药消耗量应结合岩石条件、爆破断面大小、爆破深度及炸药性能进行确定。

（6）装药结构分为正向装药和反向装药，在条件允许的情况下宜采用反向装药，爆破效果较好。

（7）连线方式有串联、并联和串并联（混联）三种方式，在数量较多时采用串并联可以降低电阻，减少瞎炮，提高爆破效果。

（8）雷管宜采用毫秒延期电雷管，在有瓦斯或煤尘爆炸危险的区域爆破时总延期时间不超过130ms，在底板出水较大时应在底部炮眼使用防水电雷管。

12. 硐室的施工方法（表1-4）【高频考点】

硐室的施工方法 表1-4

硐室的施工方法	内容
全断面施工法	在常规设备条件下，全断面一次掘进硐室的高度，一般不得超过4~5m。这种施工方法一般适用于稳定及整体性好的岩层；如果采用光爆锚喷技术，适用范围可适当扩大。其优点是一次成巷，工序简单，劳动效率高，施工速度快；缺点是顶板围岩暴露面积较大，维护较难，上部炮眼装药及爆破后处理浮石较困难
分层施工法	正台阶工作面(下行分层)施工法按照硐室的高度，整个断面可分为2个以上分层，每分层的高度以1.8~3.0m为宜或以起拱线作为上分层。上分层的超前距离一般为2~3m。如果硐室是采用砌碹支护，在上分层掘进时应先用锚喷支护（一般锚喷支护为永久支护的一部分）；砌碹工作可落后于下分层掘进1.5~3.0m，下分层也随掘随砌墙，使墙紧跟迎头。采用这种施工方法应注意的问题是：要合理确定上下分层的错距，距离太大，上分层出矸困难；距离太小，上分层钻眼困难，故上下分层工作面的距离以便于气腿式凿机正常工作为宜。 倒台阶工作面(上行分层)施工法下分层工作面超前边掘边砌墙，上分层工作面用挑顶的矸石作脚手架砌顶部碹
导硐施工法	对地质条件复杂或者断面特大的硐室，为了易于控制顶板和尽早砌筑墙壁，或为解决出矸、通风等问题，可先掘进1~2个小断面巷道（导硐），然后再刷帮、挑顶或卧底，将硐室扩大到设计断面。一般反向施工交岔点时宜采用导硐施工法

13. 巷道施工通风方式（表1-5）【重要考点】

巷道施工通风方式 表1-5

通风方式	内容
压入式通风	压入式通风是局部扇风机把新鲜空气用风筒压入工作面，污浊空气沿巷道流出在通风过程中炮烟逐渐随风流排出，当巷道出口处的炮烟浓度下降到允许浓度时（此时巷道内的炮烟浓度都已降到允许浓度以下），即认为排烟过程结束
抽出式通风	抽出式通风是局部扇风机把工作面的污浊空气用风筒抽出，新鲜风流沿巷道流入。风筒的排风口必须设在主要巷道风流方向的下方，距掘进巷道口也不得小于10m，并将污浊空气排至回风巷道内。 在通风过程中，炮烟逐渐经风筒排出，当炮烟抛掷区内的炮烟浓度下降到允许浓度时，即认为排烟过程结束
混合式通风	混合式通风方式是压入式和抽出式的联合运用。巷道施工时，单独使用压入式或抽出式通风都有一定的缺点，为了达到快速通风的目的，可利用一辅助局部风扇做压入式通风，使新鲜风流压入工作面，冲洗工作面的有害气体和粉尘。为使冲洗后的污风不在巷道中蔓延而经风筒排出，可用另一台主要局部风扇进行抽出式通风，这样便构成了混合式通风

历 年 真 题

实务操作和案例分析题一 [2020年真题]

【背景资料】

某矿井东翼轨道大巷布置在煤层底板岩石中,所穿越的岩层包括泥岩、中细砂岩等,断面设计为半圆拱形,净宽 4.8m,净高 4.3m,净断面积 18.2m²。

施工单位编制的作业规程部分内容如下:

(1) 当巷道穿越破碎带时,采用初喷和金属前探梁临时支护,锚网喷永久支护,其中锚杆选用直径 20mm、长度 2000mm 的高强螺纹钢树脂锚杆,间排距为 800mm×800mm,喷射混凝土厚度 100mm。

(2) 采用台阶法施工时,上台阶工作面超前 5m(高度 3.0m),上、下台阶炮眼施工分步进行,上台阶炮眼先于下台阶炮眼施工,上、下台阶同时起爆,倒矸后一次性完成两帮支护工作。出矸利用 P-120B 型耙装机,采用正规循环作业,循环图表如图 1-1 所示。

序号	工序名称	工序时间(分)	循环作业时间							
			1	2	3	4	5	6	7	8
1	交接班	15								
2	工序H	60								
3	装药放炮通风	90								
4	验炮、安全检查	15								
5	移前探梁、初喷	20								
6	工序I	70								
7	工序J	50								
8	倒矸(煤)	40								
9	两帮锚网支护	50								
10	全断面喷浆	70								
11	工序K	180								

注:上述工序中不含水沟掘砌。

图 1-1 东翼轨道大巷循环图表

(3) 井下爆破工作必须由专职爆破工担任,严格执行掘进工作面作业规程及其爆破说明书。爆破作业严格执行"一炮三检"和"三人连锁"制度。

【问题】

1. 写出施工单位选用锚杆的主要构件,给出至少 2 种锚杆孔施工的常用机具名称。

2. 列出图 1-1 中工序 H、I、J、K 的名称。

3. 作业规程中,采用台阶法施工及选用的耙装机是否合理?说明理由。

4. 写出"一炮三检"的检查内容和"三人连锁"中的作业人员名称。

【解题方略】

1. 本题考查的是锚杆构件及锚杆孔施工机具。

（1）锚杆主要构件包括锚杆杆体（身）、树脂药卷、托盘（板）、螺母（帽）。

（2）锚杆孔施工的常用机具有：锚杆钻机、凿岩机、煤电钻等。锚杆采用锚杆机进行钻安，拱部锚杆一般利用凿岩台架进行钻安。施工时，先施工顶板中央锚杆孔，两帮锚杆滞后拱部锚杆1～2排施工，施工顺序自上而下，由后向前逐排进行。打设护顶锚杆只允许使用锚杆钻机，严禁使用风动凿岩机。

2. 本题考查的是巷道施工的基本工序。根据背景资料中图表补充名称或数字是常考题型。掘、砌循环图表编制时，一般以掘进工序为主，在掘进循环时间确定后，再编制永久支护循环图表。循环图表可以采用横道图或网络图来表示。本案例中采用横道图来表示。巷道施工的基本工序包括工作面定向、炮眼布置、钻眼、装药联线、放炮通风、安全检查、洒水、临时支护、装岩与运输、清底、永久支护、水沟掘砌和管线安设等。

3. 本题考查的是台阶法施工及耙装机的选用。

在大断面岩巷掘进中，由于全断面一次掘进，炮孔布置数量较多，打孔占用时间较长；同时，巷道断面大，爆破后矸石量较多，钻孔、出矸和支护三者之间的矛盾突出，适宜采用台阶法施工。本案例中，巷道断面大，所以采用台阶法施工是合理的。

耙斗式装载机简称耙装机，是利用绞车牵引耙斗耙取岩石装入矿车的机械。耙装机具有结构简单、操作容易的优点，适用范围较广，可用在高度2m左右，宽度2m以上的水平巷道并倾角小于35°的倾斜巷道中工作，也能用于弯道处装载。耙装机便于实现工作面钻眼和出矸（渣）平行作业。在本案例中，选用耙斗式耙装机出矸是合理。

4. 本题考查的是煤矿井下爆破规定。《煤矿安全规程》规定，井下爆破工作必须由专职爆破工担任。突出煤层采掘工作面爆破工作必须由固定的专职爆破工担任。爆破作业必须执行"一炮三检"和"三人连锁爆破"制度，并在起爆前检查起爆地点的甲烷浓度。"一炮三检"即装药前、放炮前、放炮后检查瓦斯（甲烷）浓度。"三人连锁"中的作业人员为：爆破工（员）（放炮员）、班（组）长、瓦斯检查员。

【参考答案】

1. 施工单位选用锚杆的主要构件包括锚杆杆体（身）、树脂药卷、托盘（板）、螺母（帽）。

锚杆孔施工的常用机具有：锚杆钻机、凿岩机、煤电钻等。

2. 工序H、I、J、K的名称分别为：

H：打炮眼

I：拱顶锚网支护

J：打炮眼

K：出矸

3. 采用台阶法施工合理。理由：巷道断面大。

选用耙斗式耙装机出矸合理。理由：耙装机适用范围大，便于实现工作面钻眼和出矸平行作业。

4. "一炮三检"的检查内容：装药前、放炮前、放炮后检查瓦斯浓度。

"三人连锁"中的作业人员为：爆破工、班（组）长、瓦斯检查员。

实务操作和案例分析题二 ［2020年真题］

【背景资料】

某煤矿为低瓦斯矿井，采用一对立井开拓方式，主、副井均布置在工业广场内。一施工单位承建该煤矿主井井筒工程，主井井筒穿越2层含水层，设计井筒净直径7.0m，深度860m，预计井筒最大涌水量为25m³/h。主井井底临时马头门进出车为东西方向。建设单位要求月进度不低于80m。

施工单位根据工程条件和相关规定编制了井筒的施工组织设计，井筒施工断面布置如图1-2所示，主要凿井施工设备选型及配置为：Ⅱ型立井凿井钢井架；1台JKZ-2.8提升机配2.0m³吊桶和1台JK-2.5提升机配1.0m³吊桶提升；1台FJD-6伞钻打眼；1台HZ-4和1台HZ-6中心回转抓岩机装岩。

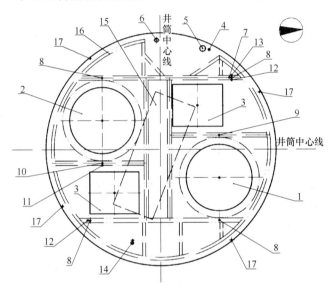

图1-2　井筒施工断面布置图

1—主提吊桶；2—副提吊桶；3—中心回转抓岩机；4—供水管；5—压风管；6—排水管；7—放炮电缆；8—吊盘绳；9—主提稳绳；10—副提稳绳；11—照明电缆；12—信号电缆；13—通信电缆；14—动力电缆；15—卧泵；16—吊盘；17—模板绳

井筒施工到第二层含水层时，岩帮出现了若干个集中涌水点，累计岩帮涌水量约2m³/h，上部井壁淋水约1.5m³/h，监理要求施工单位进行处理。

【问题】

1. 施工单位的设备选型及配置存在哪些不合理之处？应如何调整？

2. 指出井筒施工断面布置图中缺少的主要施工设备或设施。

3. 指出井筒施工断面设备布置存在的问题，说明理由或给出正确的做法。

4. 井筒施工到第二层含水层时，施工单位应额外采取哪些防治水措施以保证混凝土浇筑质量？

【解题方略】

1. 本题考查的是设备选型及配置要求。根据背景资料中的设备选型及配置来逐一判断是否合理。

（1）Ⅱ型凿井钢井架太小，应选用Ⅳ型及以上（Ⅳ、Ⅳ$_G$、Ⅴ）凿井井架。

（2）1台JKZ-2.8提升机配2.0m³吊桶和1台JK-2.5提升机配1.0m³吊桶太小，应根据井筒断面大小选配3~5m³吊桶，应考虑主井临时改绞，至少选用1台双滚筒提升机。

（3）1台FJD-6伞钻打眼是合理的。

（4）1台HZ-4和1台HZ-6中心回转抓岩机装岩是合理的。

2. 本题考查的是井筒施工断面布置。立井施工时的辅助生产系统有提升系统、通风系统、排水系统、压风和供水系统、立井施工的地面排矸（废石）系统、工作面照明与信号的设置、井筒测量以及布置安全梯等。从井筒施工断面布置图中可以看出缺少风筒和安全梯。

3. 本题考查的是井筒施工断面布置。这类型题目要求考生有较强的读图能力，并且能敏锐地捕捉并获取有关信息，既要有丰富的施工技术和管理知识，还要有现场施工经验，能够善于思考。

4. 本题考查的是施工防治水方法与应用。为了减少工作面的积水、改善施工条件和保证井壁质量，应将工作面上方的井帮淋水截住并导入中间泵房或水箱内。截住井帮淋水的方法可在含水层下面设置截水槽，将淋水截住导入水箱内再由卧泵排到地面。若井筒开挖前，已有巷道预先通往井筒底部，而且井底水平已构成排水系统，这时可采用钻孔泄水，可为井筒的顺利施工创造条件。本案例中当井筒施工到第二层含水层时，应额外采取截水和导水措施。

【参考答案】

1. 施工单位的设备选型及配置存在的不合理之处及调整。

（1）不合理之处：选用2台单滚筒提升机。

调整：应考虑主井临时改绞，至少选用1台双滚筒提升机。

（2）不合理之处：分别配2.0m³和1m³吊桶提升。

调整：选配吊桶太小，应根据井筒断面大小选配3~5m³吊桶。

（3）不合理之处：选用Ⅱ型凿井钢井架。

调整：井架太小，应选用Ⅳ型及以上（Ⅳ、Ⅳ$_G$、Ⅴ）凿井井架。

2. 井筒施工断面布置图中缺少风筒和安全梯。

3. 井筒施工断面设备布置存在的问题及理由或正确做法。

（1）存在的问题：照明电缆与副提稳绳布置一起。

理由：影响吊桶滑架运行。

（2）存在的问题：放炮电缆与其他电缆一起悬吊。

正确做法：应单独悬吊。

（3）存在的问题：井筒提升方向布置不正确．

正确做法：应与临时马头门方向一致。

4. 井筒施工到第二层含水层时，施工单位应额外采取截水和导水措施。

实务操作和案例分析题三 ［2019年真题］

【背景资料】

某施工单位中标承建一矿山技术改造项目，项目内容包括边界回风立井和井下2000m

回风大巷。井筒净直径 7.5m，井深 560m；井检孔资料显示井筒在 300m 以下有 2 个含水层，每个含水层预计涌水量约 9m³/h。施工单位编制的井筒施工机械化配套方案如下：提升采用 1 台 JKZ-2.8/15.5 凿井提升机配 1 个 5m³ 吊桶；凿岩采用 1 台 FJD-6 型伞钻配 YGZ-70 型凿岩机，炮眼深度 4m；出矸采用 1 台 HZ-10 型中心回转抓岩机；砌壁采用 YJM 型整体金属模板，高度 4m；井筒排水在吊盘上布置 1 台 MD46-80×6 型卧泵；压风管路和供水管路采用双滚筒凿井绞车联合悬吊，排水卧泵动力电缆和放炮电缆采用一台单滚筒凿井绞车联合悬吊。

井筒开工前，施工单位考虑到该井筒含水层涌水量较小，并未安装排水泵及管路。施工过程中，发生了下列事件：

事件 1：井筒施工进入基岩段掘进放炮后，出矸发现矸石内有未爆的雷管和炸药，工作面有部分完好的炮眼封泥和连线，施工单位及时查找原因并进行了处理，确保了井筒的正常施工。

事件 2：井筒施工至 260m 时，工作面发生 30m³/h 突水。经建设单位同意，施工单位采取排水、注浆措施通过该含水层。施工单位从邻近项目部调来水泵并安装，用时 3d，增加费用 20 万元；井筒排水用时 8d，增加费用 50 万元；注浆堵水用时 15d，增加费用 300 万元。施工单位及时向建设单位提出费用和工期索赔。

事件 3：井筒施工通过 300m 以下含水层时，井壁淋水 8m³/h，在金属模板脱模后，混凝土表面局部出现蜂窝麻面。

【问题】

1. 纠正施工单位编制的井筒施工机械化配套方案中的不合理之处。

2. 从现场爆破装药连线操作工艺上分析产生事件 1 的主要原因。

3. 事件 2 中，施工单位可向建设单位提出的费用和工期索赔各为多少？

4. 事件 3 中，施工单位可采取哪些预防措施？

【解题方略】

1. 本题考查的是立井井筒机械化作业线配套设备的选择方法。根据工程的条件，施工队伍的素质和已具有的设备条件等因素，进行综合考虑，最后选定配套类型。分析背景资料，设备选择过程如下：

（1）判断提升机的数量，根据现有设备、需要的提升能力、井筒深度、井筒直径综合考虑选择，井筒直径 6m 以下宜选择 1 套提升，6～9m 宜选 2 套提升，超过 9m 宜 2～3 套提升。故选择 2 套提升机。

（2）目前使用最为普遍的是 HZ 型中心回转抓岩机，通常可用于井径 5～10m，它与 FJD-6 型伞钻和 2～5m³ 甚至再大一些吊桶配套使用较为适宜。

（3）常用的伞形钻架有 4 臂、6 臂风动或液压型伞钻，钻眼深度 3～5m。YGZ70-70 宜与 FJD-6 型伞钻架配套使用。

（4）模板的高度应与打眼设备相互配合。按爆破率为 90% 计算，钻孔深度为 4m，选择模板高度为 3.8m。而 YJM 型整体金属模板的高度组合方案有 14 种，接近的有 3.4m、3.6m、4m，从中应优先选择 3.6m。

（5）MD46-80×6 型卧泵（矿用耐磨多级泵），流量 46m³/h，单级扬程 80m，泵的级数为 6 级，最高扬程为 480m。

（6）根据《建材矿山工程施工与验收规范》GB 50842—2013 第 17.1.5 条 9 款的规定，放炮电缆应单独悬吊。

2. 本题考查的是爆破工程中的盲爆事故。盲炮（又叫拒爆、瞎炮），是指因各种原因未能按设计起爆，造成药包拒爆的全部装药或部分装药。根据《爆破安全规程》GB 6722—2014，总结产生盲炮的原因：

（1）雷管因素：管体变形、破碎、锈蚀等；

（2）起爆电源或电爆网路因素：导爆索表面有折伤、压痕、变形、霉斑、油污；导爆管内断药、有异物或堵塞，有折痕、油污、穿孔、端头封口不良等，电爆网路连线裸露、潮湿，连接不牢等；

（3）炸药因素：炸药变质或炸药直径小于临界直径；

（4）施工质量因素：现场操作人员的操作不当等。

在学习过程中，爆破工程有介绍施工准备，现场加工方法、检测规定及盲炮事故处理方法，并没有详细说明事故产生原因，但在规定要求下没有做到的地方都是产生事故的可能原因，可把这种反推方式带入做题当中。

3. 本题考查的是施工索赔的费用计算。针对这类题型，首先分清工程索赔责任在谁，对于本工程中井筒的施工实际情况，施工单位可根据工程条件发生变化而导致的工程变更进行索赔。本工程对含水层采用排水和注浆措施所发生的工期延长及费用增加均可进行索赔；而对从邻近项目部调水泵所用时间与费用的增加不可以进行索赔，因为这是施工单位没有协调好工作进度计划造成的损失，是施工单位自己的责任。

分清责任后，将可以进行索赔项目的费用相加，工期相加，即得出所要结果。

4. 本题考查的是质量通病。此题所考内容相对简单，是考核施工中经常发生或普遍存在的一些工程质量问题，以及针对这些问题应采用的预防措施。因此，考生需记住几个典型的质量通病。

分析事件 3 中施工通过含水层时，"水"可能带来的影响，岩壁可能会出现出水点，混凝土浇筑时可能会有水进入；对混凝土出现蜂窝麻面问题，找出可能产生的原因，比如在浇筑混凝土过程中，由于不对称浇筑造成的跑模事故，或模板没有刷脱模剂。分析出问题后，回答相应的预防措施即可。

【参考答案】

1. 施工单位编制的井筒施工机械化配套方案中不合理之处的正确做法：

（1）宜选用两套提升设备以增加提升能力；

（2）YJM 型整体金属模板高度宜为 3.6m 左右；

（3）放炮电缆应单独悬吊；

（4）排水卧泵选用扬程应满足井筒深度的排水要求。

2. 现场爆破装药连线操作工艺上产生事件 1 的主要原因：

（1）引药制作不符合要求，造成拒爆；

（2）装药质量不符合要求，造成部分炸药不爆；

（3）爆破网络连线不规范，虚接、漏接、接头漏电造成拒爆。

3. 事件 2 中，施工单位可向建设单位提出的费用索赔：50＋300＝350 万元；工期索赔为：8＋15＝23d。

4. 事件 3 中，施工单位可采取的预防措施：

（1）井壁上部淋水用截水槽拦截，避免淋水进入混凝土中；

（2）岩帮涌水用导水管引出模板，避免涌水进入混凝土中；

（3）混凝土分层分片充分振捣密实；

（4）及时清理模板并刷脱模剂。

实务操作和案例分析题四 ［2019 年真题］

【背景资料】

某高瓦斯矿井井下轨道大巷，围岩普氏系数（f）≤6，采用直墙半圆拱形断面，断面净宽 3800mm，净高 3400mm。永久支护为锚喷支护，金属锚杆规格 $\phi22\times2200$mm，采用树脂药卷锚固，锚杆间排距 700×700mm；喷射混凝土厚度 100mm，强度等级 C20。

该轨道大巷采用钻眼爆破法施工，工作面爆破采用垂直楔形掏槽，掏槽眼在拱基线以下沿巷道中心线两侧对称布置，中间两个为深 2000mm 空眼，炮眼布置详见图 1-3。爆破使用三级煤矿许用炸药和总延期时间不超过 130ms 的煤矿许用毫秒延期电雷管，采用反向装药结构，一次装药，分次起爆，爆破后发现断面欠挖严重。

该巷道施工喷射混凝土支护的主要工序有：①拱部喷射；②冲洗岩帮并设置喷厚标志；③养护；④墙部喷射；⑤清理基础等。施工单位进行了合理安排，确保了支护工作的正常进行。

该轨道大巷当月施工 90m，由专业监理工程师组织进行了验收。

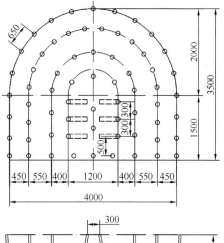

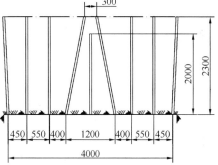

图 1-3 炮眼布置图

【问题】

1. 指出该巷道钻眼爆破施工作业中的不妥之处，说明合理的做法。

2. 给出背景资料中喷射混凝土支护主要工序的合理安排顺序。

3. 该工程当月验收的组织是否妥当？说明理由。

【解题方略】

1. 本题考查的是井巷掘进爆破的施工技术。根据背景资料分析矿井工程条件，首先，围岩普氏系数（f）≤6 属于中等硬度岩石，应采用钻眼爆破法施工，按光面爆破要求，周边眼布置在断面轮廓线上，各炮孔要相互平行，孔底落在同一平面上，但为了保证掏槽效果，掏槽眼一般比其他炮眼深 200mm；再根据《煤矿井巷工程施工规范》GB 50511—2010 规定，周边炮眼间距选取数据为 250～500mm。而有瓦斯爆炸危险的采掘工作面，无特殊要求应采用正向装药，毫秒延时爆破，掘进工作面应全断面一次起爆。

2. 本题考查的是喷射混凝土支护的施工要求。根据《煤矿井巷工程施工规范》GB 50511—2010 规定，喷射前应清除墙脚的岩渣，并应凿掉浮石；基础达到设计深度后，应冲洗受喷岩面；遇水易潮解、泥化的岩层，应用压气吹扫岩面；喷射前应设置控制喷厚的标志；分层喷射时（一般顺序为从墙角向上喷射），后一层喷射应在前一层混凝土终凝后进行；喷射的混凝土应在终凝 2h 后再喷水养护，养护时间不应少于 7d，喷水的次数应保持混凝土处于潮湿状态。

3. 本题考查的是分项工程的验收规定。首先确定高瓦斯矿井井下轨道大巷属于分部工程，再根据《煤矿井巷工程质量验收规范》GB 50213—2010 的规定，分部工程应由建设单位或委托监理单位总监工程师组织相关单位进行验收。

【参考答案】

1. 巷道钻眼爆破施工作业中的不妥之处及正确做法：

(1) 掏槽眼布置 2 个空眼不妥。

正确做法：应取消中间两个深为 2000mm 的空眼。

(2) 周边眼、辅助眼与掏槽眼深度一致（相同）不妥。

正确做法：掏槽眼应加深 200mm。

(3) 爆破使用三级煤矿许用炸药，采用反向装药不妥。

正确做法：应采用正向装药。

(4) 爆破采用分次起爆不妥。

正确做法：应全断面一次起爆。

(5) 周边眼（间距）布置不妥。

正确做法：应缩小周边眼间距至 400mm 左右。

2. 喷射混凝土支护主要工序合理的施工顺序是：清理基础→冲洗岩帮并设置喷厚标志→墙部喷射→拱部喷射→养护（⑤→②→④→①→③）。

3. 当月验收由专业监理工程师组织验收不妥。

理由：当月验收工程属于子分部工程，应由建设单位或总监理单位（总监理工程师）组织验收。

实务操作和案例分析题五 ［2018 年真题］

【背景资料】

某施工单位承担一高瓦斯矿井井底车场施工任务，其中井下泵房和变电所由甲施工队施工。泵房和变电所的顶、底板均为 $f=4\sim6$ 的稳定岩层，两帮有平均厚度 2.5m 的煤层。泵房与变电所硐室为半圆拱形断面，掘进宽度 6.5m、高度 6m、长度 125m，采用现浇混凝土支护。井底车场施工组织设计安排本工程在井底车场空车线、重车线以及绕道施工全部结束后开始，并采用正台阶法施工方案，上台阶超前下台阶 5m。

泵房与变电所施工前，甲施工队编制了施工技术措施，有关钻眼爆破和装岩出碴的内容如下：硐室掘进采用气腿凿岩机打眼，一级煤矿许用乳胶炸药、普通瞬发电雷管、矿用安全起爆器爆破，小型铲斗装岩机出碴。

【问题】

1. 泵房与变电所的施工时间安排对矿井施工安全有何不利影响？说明合理的时间安排。

2. 指出硐室正台阶法施工方案存在的问题，说明其导致的后果和正确做法。

3. 该硐室施工技术措施中存在哪些问题？如何改正？

4. 该泵房硐室的分部工程有哪些？

【解题方略】

1. 本题考查的是井下永久泵房与变电所在井下的重要性。作答本题首先要考虑背景资料中安排的泵房与变电所的施工时间是否合理。改变它们的施工顺序会有什么影响。一般来说，矿山项目建设初期能够尽快建成投入使用的，且相对投资较大，可以加快矿山建设速度，保障矿山建设安全的永久设施、设备、建（构）筑物都可以提前利用。提前利用永久建筑物和设备是矿井建设的一项重要经验，它除了可以减少临时建筑物占地面积，简化工业广场总平面布置外，还可以节约矿井建设投资和临时工程所用的器材，减少临时工程施工及拆除时间和由临时工程向永久工程过渡的时间，缩短建井总工期，减少建井后期的建筑安装工程及其收尾工作量，使后期三大工程排队的复杂性与相互干扰减少，为均衡生产创造了条件。同时，还可改善生产与建井人员的生活条件。针对本题分析，井下永久泵房变电所提前投入使用，可以很好地提升矿井抗水灾的能力。

2. 本题考查的是正台阶工作面施工法。作答本题，首先应清楚什么是正台阶法施工，其次再考虑使用正台阶法施工的要求及注意事项。带着上述思路分析硐室正台阶施工方案存在的问题，就能知道其存在的问题会造成的后果及正确做法。

正台阶工作面施工法属于分层施工法的一部分。当用全断面一次掘进围岩维护困难，或者由于硐室的高度较大而不便于施工时，可将整个硐室分为几个分层，施工时形成台阶状。上分层工作面超前施工的，称为正台阶工作面施工法；下分层工作面超前施工的称为倒台阶工作面施工法。

正台阶工作面（下行分层）施工法按照硐室的高度，整个断面可分为 2 个以上分层，每个分层的高度以 1.8～3.0m 为宜或以起拱线作为上分层。上分层的超前距离一般为 2～3m。如果硐室是采用砌碹支护，在上分层掘进时应先用锚喷支护（一般锚喷支护为永久支护的一部分）；砌碹工作可落后于下分层掘进 1.5～3.0m，下分层也随掘随砌墙，使墙紧跟迎头。采用这种施工方法应注意的问题是：要合理确定上下分层的错距，距离太大，上分层出矸困难；距离太小，上分层钻眼困难，故上下分层工作面的距离以便于气腿式凿岩机正常工作为宜。

这样一来就发现了硐室正台阶法施工方案存在上台阶超前下台阶距离过大的问题，此问题不利于上台阶出矸。

3. 本题考查的是硐室施工的技术措施。硐室施工的技术措施并不像其他问题一样，只考核单一的考点，此题考核面广而全，主要还是考核考生的综合知识能力与实际工作经验。但有一点需要注意，作答此题要与第二问的答案区分开，很多考生在分析背景资料时，往往把硐室掘进的方案和采用正台阶法施工方案混淆。因此，背景材料中只采用气腿凿岩机不妥，在煤层中打眼应选择煤电钻。

煤矿许用炸药按其瓦斯安全性分为一级、二级、三级、四级和五级。级数越高，安全程度越高。而背景资料中提到该矿井是高瓦斯矿井，使用一级煤矿许用炸药不符合相关的规定。

在有瓦斯工作面爆破时，为避免因雷管爆炸引燃瓦斯，必须使用煤矿许用电雷管。煤矿许用电雷管只有瞬发电雷管和延期时间在 130ms 以内的毫秒延期电雷管。通过背景资料得知，该巷道为高瓦斯矿井，故不能采用普通瞬发电雷管。

4. 本题考查的是硐室的分部工程。作答此题，要清楚煤矿井巷工程的划分。还要清楚什么是分部工程。井巷工程的分项工程主要按施工工序、工种、材料、施工工艺等划分，是分部工程的组成部分。分项工程没有独立发挥生产能力和独立施工的条件；可以独立进行工程验收和价款的结算；一般常根据施工的规格形状、材料或施工方法不同，分为若干个可用同一计量单位统计工作量和计价的不同分项工程。煤矿井巷工程的划分细则见表 1-6。

煤矿井巷工程的划分表　　　　　　　　　　　　　　表 1-6

单位工程	子单位工程	分部工程	子分部工程	分项工程
硐室（含井筒与井底车场连接处、交岔点、风道、安全出口）	—	主体*	锚喷支护主体*	基岩掘进、锚杆支护*、预应力锚杆支护*、喷射混凝土（含砂浆）支护*、金属网（含塑料网、锚网背）喷射混凝土支护*、钢架喷射混凝土支护*
			砌块支护主体*	基岩掘进、模板、钢筋混凝土弧板支护*、预制混凝土块、料石支护*
			混凝土支护主体*	基岩掘进、模板、混凝土支护*
			钢筋混凝土支护主体	基岩掘进、模板、钢筋、混凝土支护*
			支架支护主体*	基岩掘进、刚性支架支护*、可缩性支架支护*
硐室（含井筒与井底车场连接处、交岔点、风道、安全出口）	—	水沟（含沟槽）	—	基岩掘进、模板、混凝土砌筑、预制混凝土砌筑、水沟盖板
		设备基础	—	基槽、模板、钢筋、混凝土*
		附属工程	—	混凝土台阶、砌块台阶、混凝土地坪、砂浆地坪、木地板、喷刷浆
		防治水	—	防水层、卷材防水层、地面预注浆、工作面预注浆、壁后注浆、砂浆

注：表中分项、分部工程名称后带有符号"*"的，为指定分项工程、指定分部工程。

【参考答案】

1. 泵房与变电所的施工时间安排对矿井施工安全的影响：影响矿井施工排水和供电系统的形成及使用（影响矿井抗灾能力的形成与提高）；

合理的时间安排：该硐室施工应在井筒到底短路贯通，具备施工条件后尽早安排开工。

2. 存在问题：上台阶超前下台阶距离过大。

后果：不利于上台阶出矸。

正确做法：上下台阶错距应控制在 2～3m 范围内。

3. 存在的问题及改正方法如下：

存在问题：只采用气腿凿岩机不妥；

改正方法：在煤层中打眼应选择煤电钻。

存在问题：一级煤矿许用炸药不适合高瓦斯矿井；

改正方法：应选用不低于三级（或三级及以上）煤矿许用炸药。

存在问题：普通瞬发电雷管不合适；

改正方法：应选用煤矿许用毫秒延期电雷管且最后一段延期时间不得超过130ms。

4. 分部工程有：主体，水沟，设备基础，附属工程，防治水。

实务操作和案例分析题六［2017年真题］

【背景资料】

某单位施工一半圆拱形岩石巷道，围岩中等稳定，普氏系数 $f = 4 \sim 6$，净断面积 $12m^2$。巷道设计采用锚喷网支护，其中喷射混凝土厚度为100mm。巷道掘进采用光面爆破，爆破作业措施的部分内容如下：

（1）采用楔形掏槽方式，掏槽眼深度2.2m；

（2）辅助眼和周边眼间距均为0.8m，深度2.2m；

（3）为提高炮眼利用率，采用正向起爆装药。

在施工过程中发现，爆破后围岩表面常有超、欠挖现象，平均循环进尺1.5m。

某次放完炮后，发现在顶板处有1个拒爆的炮眼。为不影响正常循环作业，当班班长立即安排一名装岩工人协助爆破员处理此拒爆问题，其余人员进行装岩运输工作。

【问题】

1. 该巷道掘进的炮眼利用率是多少？结合炮眼利用率的状况，指出爆破作业措施中存在的问题，并说明正确做法。

2. 本工程的周边眼布置存在什么问题？为实现光面爆破，周边眼的施工还应注意哪些问题？

3. 应如何正确处理顶板处的拒爆问题？

4. 指出当班班长在爆破安全管理工作中存在的问题。

【解题方略】

1. 本题考查的是炮眼利用率的计算。炮孔利用率一般指每循环的工作面进尺与炮孔深度的比值。井巷掘进中较优的炮孔利用率为0.85～0.95。为利于形成爆破自由面，提升爆破效果，掏槽眼深度应比其他炮眼深0.2m左右。反向起爆装药结构其雷管布置在孔底，利于提升炮孔利用率，但在有瓦斯的情况下，不可以采用反向起爆方式。

2. 本题考查的是光面爆破对周边眼的要求。光面爆破是井巷掘进中的一种控制爆破方法，它是在井巷掘进设计断面的轮廓线上布置间距较小并相互平行的炮孔，通过控制每个炮孔的装药量，选用低密度和低爆速的炸药，采用不耦合装药同时起爆，使炸药的爆炸作用刚好产生炮孔连线上的贯穿裂缝，并沿各炮孔的连线将岩石崩落下来。对钻孔要求如下：

周边孔要满足"平、直、齐、准"的要求，按以下要求施工：

（1）所有周边孔应彼此平行，并且深度不应比其他炮孔深。

（2）周边孔均应尽量垂直于工作面。

（3）力求所有周边孔的孔底落在同一横断面上。

（4）周边孔开孔位置要准确，偏差值不应大于30mm。

3. 本题考查的是拒爆事故的处理方法。井巷施工采用眼爆破作业时，可能会出现盲炮或拒爆的情况，要根据相关的安全规程，正确的处理拒爆。

拒爆事故的处理方法：

（1）因连线不良、错连、漏连的雷管，经检查确认起爆线路完好时，可重新起爆。

（2）因其他原因造成的瞎炮，则应在距瞎炮至少0.3m处重新钻与瞎炮炮孔平行的新炮孔，重新装药放炮；禁止将炮孔继续打孔加深，严禁用镐刨，或从炮孔中取出原放置的引药或从引药中拉出雷管；处理盲炮的炮孔爆破后，应详细检查并收集未爆的爆破材料并予以销毁。

4. 本题考查的是井下爆破的安全管理。井下爆破施工作业属于专业施工，相关工种应有执业资格证书，对施工现场发生的相关事项，应由专业人员进行处理，施工现场负责人严格遵守相关的管理规定。

井下爆破作业，出现隐患，应当由专业人员进行处理。拒爆事故发生后，应由爆破员和当班班长来共同处理事故，其他人员不得滞留现场。同时，为了确保安全，在拒爆事故没有处理完毕前，不允许开展其他工作，应切实做到安全第一。

【参考答案】

1. 该巷道掘进的炮孔利用率是：1.5÷2.2＝68％或0.68。

存在的问题：掏槽孔深度和其他炮孔深度相同不合理。

理由：掏槽孔应比其他炮眼深0.2m。

存在的问题：采用正向起爆装药不合理。

理由：提高炮孔利用率，应采用反向起爆装药。

2. 周边孔布置存在的问题是周边孔间距采取0.8m过大，应控制在0.4～0.6m。

为提高光面爆破效果，还应注意：（1）所有周边孔彼此平行；（2）周边孔尽量垂直于工作面；（3）力求周边孔的孔底落在同一横断面上；（4）周边孔开孔位置准确；（5）光爆层（最外一圈辅助孔到周边孔的距离）的厚度必须大于周边孔的间距；（6）采用不耦合装药结构；（7）周边孔应同时起爆；（8）严格控制周边孔装药量。

3. 按安全规程要求：首先检查爆破线路是否完好，如因连接不良拒爆，可重新连线起爆。如果不是连线问题，可在距拒爆炮眼0.3m以外的地方重新钻平行炮眼，装药起爆。

4. 存在的问题有：

（1）安排装岩工人参与处理拒爆不当；

（2）未处理好拒爆即安排其他人员进入现场装岩运输。

实务操作和案例分析题七 ［2016年真题］

【背景资料】

某矿建施工单位承担了一斜井井筒的施工任务。该斜井井筒净断面面积21m²，斜长850m，倾角15°。表土段长度35m，设计采用钢筋混凝土支护；基岩段设计采用锚喷支护，其中在斜长 650～680m 的岩石破碎地段采用锚喷网和 U 形钢联合支护。

施工单位在基岩段采用钻眼爆破法施工，布置 1.0t 矿车进行提升运输，利用管路输送混凝土进行工作面喷射施工作业，采用潜水泵加卧泵接力排除工作面积水。为确保施工安全，按相关规定布置有防跑车装置。设计斜井施工速度为 85m/月。

在斜井施工达到斜长 645m 处，施工单位停止了施工，进行工作面探水作业。因实际探明的涌水量较小，于是施工单位即按通过岩石破碎地段的方案继续向下施工。该方案采用先挖后支，人工挖掘，每进尺 1.2m 后立即架设金属网和 U 形钢支架，在完全通过破碎带后集中进行该段巷道的锚喷支护作业。结果建设单位验收时发现巷道变形严重。

【问题】

1. 该斜井基岩段施工提升运输方案是否合理？说明理由。

2. 斜井施工应如何布置防跑车安全装置？

3. 该斜井通过岩石破碎带的施工方案存在哪些不妥之处？说明理由。

4. 指出该斜井通过岩石破碎带的合理施工方案及具体的实施办法。

【解题方略】

1. 本题考查的是基岩段施工时提升运输方案的选择。在井筒施工过程中，提升运输能力往往是制约施工速度的主要因素之一。而提升设备的选择，需要根据井筒断面的大小、倾斜角度、井筒长度（深度）等因素来进行选择。

通过分析背景资料得知，该斜井工程的斜井井筒净断面面积 21m²，斜长 850m，倾角 15°，即断面中等、长度一般、倾角不大，既可以采用矿车提升，也可以采用箕斗提升，关键看是否能够满足施工的要求。施工单位所选择的方案是 1.0t 矿车提升，而矿车的装满系数受斜井倾角的影响，提升能力有限，而且 1.0t 矿车偏小，因此，要实现月进 85m 的要求很困难，应该采用提升能力较大的箕斗进行提升，但采用箕斗提升需要在地面设置卸载装置，方能保证提升效率。

2. 本题考查的是防跑车装置的设置要求。斜井施工时，为防止跑车事故，必须设置防跑车装置，但必须满足相关安全规程的要求。

根据《煤矿安全规程》的规定，开凿或延深斜井、下山时，必须在斜井、下山的上口设置防止跑车装置，在掘进工作面的上方设置坚固的跑车防护装置。跑车防护装置与掘进工作面的距离必须在施工组织设计或作业规程中规定。斜井施工通常至少应该设置 3 道防跑车装置，包括斜井入口前、变坡点下方、工作面上方。当斜井提升长度达到一定距离时，还应该在中部设置防跑车装置，安装能够将运行中断绳、脱钩的车辆阻止的防跑车防护装置。

3. 本题考查的是巷道通过岩石破碎带的要求。无论是斜井还是巷道掘进时，接近断层或破碎带应先探水后掘进，以确保施工安全。探水应遵循防治水的有关规定。对于通过断层破碎带，要保证掘进的安全，提前做好支护工作。破碎岩层中掘进，首先进行超前支护，然后掘进，有利于工作面的安全施工。

根据井巷掘进防治水的有关规定，接近岩石破碎带应停止掘进，进行探水工作，安全距离通常应保证 10m 以上。对于巷道采用锚喷网和 U 形钢联合支护，应先进行喷网支护，最后架设 U 形钢支架，支架的间距不宜太大，通常 0.6～0.8m 左右，以保证支护效果。对于破碎带实施的锚喷网和 U 形钢联合支护，锚喷支护先行，现场施工为保证施工安全可先打超前锚杆进行超前支护，然后在支护的保护下进行开挖掘进，而且采用短掘短支，这样可减少空顶距离，防止发生冒顶事故。

4. 本题考查的是巷道通过岩石破碎带的内容。斜井施工通过岩石破碎带施工方案必须保证施工的安全，在保证安全的前提条件下，争取加快施工进度。因此，具体施工方案设计应根据施工实际条件综合进行考虑。

背景资料中的斜井需要通过岩石破碎带，该破碎带实际探水结果涌水量较小，因此在做好排水的前提条件下，就是要保证掘进施工的安全。通过岩石破碎带，最好的方案是在有保护的条件下进行掘进施工，因此在施工方案设计时可基于该原则进行。实施超前支护，如打超前锚杆、进行注浆加固岩层、进行超前管棚支护等，都是比较可靠的超前支护方法。在实际施工中，进行开挖掘进还应该采用短掘短支的方案，并配合架设支架，可有效控制围岩的变形，也有利于巷道围岩的稳定。因此，该斜井通过断层破碎带的合理施工方案是进行超前支护，保证施工安全。

【参考答案】

1. 该斜井基岩段施工提升运输方案不合理。

理由：矿车提升能力较小，无法满足该斜井月进85m的施工速度要求。

2. 斜井施工应在上口入口前设置阻车器，在变坡点下方略大于一列车长度的地点，设置能够防止未连挂车辆跑车的挡车栏，在下部装车点上方再设置一套挡车栏，除此之外，还必须安设能够将运行中断绳、脱钩的车辆阻止的防跑车防护装置。

3. 该斜井通过岩石破碎带的施工方案存在的不妥之处有：

（1）距破碎地段5m才进行探水作业不妥。

理由：按防治水规定要求，探水安全距离按水压计算，至少10m。

（2）每进尺1.2m架设支架不妥。

理由：支架间距太大，不安全，一般不超过1m。

（3）通过破碎带后集中进行锚喷支护不妥。

理由：空顶距离过长，易造成顶板冒落，施工不安全。

4. 斜井施工通过断层破碎带合理的施工方案是采用超前支护、短掘短支。具体实施方法可以打超前锚杆或者超前注浆加固或者超前管棚支护，控制围岩施工变形和稳定。

实务操作和案例分析题八 ［2016年真题］

【背景资料】

某施工单位中标一矿井立风井井筒及其相关巷道工程。风井全深450m，净直径6m，相关巷道7000m。井筒检查钻孔提供资料显示，该风井表土层厚110m，以富含水砂层为主。基岩段多为泥岩、砂质泥岩互层，含水极弱，而在350～358m处有一中粒砂岩层，预计涌水量为15m³/h；风井井底井筒与巷道连接处为单侧马头门与总回风巷相接。施工单位根据巷道工程量和本企业的设备条件编制了施工组织设计，确定在风井井筒掘砌完成、改为罐笼提升后，采用自有的1t矿车进行井下运输；为井下调车方便，井底车场增加了一段临时巷道。在井筒工程施工到底后，相关单位对井筒工程进行了竣工验收，验收结果为：竣工资料齐全完整，井壁混凝土强度、井筒的规格尺寸、观感质量均合格，表土段井壁滴水不漏，井筒总漏水量为8m³/h，漏水部位集中在中粒砂岩含水层段。

【问题】

1. 根据上述资料，确定本风井井筒表土段、基岩段的合理施工方案。

2. 在井筒和巷道施工期间，应选配哪些合适的提升设备？

3. 为方便调车，应如何在井底车场布置临时巷道？画出示意图，并分别标注出相关井巷的名称。

4. 该井筒基岩段成井后漏水的主要原因可能有哪些？是否需要处理？说明理由。

5. 井筒到底后，排水、供电、运输应做哪些调整？

【解题方略】

1. 本题考查的是井筒施工方案的选择。要保证井筒施工方案选择的合理性，一般情况要基于不同的井筒地质条件和工程施工条件进行分析，从这两方面进行初步施工方案的选择。但要保证施工方案的合理性，上述的条件并不能满足施工的安全。一般还根据井筒的类型、大小、深度，井筒所穿过的地层条件、井筒涌水量等因素进行综合考虑分析，进而确定合理的施工方案。

根据背景资料提供的材料得知：矿井井筒为风井，风井厚度一般，风井表土层厚110m，以富含水砂层为主。基岩段多为泥岩、砂质泥岩互层，含水极弱，而在 $350\sim358m$ 处有一中粒砂岩层，预计涌水量为 $15m^3/h$。通过上述基本材料的分析，采用普通法施工不能满足施工要求，只能采用特殊施工方法进行施工。就目前运用比较成熟的特殊施工法有冻结法和钻井法。对于基岩部分来说，因为含水极弱，可以采用普通的钻眼爆破法施工。但是涌水量为 $15m^3/h$ 的中粒砂岩层，其涌水量已经超过规程规定的相关要求，需要进行处理。但含水层只有一层且厚度也不大，可以采用工作面注浆的方式进行堵水，方能保证井筒安全顺利的施工。

2. 本题考查的是提升设备的选择。井筒提升设备的选择，应根据施工条件、施工内容和进度要求等条件进行选择。

施工单位中标的是风井井筒及井下相关巷道工程，该风井井筒净直径为6m，井筒施工时可以布置2套单钩提升，这样可以保证提升能力。同时，施工单位在井筒施工完成后还要进行井下巷道的施工，需要对提升系统进行改装，通常提升设备改装必须将吊桶提升改为临时罐笼提升，方能满足巷道施工时的提升和运输要求。因此，该井筒提升设备选配时，主提升应选用双滚筒提升机，以方便井筒到底后改绞，改绞提升临时罐笼布置，根据井筒的大小，可以考虑单层双车罐笼或双层单车罐笼提升。副提升可选用单滚筒提升机，满足井筒施工的提升要求。

3. 本题考查的是临时巷道在井底车场的布置。风井井底巷道的施工，由于井筒已经改装为临时罐笼提升，为了方便矿车的出入，通常设置绕道，绕道的设置依据需要根据井下巷道与井筒的位置关系来确定。

由于本风井井向与井下巷道的连接是单侧马头门与总回风巷相接，井筒改为临时罐笼提升后，矿车只能从一侧进出车，速度慢、效率低，不利于加大巷道施工时的提升能力，最好的办法应当是一侧进车、另一侧出车，这样就需要把井筒与井下巷道的连接改为双侧马头门连接，同时增加运输绕道。

4. 本题考查的是井筒基岩段成井后漏水的主要原因。此类题目涉及施工质量管理、施工质量验收等。作答此类题目要从施工的各个工序进行分析，有时也要考虑工程条件因素。

对于井筒基岩段建成后井壁有漏水的现象，首先要分析工程条件，是否是含水岩层水压力太大，或者是岩层涌水量大，导致井壁的施工质量差，当然也有可能是对含水岩层的处理效果不好。其次要考虑的是井壁施工时有没有做好相关的防水工作，保证井壁的浇筑质量，特别是当井壁浇筑时，工作面涌水较大时，应当进行相关的防水处理，包括截水、导水等方法。此外还应该保证井壁施工时没有出现空洞等现象。

基岩段井壁出现漏水的现象，进行处理与否主要依据工程验收的要求及决定来进行。根据《煤矿井巷工程质量验收规范》GB 50213—2010指出：普通法施工全井筒建成后，井筒深度≤600m的总漏水量≤6m³/h，井筒深度>600m的总漏水量<10m³/h，井壁不得有0.5m³/h以上的集中出水水孔。采用特殊法施工井筒段，除执行上述规定外，其漏水量应符合下列规定，钻井法施工井筒段，井筒深度≤400m段，总漏水量≤0.5m³/h，井筒深度>400m，每百米漏水增加量≤0.5m³/h；以及不得有集中出水孔和含砂的出水孔。由于该风井井筒总漏水量为8m³/h，很显然，漏水问题需要处理。

5. 本题考查的是井筒到底后相关设施的调整。在井筒到底转入巷道施工时，这一时期称为井巷过渡期，矿山井巷工程过渡期施工安排为保证建井第二期工程顺利开工和缩短建井总工期，井巷过渡期设备的改装方案至关重要。井巷过渡期的施工内容主要包括：主副井短路贯通；服务于井筒掘进用的提升、通风、排水和压气设备的改装；井下运输、供水、通信及供电系统的建立；劳动组织的变换等等。

风井井筒到底后就转入巷道施工，需要进行临时改绞，即吊桶提升改为临时罐笼提升，同时通风、排水、运输也应做调整，以满足巷道施工的要求。

对于排水工作，井筒施工一般用吊泵或卧泵排水，转入巷道施工后、需要在井下施工临时水仓用来储存各种涌水，同时需要安装卧泵进行排水，直到永久排水系统形成。

对于供电工作，井筒施工采用电缆由地面供电，转入巷道施工后，井下用电设备增加，且用电规格也不统一，需要在井下布置临时变电所，采用地面供电高压输送到井下变电所，再由井下变电所进行配电向各施工点供电。对于运输工作，由于井筒改为临时罐笼提升，这时井下运输改为矿车运输。

【参考答案】

1. 表土段采用冻结法（或钻井法）施工，基岩段宜采用钻爆法施工，含水段涌水量15m³/h大于10m³/h，应采用工作面预注浆堵水。

2. 井筒施工期宜采用双滚筒（2JKZ或2JK）系列和单滚筒（JKZ或JK）系列提升机各一台，吊桶提矸。改绞后巷道施工期宜采用双滚筒提升机单层双车罐笼或双层单车罐笼提升。

3. 井下巷道施工时，井下应增加井底车场临时绕道，以方便调车。示意图如图1-4所示。

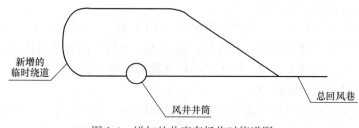

图1-4　增加的井底车场临时绕道图

4. 该井筒基岩段成井后漏水的原因可能是：（1）未对含水段进行工作面预注浆或注浆效果不好；（2）混凝土浇筑前未做好防水处理；（3）混凝土材料或施工（搅拌、浇筑）质量差。

井筒漏水问题需要处理。

理由是：根据《煤矿井巷工程质量验收规范》GB 50213—2010 规定，普通法施工全井筒建成后，井筒深度≤600m 的总漏水量≤6m³/h，井筒深度>600m 的总漏水量≤10m³/h，井壁不得有 0.5m³/h 以上的集中出水水孔。采用特殊法施工的井筒段，除执行上述规定外，其漏水量应符合下列规定：钻井法施工井筒段，总漏水量≤0.5m³/h；冻结法施工井筒段，井筒深度≤400m 段，总漏水量≤0.5m³/h，井筒深度>400m，每百米漏水增加量≤0.5m³/h；以及不得有集中出水孔和含砂的出水孔。由于该风井井筒总漏水量为 8m³/h。题中风井全深 450m 则预计涌水量 15m³/h 与规范中深 600m 以内的井筒涌水量不得超过 6m³/h 不符。很显然，漏水问题需要处理。

5. 排水：由井筒内水泵排水改为井下临时泵房卧泵排水。

供电：由地面变电所直接向井筒设备供电改为由地面变电所高压供电给井下临时变电所，再由井下临时变电所向各施工设备（或变电点）供电。

运输：由吊桶改为矿车运输、罐笼提升。

实务操作和案例分析题九 ［2015 年真题］

【背景资料】

某单位承担一矿井水平巷道的施工任务，该巷道长 2000m，净断面积 20m²，围岩为中等稳定的粉砂岩，工作面涌水量较小。施工单位安排了 2 支队伍进行对头掘进，采用钻眼爆破法施工，多台气腿式凿岩机打眼，锚喷支护。

施工单位在施工过程中采取了以下措施：

措施 1：为达到"多进尺"的目的，采取了减少炮眼数量和多装药的措施。

措施 2：为提高钻眼速度和爆破效果，施工单位组织推广使用了钻爆法施工的"三小"技术。

措施 3：在爆破安全检查后，要求施工班组迅速采用气腿式凿岩机打设护顶锚杆并喷浆。

措施 4：为减小巷道贯通偏差，在未掘的巷道长度为 40m 时，开始按照贯通测量的要求，最后一次标定贯通方向。由于围岩相对比较稳定，在未掘的巷道长度为 10m 时，停止一头掘进，撤出所有施工设施，由另一头继续掘进。

【问题】

1. 措施 1 中，施工单位采取的措施会带来哪些不良后果？对施工效率和质量有何影响？

2. 措施 2 中，推广使用钻爆法施工的"三小"技术主要包括哪些内容？

3. 措施 3 中，施工单位的要求是否正确？说明理由。

4. 措施 4 中，施工单位的做法有哪些错误？给出正确的做法。

【解题方略】

1. 本题考查的是巷道施工质量和管理的基本内容。在实际的施工过程中，抢钻眼时间是一个常见的现象，但实质上是一个有害于施工的行为。针对本题来说，应该从施工质量和效率方面去考虑其不良影响。

通过分析案例得到下列的不良后果：（1）不能达到光面爆破的效果；（2）造成围岩震动和破坏；（3）超挖和轮廓不规整；（4）过多的大块矸石。

对应的施工质量影响和施工效率影响需要进一步分析：（1）光爆不好会影响断面成型的质量要求；（2）围岩震动会降低围岩稳定性而影响支护施工质量；（3）超挖现象会影响喷混凝土施工质量，降低喷混凝土施工效率；（4）岩石块度不合适会降低装矸效率。

2. 本题考查的是"三小"技术的主要内容。巷道掘进中的"三小"技术是一种有效的钻眼爆破技术，使用也比较广。所谓"三小"即小直径钎杆、小直径炸药药卷和小钎花，以提高钻眼速度和爆破效果。

根据光爆技术的原则，实施光面爆破一般都采用多炮眼、少药量、不耦合装药结构的方式。为保证钻眼速度，目前已经有条件可以采用小直径钢钎，于是实现小直径炮眼，就必须采用小直径钻头。目前钻头（钻孔孔径）可以达到28mm。为了实现非耦合装药，药卷也必须采用小直径。

3. 本题考查的是井巷爆破的施工安全管理要求。自从引入锚杆钻机以后，巷道顶部锚杆的施工已经都采用专门的锚杆钻机了。锚杆钻机有许多好处，功率高、操作方便、较一般钻机更容易保证垂直炮眼的施工质量，是效率高、施工质量好的机具和方法。因此使用锚杆钻机被规程所要求。

从背景资料得知，在被安检之后且围岩中等稳定，没有涉及其他有关安全、施工质量等方面的问题，因此应从选用的凿岩设备上着手来分析施工单位的做法是否合理。然而，在这种情况下的凿岩设备的选用相关的规程都有规定，应该选用锚杆钻机进行施工。

4. 本题考查的是现场施工巷道贯通的基本内容。根据相关施工规程和安全规程的要求，巷道贯通工作的重点主要有三项内容：一项是测量工作如何满足巷道贯通要求；一项是实施贯通的施工操作要求；另一项是贯通过程的安全（主要是通风安全）工作要求。

为保证巷道贯通顺利进行，必须做好巷道施工的定向测量。根据背景资料进行分析，为减小贯通偏差，在未掘巷道长度为40m时进行巷道贯通的最后一次定向测量。而施工规程要求未掘巷道距离应为50m以上（否则这项措施是正确的）。其实"最后进行贯通定向是为减少贯通偏差"的说法不完全正确（反而有误导影响），还要考虑在调整巷道掘进偏差的贯通仍能满足巷道通风、运输等要求。

临贯通前必须停止一头掘进，这是施工方法要求，从安全上考虑，剩余岩柱越大就越安全，但是影响进度。施工和安全规程对停掘时间都有规定，即剩余巷道长度应在20m（或15m）以上（一般巷道）。

巷道停掘后停掘巷道的安全仍然需要保证。这就是要保证维持正常通风工作（否则巷道应采取封闭的相应措施）。所以把风机、风筒等设施撤出的做法是错误的。

【参考答案】

1. 施工单位采取的措施一中的内容是减少炮眼数量，并在炮眼中采取多装药的办法；这个措施不仅不能达到加快施工进度的目标，而且还有害于施工质量和施工效率。

（1）不良后果：无法保证实现光面爆破效果。

影响：造成巷道成形差。

（2）不良后果：会使围岩受到更为严重的震动和破坏。

影响：使围岩稳定性受到破坏，并导致难以保证支护施工的质量和支护效果。

（3）不良后果：会更多地形成巷道轮廓不规整和超挖的情况。

影响：增加了喷混凝土施工难度和喷浆工程量。

（4）不良后果：爆破后形成的岩石块度过大。

影响：影响装岩机的装载效率。

2. "三小"技术主要包括：小直径钎杆或钻杆、小直径炸药药卷、小钎花或小钻头。

3. 采用气腿式凿岩机打设护顶锚杆不正确。

理由：根据规范要求打设护顶锚杆必须采用锚杆钻机。

4. 错误1是：最后一次标定贯通方向的未掘巷道长度确定为40m不正确。

正确的做法是：按施工规程规定，正确的做法是最后一次标定贯通方向的未掘巷道长度不得小于50m。

错误2是：考虑围岩比较稳定而确定未掘巷道长度为10m时开始停止一头掘进。

正确的做法是：按施工规程和安全规程规定，正确的长度距离是15~20m（一般性巷道）。

错误3是：撤出所有施工设施的做法不正确。

正确的做法是：因为按安全规程要求，停掘的工作面必须保持正常通风，以保持停掘巷道中的有害气体不超限；因此正确的做法是在停掘巷道口增设栅栏和警示标志，并保留风机、风筒等相关设施，保持风流正常运行，还要经常检查风筒的完好和工作面及回风风流状况，避免有害气体超限等情况。

实务操作和案例分析题十 ［2014年真题］

【背景资料】

某施工队承担了一巷道的施工任务，该巷道净断面为16m²，长800m，锚喷支护。地质资料显示，工作面涌水量较小，围岩中等稳定。因距煤层较近，工作面有瓦斯泄出现象。施工单位编制、报审了施工技术措施，采用钻眼爆破法施工：多台气腿式凿岩机打眼，炮眼深度均为2.4m，反向装药。为保证光面爆破效果，周边眼布置在断面轮廓线上，选用高密度、高爆速的炸药，采用不耦合装药的方式。技术措施经审核修改后组织实施。在施工过程中发生了以下事件：

事件1：一次爆破作业后，检查发现工作面有5个瞎炮和3个距瞎炮较远、深度约0.8m的残孔。为了处理瞎炮，施工人员立即用水冲洗了残孔，并对其进行钻眼加深，然后装药重新引爆5个瞎炮。

事件2：工作面爆破后，施工班组及时进行了通风和安全检查，然后就利用气腿式凿岩机打设顶部锚杆孔。施工中顶板发生了局部冒顶事故，致使3名工人重伤。

【问题】

1. 指出原施工技术措施的错误之处，并给出正确的做法。

2. 事件1中有哪些错误的做法？应如何去做？

3. 分析并纠正事件2中的不妥之处。

【解题方略】

1. 本题考查的是井巷凿岩爆破的施工工艺。编制施工措施要根据巷道的实际工程条件进行编制。根据背景资料分析矿井工程条件，若要编制施工措施至少应该从涌水和瓦斯两方面着手分析。在施工工程中，如果工作面有涌水，要考虑水对工作面的影响，及时有效的做好排放水工作。选用的炸药也要使用合格的煤矿许用防水炸药。因为工作面还有瓦斯的存在，因此在炮眼装药时，应该采用正向装药，且炸药要使用安全炸药。在进行光面爆破过程中，还要考虑周边眼的装药结构及装药的选择。钻眼爆破过程中，掏槽眼一般要比其他炮眼深 200mm，主要是为了保证掏槽效果。

2. 本题考查的是瞎炮的处理方法。巷道在进行爆破作业时，会发生瞎炮的情形。在处理瞎炮过程中严格按照相关的规定及安全规程进行处理操作。瞎炮的处理方法：

（1）处理瞎炮，必须在班组长直接指导下进行，并就在当班处理完毕。如果当班未能处理完毕，放炮员必须向下一班放炮员在现场交接不禁。

（2）放炮后发现瞎炮，要先检查工作面的顶板、支架和瓦斯。在安全状态下，放炮员可把瞎炮重新联好，再次通电放炮。如仍未爆炸，应重新打眼放炮处理。

（3）重新打眼放炮时，应先弄清瞎炮的角度、深度，然后在距瞎炮炮眼 0.3m 处另打一个同瞎炮眼平行的新炮眼，重新装药放炮。

（4）严禁用镐刨或从炮眼中取出原放置的引药或从引药中拉出电雷管；严禁将炮眼残底（无论有无残余炸药）继续加深；严禁用打眼的方法往外掏药；严禁用压风吹这些炮眼。

（5）处理瞎炮的炮眼爆破后，放炮员必须详细检查炸落的煤矸，收集未爆的电雷管，下班时交回火药库。

（6）在瞎炮处理完毕以前，严禁在该地点进行同处理瞎炮无关的工作。

因此材料中提到用水冲洗、继续加深钻孔、利用残孔引爆都是违章行为。

3. 本题考查的是工作面进行爆破后的安全技术措施。巷道工作面爆破后，应该首先进行通风和安全检查，在确保安全的前提条件下，开展工作面相关工序的施工，发生局部冒顶肯定有隐患没有被发现，应当重点分析相关的作业程序。巷道在爆破后，首先进行通风工作，然后由放炮员和班长到工作面进行安全检查，安全检查不应该因为巷道的围岩条件好就不认真，应当认真观察和处理工作面爆破后的围岩，进行"敲帮问顶"，发现残炮、瞎炮、危石等，只有把这些安全隐患都解决后才能安排相关作业。此外，安排施工作业应有安全保障，进行工作面支护应有临时保护措施，目前，常用的保护措施可采用单体支柱支撑、前探支架或超前支护掩护。巷道施工作业中，随着锚杆钻机的推广应用，过去工作面采用气腿式凿岩机打顶部锚杆孔已经逐步淘汰，主要是其支护效果不理想，也不利于安全，目前已被锚杆钻机打眼代替。

【参考答案】

1. 错误之处：在有瓦斯的工作面爆破采用反向装药违章，易引发瓦斯爆炸。

正确做法：在有瓦斯的工作面爆破采用正向装药。

错误之处：周边眼选用高密度、高爆速的炸药不妥。

正确做法：应选用低密度、低爆速的安全炸药。

错误之处：炮眼深度均为 2.4m 不正确。

正确做法：通常掏槽眼的深度应深于其他炮眼。

2. 错误的做法：用水冲洗残孔，继续加深残孔，利用残孔引爆瞎炮。

正确的做法：瞎炮事故发生后，应首先分析原因。如因连线不良、错连、漏连的雷管，经检查确认起爆线路完好后，可重新起爆；其他原因则应在距瞎炮至少30cm处重新钻与瞎炮炮孔平行的新炮孔，重新装药放炮。

3. 错误之处：打顶板锚杆孔时没有在临时支护的掩护下进行。

正确做法：打顶板锚杆孔时应在临时支护（单体液压支柱、前探支架、超前支护）的掩护下进行。

错误之处：利用气腿式凿岩机打设顶部锚杆孔。

正确做法：应采用锚杆钻机。

错误之处：安全检查不到位，施工人员违规作业。

正确做法：应严格执行安全施工作业规程。

实务操作和案例分析题十一 ［2012年10月真题］

【背景资料】

某施工单位承担一井下轨道运输大巷的施工。根据建设单位提供的地质资料，巷道在施工到距9号交岔点128m时要穿过一砂岩含水层，含水层的穿越长度9m。施工单位按施工作业规程在掘进至距含水层5m时，停止掘进，进行打钻探水。打钻探水的施工队伍由掘进队成员构成，钻孔采用锚杆钻机。在施工巷道顶部的一个倾斜孔到10m时，钻孔出水，水量达到3m³/h，施工队长安排停止钻进，由施工人员拔出钻杆，砸入注浆管，连接管路后直接开始注入水泥浆。水泥浆的水灰比为1∶1。在注浆一段时间后，观察发现注浆压力基本没有变化。待单孔注浆量达40m³时，建设单位下令停止注浆，然后，施工单位进行了扫孔复钻。因钻机能力的限制，实际钻深达到12m时，检查出水量为1m³/h，队长安排注浆封孔，恢复该巷道的正常掘进施工。

【问题】

1. 为穿越含水层，施工单位在打钻和注浆工作上的做法有何不妥？

2. 上述材料中钻孔深度达到10m时，停钻注浆是否合理？请说明确定钻孔最终深度的原则是什么？确定钻孔最终深度时应考虑哪些参数？

3. 针对上述材料长时间注浆压力不升高、达不到设计终压的情况，可采取哪些措施？

【解题方略】

1. 本题考查的是打钻和注浆施工工艺的要求。作答此类型的题目，首先应该考虑为穿越含水层，施工单位在打钻和注浆工作上应该怎么做。这样才能寻找到背景资料中有问题的做法。

探水注浆工作应建立专门的探放水作业队伍，使用专用的探放水钻机，钻孔最终深度应符合相关规定要求，按规定预埋孔口管、安装安全闸阀或防喷阀，注入水泥浆前，应进行压水试验和静水压力值测定，达到注浆终压，才能停止注浆。

2. 本题考查的是防治矿井水害及控制措施。作答这类型题目一定要将理论与实际相结合，根据背景资料分析打钻和注浆的环节，从中寻找问题与关键点。矿井水害防治与控制措施包括：

（1）留设防水隔离岩柱，建立防水闸门、水闸墙：在受水严重威胁的岩层、地区的进出口要设置水闸门（墙），必要时要留设防水隔离岩柱。

（2）机械疏干：要根据矿井正常涌水量或最大涌水量设计排水设备和排水系统，及时疏排井下涌水。排水系统包括水泵、水仓、水管以及相应的配电设备。

（3）含水层改造与隔水层加固：根据含水层的特征，可采取注浆堵水的措施切断水源补给通道，或者采取留设隔水岩柱、注浆加固隔水层等措施对含水层进行改造与加固。

（4）坚持用"有疑必探，先探后掘"的原则指导和组织井巷掘进施工。

3. 本题考查的是注浆工程的施工工艺。首先分析注浆压力无法升高的原因，针对其原因再进行有针对性的措施。注浆压力长时间不升高可能是浆液浓度不够，裂隙较大，浆液凝结时间偏长等原因，因而，可及时调整水泥浆液浓度，添加骨料填堵较大裂隙，采用双液注浆可缩短凝结时间，采用间歇式注浆方法也能让浆液在裂隙中充分凝结。

【参考答案】

1. 施工单位在打钻和注浆工作上的做法不妥之处有：

（1）没有建立专门的探放水作业队伍；

（2）没有使用专用的探放水钻机；

（3）钻孔最终深度不符合相关规定；

（4）没有按规定预埋孔口管、安装安全闸阀或防喷阀；

（5）注入水泥浆前，没有进行压水试验和静水压力值测定；

（6）没有达到注浆终压，就停止注浆。

2. 背景中钻孔深度达到 10m 时，钻孔达 10m 见水后注浆合理；

确定钻孔最终深度的原则是孔深应进入隔水层一定深度；

确定钻孔最终深度时应考虑的参数有：止浆岩柱长度，穿越含水层长度和进入隔水层厚度 5～10m。

3. 针对长时间注浆压力不升高、达不到设计终压的情况可采取的措施有：

（1）及时调整水泥浆液浓度；

（2）添加骨料；

（3）采用双液注浆；

（4）采用间歇式注浆方法。

典 型 习 题

实务操作和案例分析题一

【背景资料】

某施工单位承揽一低瓦斯矿井二期工程，在已形成建井时期全风压机械通风系统的情况下，施工单位根据二期工程各岩石巷道设计的断面大小、巷道长度、支护方式等条件，考虑岩巷掘进期间通风条件限制等不利因素，分别采用了三种局部通风方式，其局部通风机和风筒的布置如图 1-5 所示，这些方式较好地解决了岩巷掘进时的通风问题，按计划完成了合同约定的任务。

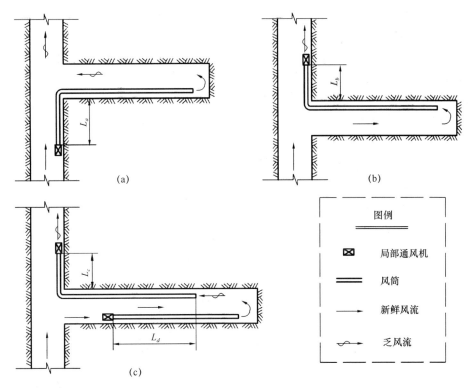

图 1-5　岩巷掘进通风方式

【问题】

1. 图 1-5 中（a）、（b）、（c）分别为何种通风方式？

2. 按照相关规定，分别给出图 1-5 中 L_a、L_b、L_c、L_d 的最小值。

3. 若岩巷掘进期间有瓦斯涌出，选用图 1-5（a）、（b）、（c）中哪种通风方式比较合理？

4. 针对岩巷掘进工作面通风工作，局部通风机的配备有何要求？

【参考答案】

1. 图 1-5 中（a）、（b）、（c）采用的通风方式为：

（a）为压入式通风；（b）为抽出式通风；（c）为混合式通风。

2. 图 1-5 中 L_a、L_b、L_c、L_d 最小值的确定：L_a 的最小值为 10m；L_b 的最小值为 10m；L_c 的最小值为 10m；L_d 的最小值为 15m。

3. 若岩巷掘进期间有瓦斯涌出，选用（a）通风方式比较合理。

4. 针对岩巷掘进工作面通风工作，工作局部通风机可不配备用局部通风机，但必须采用三专供电（专用线路、专用开关、专用变压器）；或者配备一台同等能力的备用局部通风机，并能自动切换。

实务操作和案例分析题二

【背景资料】

某施工单位承担了一煤矿立井井筒的施工工作，该井筒净直径 6.5m，深度 685m。表土段深度25m，采用井圈背板普通法施工。基岩段采用钻眼爆破法施工，短段掘砌混合作业方式，布置两套单钩提升，主要施工设备和设施为：YSJZ4.8伞钻1台，HZ-6中心回转抓岩机1台，2JKZ3.6/18.5提升机配5m³矸石吊桶1个（主提升），JKZ2.8/15.5提升机配3m³矸石吊桶1个（副提升），V型凿井井架1座，金属整体移动式伸缩模板1套，DC50卧泵1台配4m³水箱，排水管、压风管、供水管各1路，工作面采用压入式通风，设有胶质风筒1趟，所有管路均采用井壁固定，凿井吊盘、电缆采用钢丝绳悬吊，吊盘绳兼稳绳，凿井施工井内设备布置如图1-6所示。

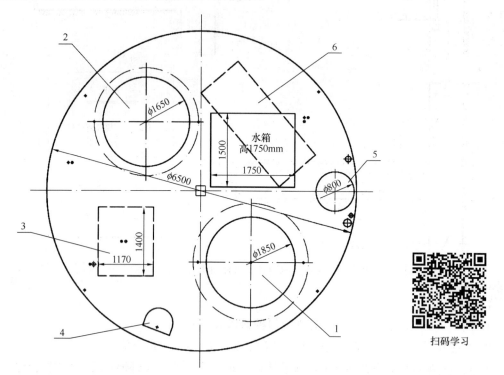

扫码学习

图1-6　凿井施工设备井内布置图

（注：图中标注只表示井内布置的主要设备和设施）

【问题】

1. 指出图1-6中1～6的名称。

2. 该井筒基岩段掘进凿岩炮眼深度为4.5m，请合理确定金属整体移动式伸缩模板的高度及净断面加工制作的规格尺寸。

3. 该井筒基岩段采用短段掘砌混合作业方式，凿岩、爆破作业主要工序包括哪些？

4. 该井筒竣工验收时，井筒总漏水量应满足的验收标准是什么？

【参考答案】

1. 图1-6凿井施工设备井内布置图中1～6的名称分别为：

（1）1的设备名称：主提升（5m³吊桶）；

（2）2的设备名称：副提升（3m³吊桶）；

（3）3的设备名称：HZ-6中心回转抓岩机；

（4）4的设备名称：安全梯；

（5）5 的设备名称：ϕ800mm 胶质风筒；

（6）6 的设备名称：DC50 卧泵。

2. 金属整体移动式伸缩模板的高度，一般根据围岩的稳定性和施工段高来决定，取 3.5～4.0m（含区间数值）；模板加工净断面半径取 3260～3290mm（含区间数值）。

3. 该井筒基岩段采用短段掘砌混合作业方式，凿岩、爆破作业主要工序有：凿岩准备、工作面凿岩（钻凿炮眼）、装药连线、爆破、通风排烟、安全检查。

4. 该井筒竣工验收时，井筒总漏水量应满足的验收标准是：井筒总漏水量≤10m³/h，不得有 0.5m³/h 以上集中出水孔。

实务操作和案例分析题三

【背景资料】

某主井井筒净直径 6m，井深 650m，表土段拟采用冻结法施工，基岩段采用普通法施工。井筒检查孔资料表明，该井筒从上向下需穿过冲积层 400m、风化基岩 15m、泥岩 35m（隔水层）、砂岩含水层 10m（预计涌水量 15m³/h）、泥岩 45m（隔水层）、极弱含水砂质泥岩和泥岩互层 145m。建设单位根据咨询单位提供的 430m、475m 两个冻结深度方案，按照技术可行和经济合理的原则选择了 430m 冻结深度方案。该井筒施工由两家矿建施工单位共同承担，其中一家单位负责井筒冻结工作，另一家单位负责井筒掘砌工作。

在施工过程中，发生了如下事件：

事件 1：冻结水文观测孔连续冒水 7d 时，建设单位下达了该主井井筒开挖的指令，掘砌单位根据指令开始掘砌作业。当完成 6m 掘砌再向下掘 1m 时，井筒工作面一侧发生了严重的片帮涌砂出水事故，掘砌单位立即采取向井筒内灌水的应急措施，灌水达到一定高度后，很快控制了事故的发展。15d 后，冻结单位书面通知建设单位、监理单位和掘砌单位，说明主井井筒已具备正常开挖条件。掘砌单位排除了井筒积水，重新开挖。至此，工期已拖延 20d。事后掘砌单位向建设单位提出了工期和费用索赔。

事件 2：该井筒内壁采用组合钢模板倒模法浇筑，在某一段高浇筑后发现有一处模板有向井筒内涨出（胀模）现象。

事件 3：主井井筒竣工验收时，总漏水量 8m³/h，其中在井深 620m 处有两个集中漏水点，漏水量分别为 0.7m³/h、0.8m³/h。验收时还发现有一处井筒净半径小于 60mm。其余各项检查项目全部合格。

【问题】

1. 说明建设单位采用的冻结深度方案在技术、经济方面的合理性和不足之处。

2. 井筒发生片帮涌砂的主要原因是什么？如何避免此类事故的发生？

3. 掘砌单位采取向井筒内灌水的措施为何能控制片帮涌砂？掘砌单位提出的索赔是否合理？说明理由。

4. 该井筒验收时的漏水量是否符合规范要求？说明理由。

5. 组合钢模板浇筑混凝土井壁发生胀模的原因可能有哪些？井壁一处净半径小于 60mm 应如何验收、处理？

【参考答案】

1. 合理性：设计冻结深度已进入稳定不透水基岩 15m，符合规范要求，下部的 10m

砂岩含水层水量不大，可采用工作面预注浆堵水，施工费用低。

不足之处：不能可靠地处理好10m砂岩含水层。

2. 主要原因是冻结壁强度不满足开挖要求。

要避免此类事故的发生，应由冻结单位结合水文孔冒水时间和测温孔温度综合分析，确保冻结壁已交圈，强度和厚度满足开挖要求；并由冻结单位下达允许开挖的通知。

3. 因为向井筒内灌水可实现井筒内外水压力平衡，从而可控制井筒不再片帮。

掘砌单位向建设单位提出的工期和费用索赔合理。

原因是建设单位下达了开工指令（或者非施工单位责任）。

4. 不符合规范要求。

理由：总漏水量虽然符合规范600m以上井筒漏水量不大于$10m^3/h$的要求，但两个集中漏水点都超过规范"不大于$0.5m^3/h$"的要求。

5. 胀模原因可能有：振捣操作不当；模板刚度不够；组合模板连接不牢固。

可按非正常验收的程序验收。

经原设计单位复核，如满足设备运行安全间隙的要求，可不处理；如影响设备运行的安全间隙，应在保证设备安全运行和满足井壁强度的条件下，对该段井壁进行处理。

实务操作和案例分析题四

【背景资料】

某选矿厂在生活区附近修建一座三层工业厂房。厂房采用钢筋混凝土预制桩基础，基础底面距地表7m，施工期间地下水位距地表3.2m。施工单位A中标承包了该工程，A将其中的地基基础工程和门窗安装分别分包给了具有相应资质的施工单位B和C。施工单位B针对基础施工制定了以下方案：

（1）基坑采用放坡开挖，不设支护，四周设管井井点进行降水，井点只在开挖作业时抽水；

（2）桩基础采用一台柴油打桩机昼夜连续施工；

（3）挖土机从基坑一侧挖到坑底后，向后退行。将土方堆放在基坑边缘以方便回填。

在桩基础施工中，为加快打桩速度，施工单位采用了大桩锤并加大油门作业，造成多根桩顶面混凝土破碎。现场施工人员对破碎部分凿平修补后随即将桩继续打入。

【问题】

1. 施工单位A的分包行为是否妥当？简述理由。

2. 施工单位B的施工方案有哪些不妥之处？并说明正确做法。

3. 桩基础昼夜不间断施工前应做好哪些工作？

4. 说明打桩过程中出现桩顶破碎后的处理程序。

【参考答案】

1. 施工单位A与施工单位B的分包行为不妥。

理由：主体工程不能分包。

施工单位A与施工单位C的分包行为妥当。

理由：分包给了具有相应资质的施工单位。

2. 施工单位B的施工方案的不妥之处及正确做法如下：

（1）不妥之处：基坑开挖不设支护。

正确做法：基坑开挖应该设支护。

（2）不妥之处：井点只在开挖作业时抽水。

正确做法：应该24h持续抽水降水作业，并从基坑开挖前开始直到基础施工完毕填土到地下水位以上时才停止。

（3）不妥之处：基坑不可一次挖至坑底。

正确做法：应分层开挖。

（4）不妥之处：土方堆放在基坑边缘不妥。

正确做法：堆土应远离边坡，防止基坑坍塌。

（5）不妥之处：柴油打桩机昼夜连续施工。

正确做法：夜间不允许打桩机施工。

（6）不妥之处：将土方堆放在基坑边缘以方便回填。

正确做法：应远离基坑边缘。

3. 桩基础昼夜不间断施工前应尽量采取降噪措施，并做好周围居民的工作，同时报环保部门备案。

4. 打桩过程中出现桩顶破碎后的处理程序：应暂停打桩，及时研究处理。

实务操作和案例分析题五

【背景资料】

某煤矿新建一副立井井筒，设计净直径8.6m，深度878m。该井筒地质资料表明，冲积层及风化带厚度88m，由砂质黏土、砂层和卵石层组成，含水率低且流动性小，水压不大于0.19MPa，稳定性较差；基岩段以泥岩、砂岩及泥质砂岩为主，为弱稳定到中等稳定岩层。井筒深度590～635m处存在有断层破碎带，充水量较大；深度720～772m处存在有裂隙含水层，含水丰富，含水层底部有较厚的隔水层；预计井筒施工涌水量在15～35m³/h之间。井壁结构表土段采用钢筋混凝土，基岩段采用普通混凝土，混凝土强度等级C35。

某施工单位承建该井筒施工项目，根据地质资料、初步设计、机械化配套方案等编制了井筒施工组织设计。施工组织设计中，表土层采用普通法施工，选用简易龙门架作为提升与悬吊设备，掘进与支护采用井圈背板法，循环进尺为1.0m。基岩段采用钻眼爆破法，模板选用高度3.6m的金属整体模板，混凝土采用输料管下放。施工过程中，发生了下列事件：

事件1：表土段施工结束，监理工程师组织了工程验收。施工单位提供的全部验收资料中，表土层掘进分项工序验收记录表共73份，抽查10份。其中，主控项目井筒掘进半径部分验收记录表上测点数为5～7个。验收时，监理工程师现场选择3个检查点检测井筒净半径，检查点的位置距井口20m、55m、80m。

事件2：某日早班井筒施工到610m，发现井壁出现淋水，施工单位认为淋水不大，未做处理，安排工人支好模板后，混凝土浇筑工将混凝土输送管直接插入模板浇筑混凝土。脱模后，发现该段井壁混凝土出现蜂窝麻面现象，无法满足质量要求。

事件3：为保证施工安全和井筒施工质量，施工单位对井筒基岩段较厚的含水层与断层破碎带选择了工作面预注浆治水方案，保证了井筒的顺利施工。

【问题】

1. 根据背景资料，指出表土段施工方案存在的不合理之处，并给出目前施工条件下的合理施工方案。

2. 事件1中，表土层井筒段验收过程及验收资料中存在哪些不妥？写出正确做法。

3. 事件2中，纠正混凝土施工过程中的不正确做法，并说明造成井壁混凝土缺陷的主要原因。

4. 事件3中，施工单位选择工作面预注浆方案的依据是什么？

5. 采用工作面预注浆堵水，混凝土止浆垫的设置有哪些要求？

【参考答案】

1. 表土段施工方案存在的不合理之处及合理做法。

（1）不合理之处：简易龙门架作为提升、悬吊井架。

合理施工方案：简易龙门架只适应40m以内表土施工；该井筒表土段深度88m，应选用帐幕式井架或采用凿井井架。

（2）不合理之处：采用井圈背板施工。

合理施工方案：表土稳定性较差，选用吊挂井壁法更为适宜。

2. 事件1中，表土层井筒段验收过程及验收资料中存在的不妥及正确做法。

（1）不妥之处：监理工程师组织了工程验收。

正确做法：应由总监理工程师（或建设单位）组织工程验收。

（2）不妥之处：施工单位提供的全部验收资料中，表土层掘进分项工序验收记录表共73份，抽查10份。

正确做法：至少应为88份，表土段88m，每循环进尺为1000mm，每循环一次应进行一次检查记录。

（3）不妥之处：主控项目井筒掘进半径部分验收记录表上测点数为5～7个。

正确做法：规范要求为8个点，且其中两个测点应为靠近提升容器最近的井壁处。

（4）不妥之处：验收时现场选择3个检查点检测井筒净半径。

正确做法：按照规范要检测的检查点间隔不大于20m，88m应至少选5个。

3. 对混凝土施工过程中的不正确做法的改正：井筒深度大于400m严禁使用溜灰管；应使用底卸式吊桶下放；应二次搅拌；经分灰器入模浇筑。

造成井壁混凝土缺陷的主要原因有：混凝土出现离析；淋水未处理；振捣不实；未分层浇筑振捣。

4. 事件3中，施工单位选择工作面预注浆方案的依据包括：破碎带、含水层埋深较深，层数少，破碎带、含水层层间距大，单层含水层（破碎带）厚度大。

5. 采用工作面预注浆堵水，混凝土止浆垫设置的要求：止浆垫与井壁一同浇筑，并对井壁进行强度验算；止浆垫上预埋孔口套管；按设计注浆压力计算确定止浆垫厚度；应制定防止井壁破裂的措施。

实务操作和案例分析题六

【背景资料】

某施工单位承建一煤矿回风斜井井筒工程。该斜井井筒倾角16°，斜长1450m，其中表土明槽开挖段 6m，暗挖段 28m，基岩段 1416m。设计井筒净断面积 22.25m²，表土段掘进断面 32m²，钢筋混凝土支护；基岩段掘进断面 24.25m²，锚网喷支护。矿井属低瓦斯等级矿井。

矿井地质资料表明：井田构造主体为走向近南北、倾向南西的单斜构造，地层倾角向东逐渐变缓，并伴有缓波状的构造形态和局部的褶曲；区内构造较复杂，断层及断裂构造发育，部分破碎带伴有较大涌水；斜井落底处将揭露 5 号煤层。

斜井基岩段采用钻眼爆破普通法施工，爆破工程分包给了某爆破公司，该公司编制了专项爆破施工方案。施工单位根据爆破图表进行工作面钻孔作业，爆破公司负责工作面的装药、联线、爆破、验炮等工作。爆破施工费用采用综合单价包干，基岩段（实方）爆破费用为 65 元/m³。实际施工过程中，表土段及风化基岩段采用普通法施工，其长度增加了 13m。爆破过程中出现了空爆（冲炮）、残眼过深等质量问题，影响斜井基岩段的正规循环作业。

【问题】

1. 该斜井基岩段钻眼爆破法施工需要配备哪些施工设备？

2. 该斜井基岩段爆破工程分包费用是多少？

3. 该斜井基岩段施工过程中还需要编制哪些专项施工技术措施？

4. 该斜井过煤层施工时，爆破器材选择有什么要求？

5. 说明斜井基岩段施工出现爆破质量问题的原因。

【参考答案】

1. 该斜井基岩段施工需要配备的主要施工设备是：风动凿岩机、混凝土喷射机、耙斗装岩机（或扒渣机或小型挖掘机）、提升机（卷扬机）、矿车（箕斗或大包角皮带机）、局部通风机、排水泵等。

2. 该斜井基岩段爆破工程分包费用是：（1450－6－28－13）×24.25×65＝2211478.75 元。或（1416－13）×24.25×65＝2211478.75 元。

3. 斜井基岩段施工过程中还需要编制的专项施工技术措施包括：

（1）断层破碎带掘、砌专项施工技术措施；

（2）探、揭煤专项施工技术措施；

（3）探、放水专项施工技术措施。

4. 过煤层时炸药应选用不低于二级的煤矿许用炸药，雷管应选用不超过 5 段的煤矿许用毫秒延期电雷管。

5. 斜井基岩段施工出现爆破质量问题的原因：

（1）爆破器材质量不合格；

（2）装药、联线不正确；

（3）岩性变化时爆破参数未调整；

（4）承包方没按照爆破图表施工；

（5）炮孔扫眼不彻底；

（6）炮泥封堵不严实；

（7）分包方擅自减少装药量。

实务操作和案例分析题七

【背景资料】

某矿建施工单位承建煤矿主井井筒及井底车场巷道工程，该井筒净直径 7.0m，井深 650m，其中表土段深度 35m，主要为风化基岩层；基岩段为中等稳定的砂岩和页岩，预计最大涌水量为 25m³/h。

该井筒表土段采用短掘短砌普通法施工，超前小井降水；基岩段采用钻眼爆破普通法施工，短段掘砌混合作业；基岩含水层采用地面预注浆堵水。施工单位在井筒施工设备选型时，主提升采用双滚筒提升机，临时井架选用 V 形立井凿井井架，以便于井筒到底后进行改绞。地面提绞设备沿井架四面布置，提升和悬吊钢丝绳均采用天轮平台上出绳方式，凿井井架天轮平台平面布置如图 1-7 所示，其中凿井管路和风筒采用井壁固定。

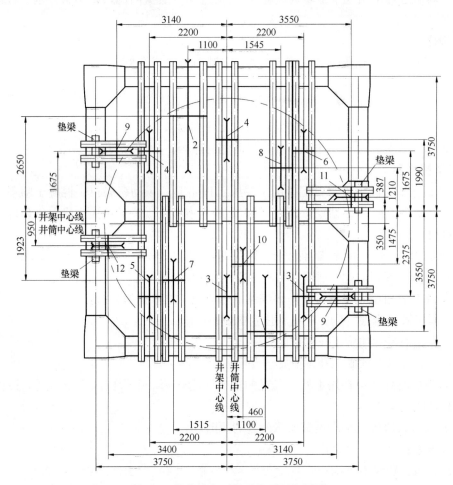

图 1-7 凿井施工天轮平台平面布置图

1—主提升天轮；2—副提升天轮；3—主提稳绳悬吊天轮；4—副提升稳绳悬吊天轮；
5—主提侧吊盘绳悬吊天轮；6—副提侧吊盘绳悬吊天轮；7—主提侧抓岩机悬吊天轮；
8—副提侧抓岩机悬吊天轮；9—模板悬吊天轮；10—动力电缆悬吊天轮；
11—放炮电缆悬吊天轮；12—安全梯悬吊天轮

【问题】

1. 井筒施工转入井下巷道掘进为何要进行改绞？该井筒应采用哪种改绞方案？

2. 该井筒施工天轮平台布置井架中梁中心线和井筒中心线为什么不重合？

3. 指出该井筒施工天轮平台布置上的不合理之处，并具体说明原因。

4. 该主井井筒短路贯通后转入井下巷道施工前，需要进行哪些具体的改装工作？

【参考答案】

1. 改绞原因：适应井下巷道施工采用矿车运输方式，加大提升运输能力。

改绞方案：该井筒应采用1t矿车单层两车（或双层单车）临时罐笼提升改绞方案。

2. 因为该井筒需要进行临时改绞，临时罐笼提升钢丝绳通常布置在井筒中心线上，为保证钢丝绳出绳，需要将凿井井架中梁中心线与井筒中心线错开一段距离。

3. 不妥之处：副提升左侧稳绳天轮布置。

理由：无法保证稳绳与提升钢丝绳在一条直线上。

不妥之处：稳绳悬吊天轮轴承座与模板悬吊天轮次梁相冲突。

理由：影响天轮的布置。

不妥之处：副提侧抓岩机悬吊天轮钢丝绳上出绳。

理由：上出绳会碰撞凿井井架边梁，应增设导向天轮或采用下出绳。

不妥之处：模板布置2根悬吊钢丝绳。

理由：无法保证悬吊平衡，应再增加1～2根钢丝绳悬吊。

不妥之处：动力电缆悬吊位置布置。

理由：影响主提升，应移到其他适宜的地方。

不妥之处：放炮电缆悬吊位置布置。

理由：受天轮平台中梁连接板影响，无法出绳，应移到其他适宜的地方。

4. 具体改装如下：

（1）提升设施的改装：由吊桶提升改装为临时罐笼矿车提升。

（2）运输系统的变换：由吊桶提升运输变为临时罐笼加U型矿车提升运输。

（3）通风设施的改装：由井筒施工通风转入巷道施工通风。

（4）排水设施的改装：由井筒内吊泵或卧泵排水改为井底卧泵配水仓进行排水。

（5）其他设施的改装：包括压风、供电、供水等。

实务操作和案例分析题八

【背景资料】

某煤矿设计生产能力1000万吨/年，采用主、副斜井及两立井混合开拓方式，单水平盘区式开采。主斜井设计倾角5.5°，斜长2463m，直墙半圆拱形断面，净断面面积16.5m²。副斜井设计倾角5.5°，斜长2455m，直墙半圆拱形断面，净断面面积21.5m²。两斜井相距40m，间隔80m左右设有联络巷。

主、副斜井井口采用明槽开挖法施工，现浇钢筋混凝土支护。施工时明槽内涌水量达到4m³/h，施工单位及时采取有效应对措施，确保了工程顺利施工。表土及基岩风化带暗挖段采用普通法施工，小导管超前支护，钢拱架金属网喷射混凝土一次支护，素混凝土二次支护。

主、副斜井基岩段采用钻爆法施工，锚、网、喷支护。施工单位根据建设单位要求，制定了机械化配套方案实施快速施工。利用气腿式凿岩机钻眼，3.5m中深孔炮眼全断面光面爆破，装载机配合自卸车运输排矸，锚网喷临时支护，滞后工作面50m再进行全断面复喷成巷永久支护。利用联络巷实现了主、副斜井掘进与支护交替作业，高效地完成了两井筒施工任务。

【问题】

1. 针对斜井明挖施工明槽内出现的涌水，施工单位可采取哪些具体应对措施？

2. 主、副斜井基岩段施工作业存在哪些不合理之处？说明理由，并进行调整。

3. 主、副斜井同时施工，如何解决长距离通风工作面风量不足的问题？通风机应如何布置？

4. 主、副斜井采用掘进与支护交替作业方式具有哪些特点？

【参考答案】

1. 针对斜井明挖施工明槽内出现的涌水，施工单位可采取的具体应对措施有：设置水泵排水，明槽底部两侧设置水沟，将水集中在集水槽（坑），用水泵将水排至地面排水沟。

2. 主、副斜井基岩段施工作业存在的不合理之处及理由与调整方法：

（1）利用气腿式凿岩机钻眼不合理。

理由：气腿式凿岩机与3.5m中深孔炮眼全断面光面爆破不匹配。

调整方法：应采用凿岩台车钻眼。

（2）滞后迎头工作面50m再进行全断面复喷成巷永久支护不合理。

理由：永久支护距离工作面太远，违反规范规定。

调整方法：滞后迎头工作面不大于40m处再进行复喷成巷永久支护。

3. 主、副斜井同时施工时，解决长距离通风工作面风量不足的方法是：利用主、副斜井间的联络巷，调整通风系统，一个井筒进风，另一个井筒回风。

通风机的布置为：局部通风机下移到进风井联络巷的上风口，同时在回风井井口密闭并安装临时扇风机回风。

4. 主、副斜井采用掘进与支护交替作业方式所具有的特点是：施工速度比平行作业低，但人工效率高，且掘进与支护工序互不干扰；施工队伍管理水平要求不高，但因工作面工作量不平衡易造成窝工。

实务操作和案例分析题九

【背景资料】

某矿将井筒冻结工程发包给施工单位A，将井筒施工工程发包给施工单位B。施工期间发生如下事件：

事件1：由于建设单位原因，未能够及时给施工单位B腾出混凝土料场，为保证工期不延误，建设单位直接按设计混凝土强度与供应商签订了商品混凝土供应合同，并通知了施工单位B。

事件2：由于天降大雨，施工单位B的大型设备无法按时进场，延误了井筒的开工日期。

事件 3：施工单位 B 采用组合钢模板，施工至第 5 模时，模板变形、连接螺栓在丝扣处断开，造成事故。

【问题】

1. 事件 1 中建设单位的做法是否合理？为什么？

2. 事件 2 中设备无法按期进场可能造成哪些影响？如何将影响降低到最小？

3. 该案例中商品混凝土的技术指标是什么？

4. 分析事件 3 中的事故原因。

5. 冻结井筒的试挖条件是什么？

【参考答案】

1. 事件 1 中建设单位的做法不合理。

理由：（1）因为建设单位的原因，导致施工单位 B 没有混凝土料场，致使施工单位 B 不具备现场配置混凝土的条件。建设单位应该提前通知施工单位 B，并与施工单位 B 进行协商。

（2）建设单位为了保证工期与商品混凝土供应商签订供应合同也是不合理的。建设单位不应该直接与商品混凝土供应商签订供应合同，然后通知施工单位 B。如果确实需要商品混凝土，应该由施工单位 B 与商品混凝土供应商签订供应合同。同时建设单位应当承担施工单位提出的赔偿要求。例如配置混凝土设备的租金及折旧费、商品混凝土与自配制混凝土的差价等。

2. 大型设备无法进场可能造成的影响：井筒施工不能按期开工。开工晚，容易造成井筒被冻实。若井筒被冻实，需要风镐或爆破施工，会影响施工进度，进而影响井筒的施工工期推迟。后续工程的施工及投产日期都将受到影响。

3. 该案例中商品混凝土的技术指标包括下列指标：

（1）水泥应优先选用普通水泥（42.5 级以上），不宜使用矿渣水泥、火山灰水泥、粉煤灰水泥、复合水泥。

（2）混凝土拌合水一般符合国家标准的生活饮用水，可直接用于拌制各种混凝土。地表水和地下水首次使用前，应按有关标准进行检验后方可使用。当气温在 3～5℃以下时，可以用热水（水温不宜高于 60～80℃）搅拌，也可以对砂、石加温，或对搅拌机进行预热。低温混凝土拌合时间通常为常温拌合时间的 1.5 倍。根据《煤矿井巷工程施工规范》GB 50511—2010 规定，采用冻结法凿井时，混凝土的入模温度以 15℃适宜；低温季节施工时的入模温度应不低于 10℃。

（3）混凝土的配合比必须符合相关设计要求。严格控制混凝土的和易性。

（4）商业混凝土按配比添加适量的外加剂。

4. 造成事件 3 中的事故原因包括：

（1）浇筑成型的混凝土表面过于光滑，粘着性变差。

（2）组合钢模板维护保养不到位，使用次数少。

（3）连接螺栓紧扣不到位。板缝无法承受一定程度的剪力和拉力。

5. 冻结井筒的试挖条件是：

（1）水文观测孔内的水位，应有规律的上升，并溢出孔口；当地下水位较浅和井筒工作面有积水时，井筒水位应有规律地上升。

（2）测温孔的温度应符合设计规定。

（3）地面提升、搅拌系统、材料运输、供热等其他辅助设施已具备。

实务操作和案例分析题十

【背景资料】

某煤矿采用一对主副立井方式开拓，该主、副井井筒均在同一工业广场内，某施工单位承担了该主井井筒施工项目。主井井筒净直径 5m，深度 650m，表土段采用冻结法施工；项目经理计划采用 JKZ-2.8 专用凿井提升机配 3m³ 吊桶提升和 1 台 JK-2.5 提升机配 2m³ 吊桶提升，以加大提升能力，并配 2 台 HZ-6 型中心回转抓岩机出渣；该井筒在基岩段共穿过两个含水层，厚度分别为 15m 和 30m，相隔 30m，两个含水层最大涌水量均为 40m³/h。在施工到第 2 层含水层时发现井筒上段漏水量较大，脱模后蜂窝麻面较为严重。该井筒竣工后井筒涌水量达 15m³/h，其中冻结表土段井壁有较为明显的漏水现象，遂决定对表土段进行壁后注浆堵水。

【问题】

1. 该项目的施工方案有何不妥？为什么？

2. 井筒基岩段防治水都有哪些常用的方法？该井筒最适合采用哪种方法？

3. 简述保证混凝土的浇筑质量的措施。

4. 采用壁后注浆堵水的注意事项有哪些？

【参考答案】

1. 该项目的施工方案的不妥之处及原因：

（1）不妥之处：采用两套单钩提升。

原因：该井筒净直径 5m，只能布置 1 个 3m³ 吊桶。

（2）不妥之处：采用单滚筒提升机。

原因：因为该煤矿采用一对主副立井开拓方式，因此，必须考虑主井临时改绞提升，主井施工应布置一台双滚筒提升机，根据井筒深度，宜选用 1 台 2JK-3.5 提升机，以满足二期工程的施工，而不至于在二期施工时更换提升机。

（3）不妥之处：配置 2 台 HZ-6 型中心回转抓岩机出渣。

原因：因井筒较小，只能布置 1 台。

2. 井筒基岩段防治水的方法有地面预注浆、工作面预注浆、壁后注浆。该井筒适宜采用工作面预注浆的方法和井筒壁后注浆。

3. 保证混凝土浇筑的质量措施：合理的混凝土配合比和坍落度；对称分层浇筑；严格按照要求分层振捣密实；对井壁淋水，采用截水槽的方法；对岩壁涌水，采用疏导的方法严格控制淋水、涌水进入混凝土中。

4. 采用壁后注浆堵水时应注意：

钻孔时经常检查孔内涌水量和含砂量。涌水较大或含有砂时，必须停止钻进，及时注浆；钻孔中无水时，必须及时严密封孔。

井筒在流沙层部位时，注浆孔深度应至少小于井壁厚度 200mm。双层井壁支护时，注浆孔应进入外壁 100mm。如必须进行破壁注浆时，需制定专门措施，报上级批准。井壁必须有能承受最大注浆压力的强度，否则不得注浆。

实务操作和案例分析题十一

【背景资料】

某施工单位承担了一低瓦斯矿井的锚喷支护巷道施工任务，巷道围岩为中等稳定的砂页岩层，长度2500m。巷道掘进断面高度3.8m、宽度4.0m。该巷道采用普通钻眼爆破施工方法，工作面配备两臂凿岩台车打眼，炮眼深度2.5m，菱形直眼掏槽方式，使用药卷规格φ35mm×200mm×250g的二级煤矿许用乳化炸药，掏槽眼装药9卷，辅助眼装药7卷，周边眼装药5卷，底眼装药7卷，掏槽眼和辅助眼为反向连续装药结构（如图1-8所示），周边眼为反向空气柱装药结构，采用6段毫秒延期电雷管起爆，但爆破后发现巷道成型质量差，超挖严重。

由于煤层的起伏变化，局部地段巷道工作面含有瓦斯，施工单位根据这一情况调整了爆破参数，炮眼深度改为2.0m，掏槽方式改为垂直楔形掏槽，装药结构改为正向装药，采用毫秒延期电雷管起爆，并控制电雷管的总延时。

图1-8　掏槽眼或辅助眼反向连续装药结构

【问题】

1. 该巷道正常施工段爆破成型差、超挖严重的主要原因是什么？

2. 根据图1-8所示的炮眼装药结构，说明图注1~4的名称。

3. 对于巷道含有瓦斯地段，施工单位为何将掏槽方式改为垂直楔形掏槽？绘制垂直楔形掏槽方式炮眼布置的正面图和平面图，并标注主要尺寸。

4. 对于瓦斯巷道工作面爆破，电雷管的总延时应控制在多少以内？

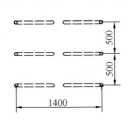

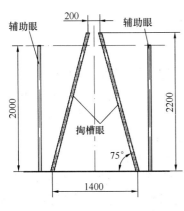

图1-9　掏槽炮眼布置

【参考答案】

1. 该巷道正常施工段爆破成型差、超挖严重的主要原因是：周边眼装药量太多。

2. 图1-8所示的炮眼装药结构中序号的名称为：1是雷管；2是炸药（药卷）；3是炮眼空气柱；4是炮泥。

3. 巷道含有瓦斯地段，菱形直眼掏槽布置有空眼，容易引发瓦斯爆燃，不安全，因此施工单位应改变掏槽方式。垂直楔形掏槽炮眼布置如图1-9所示。

（1）掏槽眼炮眼深度2200mm；

（2）眼底间距200mm；

（3）眼口间距1400mm（或角度65°~75°）；

（4）炮眼排距500mm左右（需要画3排）；

（5）图中辅助眼可以不画。

4. 对于瓦斯巷道工作面爆破，电雷管的总延时应控制在130ms以内。

实务操作和案例分析题十二

【背景资料】

某煤矿主井井筒设计深度560m，井筒净直径6m，建设单位经过公开招标同某施工单位签订了施工合同，合同专用条款规定，工程造价和工期的基础井筒涌水量15m³/h。井筒施工到368m位置时，放炮后井筒涌水量达到18m³/h。施工单位在没有采取有效措施的情况下进行了混凝土浇筑。脱模后发现井壁质量蜂窝麻面严重，井筒一侧半径偏差达到－20mm。建设单位提出返工处理，施工单位为此额外支出3万元，影响工期6d，要求索赔。

【问题】

1. 建设单位要求返工的主要依据是什么？应该如何应对施工单位的索赔，为什么？
2. 影响井筒净半径误差的原因主要有哪些？具体说明？
3. 造成井壁蜂窝麻面的主要因素可能有哪些？
4. 施工过程中常用哪些措施处理井壁淋水？

【参考答案】

1. 建设单位要求返工的主要依据是半径偏差不合格。根据规范规定，当井筒采用混凝土支护，且井筒内有提升装备时，井筒净半径的允许偏差为0～50mm。

对施工单位的索赔不给予支持。

原因：涌水量超出15m³/h不会造成井筒半径尺寸的不合格，不是影响工期和费用的主要原因。

2. 影响井筒净半径误差的原因主要是施工没有专门措施。

具体说明：（1）模板变形，造成井筒不同方向半径尺寸有大有小；（2）支模板时没有校核测量造成的偏差，或是支模板人不负责任造成模板偏向一侧；（3）如果混凝土未对称浇筑，在一侧浇筑过高时会对模板形成挤压，使模板跑偏，也可造成井筒半径尺寸误差等。

3. 造成井壁蜂窝麻面的主要因素：涌水直接进入混凝土冲走水泥浆；混凝土振捣操作不规范；混凝土粘模没有及时清理，没有刷脱模剂等。

4. 施工过程中常用的处理井壁淋水的措施为：截水和导水。

实务操作和案例分析题十三

【背景资料】

某煤矿主斜井井筒设计斜长为1750m，倾角16°，直墙半圆拱形断面，净宽为5.4m，净高为4.0m，净断面为18.5m²。主斜井明槽段40m，冻结段双层井壁224m，壁座10m，基岩段1476m。井筒基岩段为锚杆金属网喷射混凝土支护，其余部分为钢筋混凝土支护。井筒预计穿越3个煤层，最大涌水量为20m³/h，矿井为低瓦斯矿井。

某施工单位承担该斜井的施工，制定了施工方案，部分内容如下：

井筒冻结段采用EBZ-200综掘机掘进和装岩，钢丝绳牵引簸斗有轨运输出矸，工字钢支架初次支护，每掘进8m砌筑一次外壁，外壁砌筑采用模板台车施工，内壁砌筑根据地质条件分段自下而上进行。

井筒基岩段采用钻眼爆破法施工，中深孔光面爆破，炮眼深度 2.7m，炸药选用第三类炸药，药卷直径 ϕ32mm，起爆器材为毫秒延期电雷管，总延期时间 150ms，全断面一次爆破。工作面采用凿岩台车打眼，钻头直径 ϕ42mm；利用凿岩台车搭设简易脚手架，自上而下进行装药连线；采用反向装药结构，串并联连线方式；自制炮泥封孔，封孔长度不小于 600mm。爆破作业严格按爆破图表执行，每循环有效进尺为 2.4m，最小空顶距 200mm，最大空顶距 2600mm。

井筒内布置一套单钩配非摘挂钩式箕斗进行提升运输，距离工作面 100m 处的斜井基岩段施工断面布置如图 1-10 所示。

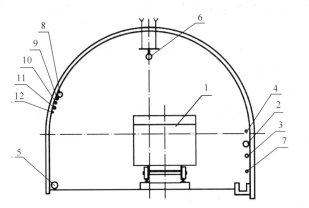

图 1-10　斜井井筒施工断面布置图

1—箕斗；2—压风管；3—排水管；4—供水管；5—混凝土输送管；
6—激光指向仪；7—动力电缆；8—照明电缆；9—信号电缆；
10—通讯电缆；11—瓦斯监控电缆；12—放炮电缆

该斜井基岩段施工防治水坚持"有疑必探"的原则，考虑到井筒最大深度仅为 480m，工作面排水选用潜水泵一次性排至地面，减少了中间转水环节。

为了保证提升安全，施工组织设计中规定了阻车器、防止跑车装置和跑车防护装置的设置要求。

在斜井工程中间验收时，监理单位对喷射混凝土的强度提出了疑问，施工单位与监理在不破坏喷射混凝土井壁的情况下进行重新检验，符合规范要求，予以验收。

【问题】

1. 该斜井井筒至少应设置多少个躲避硐室？

2. 指出斜井井筒施工断面布置图中的错误。根据断面的位置，基岩段施工断面布置图中缺少哪些主要施工设备或设施？

3. 该斜井基岩段施工存在哪些错误或不合理的地方？给出正确做法。

4. 施工组织设计中明确设置的阻车器、防止跑车装置和跑车防护装置都应当安设在什么位置？

5. 斜井喷射混凝土井壁无损检测的方法有哪些？

【参考答案】

1. 该斜井井筒至少应设置的躲避硐室数量为：至少 43 个。

根据规定，斜井施工期间兼作人行道时，必须每隔 40m 设置一个躲避硐，1750/40

＝43.75。

2．斜井井筒施工断面布置图中的错误有：

（1）动力电缆位置不正确。电缆与压风管、供水管在巷道同一侧布置时，必须敷设在管路上方0.3m以上距离。

（2）通讯和信号电缆位置不正确。巷道内的通讯和信号电缆应当与电力电缆分挂在巷道的两侧，挂在一侧时应当敷设在电力电缆上方0.1m以上的位置。

（3）放炮电缆悬挂不正确。放炮电缆应单独悬挂且离其他电缆距离在0.3m以上。

（4）布置一套提升运输系统不合理。应增加布置一套辅助提升系统。

根据断面的位置，基岩段施工断面布置图中缺少的主要施工设备或设施有：行人台阶、扶手及风筒，行人运输车。

3．该斜井基岩段施工存在的错误或不合理地方及正确做法：

（1）低瓦斯矿井选用第三类炸药不合理。

正确做法：应选用第一类炸药。

（2）毫秒延期电雷管的总延期时间为150ms不合理。

正确做法：总延时时间应为130ms。

（3）采用反向装药结构不正确。

正确做法：应采用正向装药结构。

（4）自制炮泥封孔，封孔长度不小于600mm不合理。

正确做法：封泥长度应大于1.0m。

（5）工作面排水选用潜水泵一次性排至地面不合理。

正确做法：应采用分级排水，并在工作面后面设置临时水仓，中间分级位置设置截水沟槽。

4．施工组织设计中阻车器、防止跑车装置和跑车防护装置应当安设的位置为：

（1）在斜井的上口平段设置阻车器；

（2）在斜井的上口起坡点下方一列车长度位置设置防止跑车装置；

（3）在掘进工作面的上方设置坚固的跑车防护装置；

（4）斜度较大时，还应在斜井中间适当位置设置防跑车装置。

5．斜井喷射混凝土井壁无损检测的方法有：回弹法、超声脉冲法、超声回弹综合法。

第二章 矿业工程施工进度管理

2011—2020 年度实务操作和案例分析题考点分布

考点＼年份	2011年	2012年6月	2012年10月	2013年	2014年	2015年	2016年	2017年	2018年	2019年	2020年
矿井总平面的布置要求								●			●
永久建(构)筑物与永久设施、设备的利用											●
临时巷道在井底车场的布置							●				
井筒施工方案的选择					●		●				
基岩段施工时提升运输方案的选择							●				
施工方案的变更									●		
调整施工方案的程序		●									
矿山井巷工程过渡期的施工安排	●										
矿井建设二三期工程的施工组织内容	●										
井筒转入巷道施工应做的工作		●									
装载硐室的施工顺序及影响因素	●										
施工材料供应部门的主要工作								●			
矿井施工准备阶段建设单位的工作内容								●			
施工进度计划的安排					●	●					
施工网络计划图的逻辑关系	●										
施工网络计划中关键线路和工期的确定		●				●				●	
事件的延误对网络计划的影响		●				●				●	
进度计划的调整		●				●					
加快施工进度的措施										●	

专家指导：

施工网络进度计划一直以来都是围绕双代号网络图来考查，对于工期的计算、时间参数的计算及关键线路的确定属于基本知识，务必要掌握。工作延误对施工进度计划的影响以及进度计划的调整也是需要重点掌握的知识点。

要 点 归 纳

1. 矿山井巷工程井筒的施工顺序【重要考点】

（1）主副井同时开工。通常在地质条件较、岩层稳定，有充足的施工力量和施工准备，能保证顺利、快速施工的情况下，才采用这种方式。

（2）主副井交错开工。一般采用主井先开工、副井后开工的顺序，从工期排队的角度来说，主井井筒一次到底、预留装载硐室，采用平行交叉施工方案，对缩短建井总工期比较有利。

（3）装载硐室的施工顺序。有四种方式：一是与主井井筒及其硐室一次顺序施工完毕，即井筒施工到装载硐室位置时就把装载硐室施工完成，然后继续施工装载硐室水平以下的井筒工程，此方法工期较长，但是不需要井筒二次改装，而且安全性较好；二是主井井筒一次掘到底，预留装载硐室硐口，然后再回头施工装载硐室，这种施工顺序的优点是排水和出渣工序相对简单，可以充分利用下部井筒的空间，缺点是需要搭建操作平台，安全性相对较差；三是主井井筒一次掘到底，预留硐口，待副井罐笼投入使用后，在主井井塔施工的同时完成硐室工程；四是主井井筒第一次掘砌到运输水平，待副井罐笼提升后，施工下段井筒，装载硐室与该段井筒一次做完，这种方式只有在井底部分地质条件特别复杂时（或地质条件出现意外恶劣情况时）才采用。上述四种作业方式，采用第一种施工顺序相对较为科学、合理，施工实践也比较多。

（4）主、副井与风井的施工顺序。从关键线路的角度来说，位于关键路线上的风井井筒，要求与主、副井同时或稍后于主、副井开工；不在关键路线上的风井井筒，开工时间可适当推迟，推迟时间的长短，以不影响井巷工程建井总工期为原则。

2. 矿山井巷工程过渡期的施工内容【重要考点】

矿山井巷工程过渡期的施工内容主要包括：主副井短路贯通；服务于井筒掘进用的提升、通风、排水和压气设备的改装；井下运输、供水、通信及供电系统的建立；劳动组织的变换等等。

3. 井底车场硐室施工安排【重要考点】

井底车场硐室施工顺序安排通常应考虑下列各因素：

（1）与井筒相毗连的各种硐室（马头门、管子道、装载硐室、回风道等）在一般情况下应与井筒施工同时进行，装载硐室的安装应在井筒永久装备施工之前进行。

（2）井下各机械设备硐室的开凿顺序应根据利于提升矿井抗灾能力、利于后续工程的施工和安装工程的需要、提前投产需要等因素进行综合考虑。如为提高矿井抗水灾能力的永久排水系统，包括井下变电所、水泵房和水仓、管子道等应尽早安排施工；矿仓和翻笼硐室工程复杂，设备安装需时长，也应尽早施工；利于改善通风系统，提升矿井抗瓦斯灾害能力的巷道应尽快安排施工；利于提高矿井运输能力的巷道及相关硐室应尽早安排施工。电机车库、消防列车库、炸药库等也应根据对它们的需要程度不同分别安排。

（3）对于不急于投入使用且对矿井开拓、抗灾能力影响不大的服务性的硐室，如等候室、调度室和医疗室等，一般可作为平衡工程量用。但为了改善通风、排水和运输系统有需要时，也可以提早施工。

（4）通常巷道在掘进到交岔点或是硐室入口处时，应向支巷掘进5m左右，以便为后续工程掘进创造空间，不至于后续工程掘进时影响到主掘进工作面的安全和运输。其余巷道在不作为关键工程时，可以根据施工网络图计划作为平衡工程量使用，但应注意两个工作面在相互距离较近时的施工安全。

4. 横道图进度计划的特点【重要考点】

利用横道图计划表示矿业工程项目的施工进度的主要优点是形象、直观，且易于编制和理解，因而长期以来应用比较普及。但利用横道图表示工程进度计划，存在很多缺点：

（1）不能明确地反映出各项工作之间错综复杂的相互关系。

（2）不能明确地反映出影响工期的关键工作和关键线路，也就无法反映出整个工程项目的关键所在，不便于进度控制人员抓住主要矛盾。

（3）不能反映出工作所具有的机动时间。

（4）不能反映工程费用与工期之间的关系。

5. 网络图计划的主要特点【高频考点】

（1）网络图计划能够明确表达各项工作之间的逻辑关系。

（2）通过网络计划时间参数的计算，可以找出关键线路和关键工作。

（3）通过网络计划时间参数的计算，可以明确各项工作的机动时间。

（4）网络图计划可以利用电子计算机进行计算、优化和调整。

6. 网络计划时间参数的应用【高频考点】

（1）网络计划的绘图方法、绘图规则。

（2）网络计划时间参数的计算。

1）双代号网络计划

按工作计算法：

① 计算工期：计算工期等于以网络计划的终点节点为箭头节点的各个工作的最早完成时间的最大值。

② 计划工期：在双代号网络计划中，当无要求工期的限制时，取计划工期等于计算工期。

③ 总时差、自由时差：

工作总时差：总时差等于其最迟开始时间减去最早开始时间，或等于最迟完成时间减去最早完成时间，即：

$$TF_{i-j} = LS_{i-j} - ES_{i-j}$$
$$TF_{i-j} = LF_{i-j} - EF_{i-j}$$

工作自由时差的计算应按以下两种情况分别考虑：

a. 对于有紧后工作的工作，其自由时差等于本工作之紧后工作最早开始时间减本工作最早完成时间所得之差的最小值，即：

$$FF_{i-j} = \min\{ES_{j-k} - EF_{i-j}\}$$
$$= \min\{ES_{j-k} - ES_{i-j} - D_{i-j}\}$$

式中 FF_{i-j}——工作 $i-j$ 的自由时差；ES_{j-k}——工作 $i-j$ 的紧后工作 $j-k$（非虚工作）的最早开始时间；EF_{i-j}——工作 $i-j$ 的最早完成时间；ES_{i-j}——工作 $i-j$ 的最早开始时间；D_{i-j}——工作 $i-j$ 的持续时间。

b. 对于无紧后工作的工作，也就是以网络计划终点节点为完成节点的工作，其自由时差等于计划工期与本工作最早完成时间之差，即：

$$FF_{i-n} = T_p - EF_{i-n} = T_p - ES_{i-n} - D_{i-n}$$

式中 FF_{i-n}——以网络计划终点节点，n 为完成节点的工作 $i-n$ 的自由时差；T_p——网络计划的计划工期；EF_{i-n}——以网络计划终点节点 n 为完成节点的工作 $i-n$ 的最早完成时间；ES_{i-n}——以网络计划终点节点 n 为完成节点的工作 $i-n$ 的最早开始时间；D_{i-n}——以网络计划终点节点行为完成节点的工作 $i-n$ 的持续时间。

④ 关键工作：网络计划中总时差最小的工作是关键工作。特别地，当网络计划的计划工期等于计算工期时，总时差为零的工作就是关键工作。

⑤ 关键线路：自始至终全部由关键工作组成的线路为关键线路，或线路上总的工作持续时间最长的线路为关键线路。网络图上的关键线路可用双线或粗线标注。

按节点计算法：

① 计算工期：网络计划的计算工期等于网络计划终点节点的最早时间。

② 计划工期：在双代号网络计划中，如果未规定要求工期，则其计划工期就等于计算工期。

③ 总时差、自由时差：

工作的总时差等于该工作完成节点的最迟时间减去该工作开始节点的最早时间所得差值再减去其持续时间。即：

$$FF_{i-j} = TF_{i-j} - EF_{i-j}$$
$$= LT_j - (ET_i + D_{i-j})$$
$$= LT_j - ET_i - D_{i-j}$$

工作的自由时差等于该工作完成节点的最早时间减去该工作开始节点的最早时间所得差值再减去其持续时间。即：

$$FF_{i-j} = \min\{ES_{j-k} - ES_{i-j} - D_{i-j}\}$$
$$= \min\{ES_{j-k}\} - ES_{i-j} - D_{i-j}$$
$$= \min\{ET_j\} - ET_i - D_{i-j}$$

2）双代号时标网络计划

① 关键线路：时标网络计划中的关键线路可从网络计划的终点节点开始，逆着箭线方向进行判定。凡自始至终不出现波形线的线路即为关键线路。

② 计算工期：网络计划的计算工期应等于终点节点所对应的时标值与起点节点所对应的时标值之差。

③ 总时差：工作总时差的判定应从网络计划的终点节点开始，逆着箭线方向依次进行。

a. 以终点节点为完成节点的工作，其总时差应等于计划工期与本工作最早完成时间之差，即：

$$TF_{i-n} = T_p - EF_{i-n}$$

式中 TF_{i-n}——以网络计划终点节点 n 为完成节点的工作的总时差；T_p——网络计划

的计划工期；EF_{i-n}——以网络计划终点节点 n 为完成节点的工作的最早完成时间。

b. 其他工作的总时差等于其紧后工作的总时差加本工作与该紧后工作之间的时间间隔所得之和的最小值，即：

$$TF_{i-j} = \min\{TF_{j-k} + LAG_{i-j,j-k}\}$$

式中 TF_{i-j}——工作 $i-j$ 的总时差；TF_{j-k}——工作 $i-j$ 的紧后工作 $j-k$（非虚工作）的总时差；$LAG_{i-j,j-k}$——工作 $i-j$ 与其紧后工作 $j-k$（非虚工作）之间的时间间隔。

④自由时差：

a. 以终点节点为完成节点的工作，其自由时差应等于计划工期与本工作最早完成时间之差，即：

$$FF_{i-n} = T_p - EF_{i-n}$$

式中 FF_{i-n}——以网络计划终点节点 n 为完成节点的工作的总时差；T_p——网络计划的计划工期；EF_{i-n}——以网络计划终点节点 n 为完成节点的工作的最早完成时间。

b. 其他工作的自由时差就是该工作箭线中波形线的水平投影长度。但当工作之后只紧接虚工作时，则该工作箭线上一定不存在波形线，而其紧接的虚箭线中波形线水平投影长度的最短者为该工作的自由时差。

7. 井巷工程施工的关键路线

矿山井巷工程的内容包括井筒、井底车场巷道及硐室、主要石门、运输大巷及采区巷道等，其中部分前后连贯的工程构成了全矿井延续距离最长、施工需时最长的工程线路，被称为总进度计划图表上的关键路线，如井筒→井底车场重车线→主要石门→运输大巷→采区车场→采区上山→最后一个采区顺槽或与风井贯通巷道等。井巷工程关键路线决定着矿井的建设工期，因此，优化矿井设计，缩短主要关键路线的长度，是缩短建井总工期的关键。缩短井巷工程关键路线的主要方法包括：

（1）如在矿井边界设有风井，则可由主副井、风井头掘进，贯通点安排在运输大巷和上山的交接处。

（2）在条件许可的情况下，可开掘措施工程以缩短井巷主要矛盾线的长度，但需经建设、设计单位共同研究并报请设计批准单位审查批准。

（3）合理安排工程开工顺序与施工内容，应积极采取多头、平行交叉作业。

（4）加强资源配备，把重点施工队和技术力量过硬的施工队放在主要矛盾线上施工。

（5）做好主要矛盾线上各项工程的施工准备工作，在人员、器材和设备方面给予优先保证，为主要盾线工程不间断施工创造必要的物质条件。

（6）加强主要矛盾线工程施工的综合平衡，搞好各工序衔接，解决薄弱环节，把辅助时间压缩到最低。

8. 矿业工程施工进度计划的调整方法【重要考点】

根据对矿业工程进行计划执行情况检查，如果发生进度偏差，必须及时分析原因，并根据限制条件采用合理的调整方法。通常当施工进度偏差影响到后续工作和总工期时，应及时进行计划的调整。

（1）施工的关键工作实际进度较计划进度落后时，通常要缩短后续关键工作的持续时间，其调整方法可以有：

① 重新安排后续关键工序的时间，一般可通过挖掘潜力加快后续工作的施工进度，从而缩短后续关键工作的时间，达到关键线路的工期不变。

② 改变后续工作的逻辑关系，如调整顺序作业为平行作业、搭接作业，缩短后续部分工作的时间，达到缩短总工期的目的。

③ 重新编制施工进度计划，满足原定的工期要求。

（2）施工的非关键工作实际进度较计划进度落后时，如果影响后续工作，特别是总工期的情况，需要进行调整，其调整方法可以有：

① 当工作进度偏差影响后续工作但不影响工期时，可充分利用后续工作的时差，调整后续工作的开始时间，尽早将延误的工期追回。

② 当工作进度偏差影响后续工作也影响总工期时，除了充分利用后续工作的时差外，还要缩短部分后续工作的时间，也可改变后续工作的逻辑关系，以保持总工期不变，其调整办法与调整关键工作出现偏差的情况类似。

（3）发生施工进度拖延时，可以增减工作项目。

（4）认真做好资源调整工作。

9. 施工进度偏差分析

（1）分析出现进度偏差的工作是否为关键工作

如果出现进度偏差的工作位于关键线路上，即该工作为关键工作，则无论其偏差有多大，都将对后续工作和总工期产生影响；如果出现偏差的工作是非关键工作，则需要根据进度偏差值与总时差和自由时差的关系作进一步分析。

（2）分析进度偏差是否超过总时差

如果工作的进度偏差大于该工作的总时差，则此进度偏差必将影响其后续工作和总工期；如果工作的进度偏差未超过该工作的总时差，则此进度偏差不影响总工期。至于对后续工作的影响程度，还需要根据偏差值与其自由时差的关系作进一步分析。

（3）分析进度偏差是否超过自由时差

如果工作的进度偏差大于该工作的自由时差，则此进度偏差将对其后续工作产生影响；如果工作的进度偏差未超过该工作的自由时差，则此进度偏差不影响后续工作。

10. 加快井巷施工进度的主要措施【重要考点】

（1）加快矿业工程施工进度的组织措施

① 增加工作面，组织更多的施工队伍。针对矿业工程项目数量多的特点，在前期准备工作中，可针对不同的井筒有针对性地组织施工队伍，保证围绕井筒开工的各项准备工作顺利开展。

② 增加施工作业时间。对于矿业工程的关键工程，应当安排不间断施工。对于发生延误的工序，其后续关键工作要充分利用时间，加班加点进行作业。

③ 增加劳动力及施工机械设备。要有效缩短工作的持续时间，可适当增加劳动力的数量，特别是以劳动力为主的工序。

（2）加快矿业工程施工进度的技术措施

① 优化施工方案，采用先进的施工技术。矿业工程施工技术随着科学技术的发展也在不断进步，优化施工方案或采用先进的施工技术，可以有效地缩短施工工期。

② 改进施工工艺，缩短工艺的技术间隙时间。矿业工程施工项目品种繁多，不断改

进施工工艺，缩短工艺之间的技术间隙时间，可缩短施工的总时间，从而实现缩短总工期的目的。

③ 采用更先进的施工机械设备，加快施工速度。矿业工程施工的主要工序已基本实现机械化，选择先进的高效施工设备，可以充分发挥机械设备的性能，达到加快施工速度的目的。

（3）加快矿业工程施工进度的管理措施

① 建立和健全矿业工程施工进度的管理措施。矿业工程施工企业要建立加快工程施工进度的管理措施，从施工技术、组织管理、经济管理、配套技术等方面不断完善企业内部管理制度，提高管理技术和水平。

② 科学规划、认真部署，实施科学的管理方法。针对矿业工程施工项目复杂的实际情况，施工企业要制定科学的管理方法，认真编制合理的施工进度计划，进行科学的施工组织。

历 年 真 题

实务操作和案例分析题一 ［2020年真题］

【背景资料】

某施工单位承建一矿井主、副立井井筒工程，主、副井筒均布置在同一工业广场内，均采用冻结法施工。开工前施工单位进行了充分的施工准备，会审了施工图，完善了施工组织设计。根据施工进度计划，主井井筒到底后进行临时改绞，副井进行永久装备。施工组织设计中，井筒周围主要临时施工设施布置如图2-1所示。

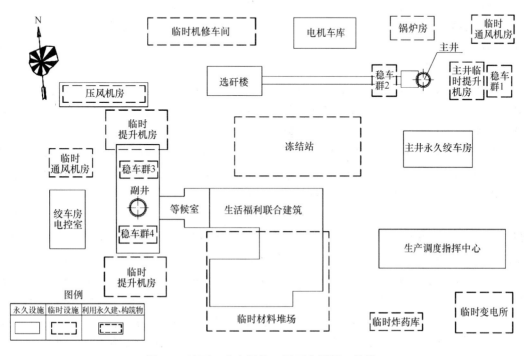

图 2-1 地面工业广场施工平面布置图（局部）

【问题】

1. 矿井施工准备的主要工作内容包括哪些？

2. 写出井筒施工图会审的组织单位及参加单位。

3. 指出图 2-1 中施工设备布置的不妥之处，并说明理由。

4. 主、副井筒施工期间，除压风机房外，还可利用哪些永久建（构）筑物？

【解题方略】

1. 本题考查的是矿井施工准备的主要工作内容。根据工程项目的性质不同，施工准备的具体内容有比较大的区别，但总体上应有以下五个方面的内容：技术准备、工程准备、物资准备、劳动力的准备、对外协作协调工作。其中技术准备包括：掌握施工要求与检查施工条件、会审施工图纸、施工组织设计的编制及相关工作。工程准备工作包括：现场勘察、施工现场准备。

2. 本题考查的是施工图会审的组织单位及参加单位。施工图会审由建设单位主持，由施工单位、设计单位、监理单位参加。

3. 本题考查的是主要施工设施布置设计要求。总平面的布置要以井筒为中心，力求布置紧凑、联系方便，满足以下要求：

（1）对于副井井筒施工系统布置来说，其凿井提升机房的位置，须根据提升机形式、数量、井架高度以及提升钢丝绳的倾角、偏角等来确定，布置时应避开永久建筑物位置，不影响永久提升、运输、永久建筑的施工。对于主井井筒施工系统布置来说，由于一般考虑主井临时罐笼提升改装需要，其提升机的位置通常与井下临时山车运输方向保持一致，其双滚筒提升机不得占用永久提升机的位置，并考虑井筒提升方位与临时罐笼提升方位的关系，使之能适应井筒开凿、平巷开拓、井筒装备各阶段提升的需要。通常凿井井架以双面对称提升、吊挂布置，以有利于井架受力和地面施工平面布置。

（2）临时压风机房位置，应靠近井筒布置，以缩短压风管路，减少压力损失，最好布置在距两个井口距离相差不多的负荷中心，距井口一般在 50m 左右。但是，距提升机房和井口也不能太近，以免噪声影响提升机司机和井口信号工操作。

（3）临时变电所位置，应设在工业广场引入线的一面，并适当靠近提升机房、压风机房等主要用电负荷中心，以缩短配电线路；避开人流线路和空气污染严重的地段；建筑物要符合安全、防火要求，并不受洪水威胁。

（4）临时机修车间，使用动力和材料较多，应布置在材料场地和动力车间附近，而且运输方便的地方，以便于机械设备的检修，应避开生活区，以减少污染和噪声，车间之间应考虑工艺流程，做到合理布置。铆焊车间要有一定的厂前区。

（5）临时锅炉房位置，应尽量靠近主要用汽、供热用户，减少汽、热损耗，缩短管路。布置在厂区和生活区的下风向，远离清洁度要求较高的车间和建筑，交通运输方便，建筑物周围应有足够的煤场、废渣充填及堆积的场地。

（6）混凝土搅拌站，应设在井口附近，周围有较大的、能满足生产要求的砂、石堆放场地，水泥库也须布置在搅拌站附近，并须考虑冬期施工取暖、预热及供水、供电的方便。要尽量结合地形，创造砂、石、混凝土机械运输的流水线。

（7）临时油脂库，应设在交通方便、远离厂区及生活区的广场边缘，一方面便于油脂进出库，同时满足防火安全距离需要。

（8）临时炸药库，设在距工业广场及周围农村居民点较远的偏僻处，并有公路通过附近，符合安全规程要求，并设置安全可靠的警卫和工作场所。

（9）矸石和废石除用来平整场地的低洼地之外，应尽量利用永久排矸设施。矸石和废石堆放场地应设在广场边缘的下风向位置。

解答本题需要根据井筒周围主要临时施工设施布置图，将所有不合理的布置都找出，注意还要说明理由。

4. 本题考查的是永久建（构）筑物与永久设施、设备的利用。一般来说，矿山项目建设初期能够尽快建成投入使用的，且相对投资较大，可以为加快矿山建设速度，保障矿山建设安全的永久设施、设备、建（构）筑物都可以提前利用。宿舍、办公楼、食堂、浴室、任务交待室、灯房、俱乐部、排水系统、照明、油脂库、炸药库、材料仓库、木材加工厂、机修厂、6kV 以上输变电工程、通信线路、公路、蓄水池、地面排矸系统、压风机与压风机房、锅炉及锅炉房、永久水源、铁路、专用线等，应创造条件，最大限度地利用或争取利用其永久工程与设备。

【参考答案】

1. 矿井施工准备的主要工作内容包括：技术准备（掌握施工条件、会审施工图纸、编制施工组织设计）、工程准备（现场勘查、施工现场准备）、物资准备、劳动力准备和对外协作协调工作。

2. 施工图会审的组织单位是建设单位，参加单位包括施工单位、设计单位、监理单位。

3. 施工设备布置的不妥之处及理由：

（1）不妥之处：压风机房靠近提升绞车房。

理由：噪声大，应保持一定距离。

（2）不妥之处：炸药库布置在工业广场内。

理由：不满足安全规程规定的要求。

（3）不妥之处：稳车房1布置在提升机后。

理由：钢丝绳仰角不够或弦长太长。

（4）不妥之处：锅炉房布置在厂区上风向。

理由：应布置在下风向，远离洁净车间。

4. 主、副井筒施工期间，除压风机房外，还可以利用的永久建（构）筑物有宿舍、电机车库、机修厂、变电站、锅炉房、生产调度指挥中心、生活福利联合建筑（食堂、办公楼、灯房、浴室）等。

实务操作和案例分析题二 ［2019 年真题］

【背景资料】

某施工单位承担一金属矿山井底车场施工任务。合同约定：井底车场施工的运输、供电、通风等辅助工作由建设单位负责，工程材料由施工单位负责。施工单位根据该矿井井底车场巷道的关系，编制了井底车场的施工网络进度计划，如图 2-2 所示。

工程施工中发生了以下事件：

事件 1：在主井联络巷 D 施工中，施工单位采用全断面一次爆破，由于工作面围岩硬

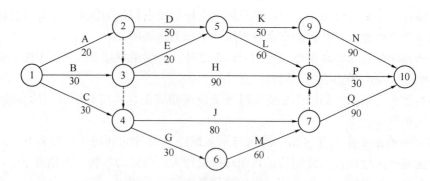

图 2-2 井底车场施工网络进度计划图（时间单位：d）

度突然变大，与建设单位提供的地质资料偏差较大，造成掘进作业困难，施工单位调整了爆破设计方案，导致 D 工作延误 5d，增加了费用支出 5 万元。

事件 2：建设单位提供的地质资料显示，泵房及变电所工程 E 的工作面围岩稳定性较差，在实际施工中，施工单位为加快施工工期，未及时采取相应的支护措施，导致部分围岩冒落，E 工作延误 25d，增加了施工成本 15 万元。

事件 3：大型设备换装硐室 J 施工时，由于通风系统故障导致通风能力不足，使得施工进度拖延，因解决通风问题延误工期 10d，多支出费用 10 万元。又因施工单位工程材料准备不足，导致 J 工作延误 5d。

【问题】

1. 计算图 2-2 所示井底车场施工网络进度计划的总工期，并指出关键线路。

2. 确定事件 1～3 发生后的总工期及关键线路，说明各事件对总工期的影响。

3. 针对所发生的事件，分别说明施工单位可获得的工期和费用补偿，并说明理由。

4. 为保证合同工期，施工单位可采取哪些组织管理措施？

【解题方略】

1. 本题考查的是施工网络计划的工期及关键线路。关键线路是指在线路上总的工作持续时间最长的路线，关键线路的长度就是总工期。找到网络计划的关键线路和计算工期的方法有多种，最常用和快捷的方法是标号法，该方法既可找出关键线路，也可计算工期。其标号过程如图 2-3 所示。

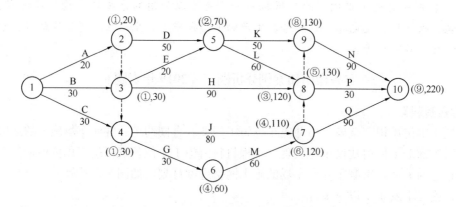

图 2-3 网络进度计划标号过程（时间单位：d）

由此可得到，施工单位编制的网络进度计划的关键线路为 A→D→L→N（或①→②→⑤→⑧→⑨→⑩），计算工期为终点节点的标号值，工期是220d。

2. 本题考查的对项目总工期的影响。工作发生延误对其他工作是否有影响，要清楚什么情况才会影响总工期，分析发生在非关键线路上的工期延误，是否会对总工期造成影响。因为总时差是该项工作可以根据需要调整实施时间的最大范围，一旦超过这个时限，就会对总工期造成影响。

事件1发生在关键线路 A→D→L→N 上的 D 工作施工过程中，该工作延误的时间为5d，总长度延伸为225d，对总工期造成影响。

事件2发生在线路 B→E→L→N 上的 E 工作施工过程中，且该线路并非关键线路，其总长度为200d，E 工作延误了25d，总长度延伸至225d，超过总时差5d，故事件2对总工期造成影响。

事件3发生在线路 C→J→Q 上的 J 工作施工过程中，且该线路并非关键线路，其 J 工作延误了10d，总长度210d，未超过总时差，故事件3对总工期未造成影响。

3. 本题考查的是工期的索赔。工程索赔是指在合同履行过程中，对于并非自己的过错，而是应由对方承担责任的情况造成的实际损失向对方提出经济补偿和（或）时间补偿的要求。因此做这类题的重点是判断工期的延误和费用的损失责任在谁。

矿山工程常见索赔项目：（1）因为合同文件的组成问题引起索赔、关于合同文件有效性引起的索赔以及因图纸或工程量表中的错误引起的索赔；（2）因为发包方指定的分包方或供货方未履行或未完全履行合同的影响导致对承包方的违约；（3）因为政策变化、自然条件变化和客观障碍等引起的索赔。

综上所述，凡是建设单位引发的错误，造成工期延误或给施工单位造成损失，责任由建设单位承担；因施工单位疏忽或未履行义务，造成工期延误，此时的责任在施工单位，故不予施工单位赔偿。

4. 本题考查的是加快工程施工进度的主要措施。矿业工程施工项目数量多、类型复杂，包括矿建、土建和安装三类工程项目，因此必须认真进行组织和落实，加快施工进度。在工程施工过程中，采取的组织措施有：（1）增加工作面，组织更多的施工队伍；（2）增加施工作业时间；（3）增加劳动力及施工机械设备。

采取的管理措施：（1）建立和健全矿业工程施工进度的管理措施；（2）科学规划、认真部署，实施科学的管理方法。此题内容简短，主要考查考生记忆能力。

【参考答案】

1. 井底车场施工网络进度计划的总工期为220d。

关键线路为：A→D→L→N（①→②→⑤→⑧→⑨→⑩）。

2. 事件1~3发生后的总工期为225d。

关键线路为：A→D→L→N（①→②→⑤→⑧→⑨→⑩）和 B→E→L→N（①→③→⑤→⑧→⑨→⑩）。

各事件对总工期的影响：

（1）事件1影响总工期，会导致总工期延误5日；

（2）事件2影响总工期，会导致总工期延误5日；

（3）事件3不影响总工期。

3. 针对发生的事件，说明施工单位可获得的工期和费用补偿及理由：

（1）事件1可获得5万元的费用补偿和5d工期补偿。

理由：施工单位施工过程中围岩突然变硬，与建设单位提供的地质资料报告情况不符，属于建设单位的责任（非施工单位责任），建设单位应予以赔偿；且该事件对总工期有影响。

（2）事件2无法获得工期和费用补偿。

理由：由于建设单位提供的地质资料显示施工会穿过围岩稳定性较差的区域，施工单位未认真对待，技术措施不合理，属于施工单位的责任，因此施工单位无法获得工期和费用补偿。

（3）事件3可获得10万元费用补偿无法获得工期补偿。

理由：根据合同约定，井下通风系统由建设单位负责，故因通风系统引起的费用支出应由建设单位补偿，由通风问题和工程材料准备不足引起的工期延误共15d，但事件不影响总工期，因此无法获得工期补偿。

4. 为保证合同工期，施工单位可采取的组织管理措施：

（1）建立和健全施工进度管理措施；

（2）科学规划、认真部署；

（3）增加工作面、增加施工作业队伍；

（4）增加劳动力及施工机械设备。

实务操作和案例分析题三［2017年真题］

【背景资料】

某施工单位承包一矿井的边界回风井井筒及相关井下巷道工程，回风井井筒净直径6m，井深500m，承担的井下巷道施工工程量计3500m。该井筒所遇冲积层厚度仅3m，采用普通法施工。建设单位为了赶在冬季前开工，给施工单位下达了提前1个月（较合同开工时间）开工的开工令，并提供了如下资料：

（1）回风井工业广场等高线图及购地范围图；

（2）回风井井筒位置坐标；

（3）回风井井筒检查孔资料；

（4）回风井井筒施工图。

施工单位依据建设单位提供的资料编制了施工组织设计。为加快井筒施工速度，保证所承担工程连续施工，施工单位合理选择了施工设备，并经过紧张的筹备，按照建设单位的要求，仓促开工。开工时，工厂场地平整仍在进行，场内场外仅有农村原有道路。开工后出现了如下事件：

（1）由于开工日期提前，施工材料筹备时间仓促，货源渠道没有全部落实，备料不足，造成开工后不久便停工待料。

（2）风井开工后，施工单位接到新来的回风井平面布置图，发现主提升机占据了部分永久通风机房位置。

（3）由于农村道路的使用条件未谈妥，施工车辆常在工业广场外受堵。场内道路也因未形成而不畅，致使工程时干时停，施工进展缓慢，给施工单位经济效益造成严重影响。

【问题】

1. 为保证回风井井筒及井下巷道工程快速连续施工，请确定合理的提升配套方案，说明理由。

2. 为解决主提升机占据永久通风机房位置的问题，可采取哪些方法？

3. 为保证矿井的不间断施工，施工材料供应部门应做好哪些具体工作？

4. 在施工准备阶段，建设单位的工作存在哪些问题？

【解题方略】

1. 本题考查的是提升配套方案的选择。立井井筒的提升方案包括提升方式和提升数量，要根据井筒的施工要求、井筒大小及深度进行提升设备的选择。若井筒施工完成后，转入巷道的施工，关于提升方案的选择还应该考虑该方案要满足巷道掘进的要求。

根据背景资料进行分析得知，施工单位承包的是边界风井井筒及井下巷道工程，说明施工单位既要施工风井井筒，又要施工井下巷道工程，且巷道工程的工程量大。井筒直径5m，根据凿井施工设备的布置情况，可以布置1套提升或2套提升装备。结合目前施工经验分析看，布置2套提升设备较好，由于还要承担井下巷道的施工，附近没有其他的井筒，那么风井还需要进行改绞，将井筒施工期间的吊桶提升改为井下巷道施工期间的临时罐笼提升，因此风井合理的提升方案是布置2套提升，以单钩提升方案最为方便，考虑到满足改绞的需要，其中1套提升应选用双滚筒提机，只有这样的提升才能满足井筒施工和巷道施工的要求。

2. 本题考查的是矿井总平面的布置要求。矿井施工总平面的布置应满足施工的需要，但也要满足地面永久建筑物施工的要求，临时建筑尽量不占用永久建筑物的位置，如果占用了，应采取相应措施，布置不影响施工。

井筒施工前，作为建设单位，应提供矿井工业场地施工总平面布置图，以便施工单位合理布置施工设备，尽量不占用永久建筑物的位置，方便永久建筑物的施工。

根据背景资料分析，建设单位为了赶工期，提前下达工程开工令，也没有给施工单位提供风井地面工业工程平面布置图，导致井筒施工用主提升机占用了永久通风机房位置，这是建设单位的责任。

根据上述建设单位出现的问题，施工单位可以根据施工现场的实际情况提出解决方案。通常的方案包括：

（1）永久通风机房暂时不施工，等到风井及井下巷道工程施工结束后，提升机拆除后再进行施工，但是此方案会导致通风机房施工时间延误，只有不耽误相关工作时方可考虑。

（2）永久通风机房位置进行设计变更，应该由设计单位重新考虑通风机房的位置。该方案实际操作性比较可行，既不影响井筒施工，也可保证通风机房按预定时间进行施工。

（3）提升机房移位，如果通风机房位置不可变动时，预定的开工时间又不可顺延，此情况下只能另外选择主提升机房位置，但是此方案会影响施工单位的井筒施工，并导致施工单位的工期和费用索赔。

3. 本题考查的是施工材料供应部门的主要工作。井筒施工前，施工准备包括技术准备、工程准备、物质准备、劳动力准备和对外协作协调工作。

背景资料中，施工单位按照建设单位施工的要求，仓促开工，造成开工时，道路、施工材料等都存在问题或隐患，根据矿井施工准备工作内容的基本要求，矿井开工前，应做技术准备、工程准备、物质准备、劳动力准备和对外协作协调工作。其中，工程准备的施工现场准备工作，应完成施工现场的测量定位，应完成"四通一平"工作，做好建筑材料、构配件的进场和储存，完成相关的临时设施等，物资准备应根据施工组织设计的安排，编制材料、设备供应计划，并备有3个月的需用储备，确保施工的不间断进行。作为材料供应部门，具体涉及的是物资供应，需要严格按照施工组织设计和进度的安排，确保相关材料物资的供应。

4. 本题考查的是矿井施工准备阶段建设单位的工作内容。矿井施工准备期间，为保证项目按计划时间开工，作为建设单位，应积极为施工单位的开工准备创造相关的条件。通常，建设单位应为矿井施工提供必要的技术和工程条件，做好施工图的供应，完成矿井开工前的各种手续。

背景资料中，建设单位提前1个月下达工程开工令，导致施工单位不能充分做好施工准备工作，涉及场地平整未完成，场外道路使用未落实，未达到"四通一平"的标准，无法满足正常的开工要求。另外，建设单位要求提前开工，造成施工材料供应仓促，导致施工进度缓慢。同时，作为建设单位，没有认真做好施工图的供应，导致风井平面布置图供应延误，使施工单位的设计占用永久通风机房位置，给相关工作造成影响。作为建设单位，在施工准备期间应严格遵循建设工程基本规律，认真做好组织和协调，方能保证工程的顺利实施。

【参考答案】

1. 合理的提升方案是：选用两套单钩提升，其中一套应选用双滚筒提升机。

理由是：该井筒内可布置两个吊桶，回风立井需要进行改绞，以便承担井下巷道施工任务。

2. 可采取的方法有：(1) 永久通风机房可安排井巷工程完工后施工；(2) 要求永久通风机房位置设计变更；(3) 主提升机移位。

3. 鉴于开工日期提前，施工材料供应部门应做好的工作有：重新编制材料供应计划、落实货源供应渠道、落实供货材料质量。

4. 建设单位违规下达开工指令（提前1个月开工）；提供风井平面布置图等工程资料过晚；开工前，施工场地达不到四通一平的标准，未达到场地移交要求；未做好与当地的协调工作，影响施工进程。

实务操作和案例分析题四 ［2015 年真题］

【背景资料】

某施工单位承建一矿井井底车场及硐室工程，其编制的施工网络计划如图2-4所示，其中井底车场中属于主要排水系统的工程有：泵房及变电所工程 H，吸水井及配水巷工程 I，水仓工程 L。监理认为该网络计划的主要排水系统工程安排不合理，要求进行调整。

建设单位提供的地质资料预测，E 工作需穿过一断层破碎带。在实际施工中，E 工作较地质资料数据提前 8m 揭露该断层破碎带，造成工作面突水。施工单位按应急方案进行了处理并顺利通过，增加费用 20 万元，工期延误 1 个月。施工单位以地质资料不准为由，向建设单位提出索赔。

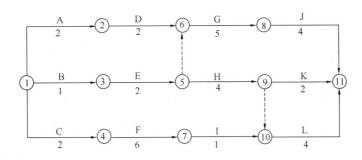

图 2-4　施工网络计划图（单位：月）

K 工作因围岩破碎严重，经建设单位同意增加了钢棚支护，费用增加 10 万元，工期延误 1 个月；施工单位提出了补偿费用 10 万元、总工期顺延 1 个月的索赔要求。

【问题】

1. 按图计算该施工网络计划工期，指出其关键线路。

2. 调整网络计划中排水系统的施工安排，并说明理由。

3. 施工单位对处理 E 工作断层破碎带提出的索赔是否合理？说明理由。

4. 施工单位针对 K 工作增加钢棚支护提出的索赔是否合理？说明理由。

5. E 工作的延误，对哪个紧后工作有影响？说明理由。

【解题方略】

1. 本题考查的是施工网络计划的工期及关键线路。对于施工网络计划中求解工期及寻找关键线路的题目，计算方法有很多种，但最常用的就是分别计算出网络计划中各个工作的时间参数，即计算最早开始时间、最早完成时间、最迟开始时间、最迟完成时间、总时差和自由时差。如果关键线路较少的话，还可以采用枚举法进行求解。

计算线路长度如下：

线路 A→D→G→J 的长度为：2＋2＋5＋4＝13 月

线路 B→E→H→K 的长度为：1＋2＋4＋2＝9 月

线路 C→F→I→L 的长度为：2＋6＋1＋4＝13 月

比较可知：最长路径长度为 13 个月。由此可以确定线路有 2 条，分别为线路 A→D→G→J 和线路 C→F→I→L，其计算工期为 13 个月。

2. 本题考查的是调整网络计划其中一个工作的施工安排。首先要清楚井底车场工程，若对井底车场工程理解有偏差，就不能正确安排各工作的施工顺序。所以施工网络计划的安排应当根据工程的特点和施工的要求进行有效的组织。相关工程的施工顺序要具有先后，如果其中一项工作没有顺利完成，则下一项工作也无法继续进行。所以回归材料，若调整排水系统应遵循上述的要求进行。

矿山井底车场是井下生产和运输的枢纽。井底车场在保证运输的情况下，还要设置供电、排水、运输调度等相关设置。针对排水系统硐室的布置特点，在施工安排上应首先把泵房及变电所工程施工完成，与此同时安排水仓的施工。只有这两项工作都完成了，后续的配水井、配水巷等才能具备施工条件。因此应当调整 I 的施工安排。

3. 本题考查的是施工索赔的内容。针对索赔问题，要看是谁的责任。此类问题要从三个方面进行考虑：施工方、建设方和不可抗力因素。作为地下工程，由于目前技术方面的因素，特别是地质条件的判断还存在一定的不确定性，因此，施工单位要有一定的风险意识，施工前要有所考虑，与建设方进行合同谈判时要注意这方面的内容，特别是近年来矿井水害问题的大量出现，更要加强这方面的风险意识。对于可能会遇到的风险，一定要认真预防，确保安全，避免给工程建设造成影响。

回归背景资料分析，地质资料已经说明了断层破碎带，只是具体位置未进行标注，通过考虑地下工程的特点，施工单位就要具备风险意识，并且施工单位已经制定了相关应急预案，因此再出现问题建设单位不应承担责任，故施工单位的索赔不合理。

4. 本题考查的是施工索赔的内容。从背景资料看，显然建设单位是同意的，因此，在这种情况下，发生的费用应当由建设单位承担。但是否要顺延工期，主要看 K 工作增加工作量后发生的工期延长是否影响总工期，判断要看 K 工作是否有总时差，且总时差值是否超过 K 工作延误的时间，超过的话不影响总工期，不必顺延；不超过的话，会影响总工期，就需要顺延。

5. 本题考查的是工作延误对网络计划的影响。工作发生延误对其他工作是否有影响，还需要看此工作的机动时间。机动时间是否影响总工期分析如下：

（1）工作延误时间＜自由时差时，不影响紧后工作的正常开始也不影响总工期；

（2）自由时差＜工作延误时间＜总时差时，会影响紧后工作的正常开始，但不影响总工期；

（3）工作延误时间＞总时差时，即影响紧后工作的正常开始也影响总工期。

结合背景资料分析，E 工作延误 1 个月，通过计算得知，E 工作的自由时差为 0，总时差为 1，说明 E 工作的延误会影响紧后工作的正常开始，但是 E 工作和 G 工作有 1 个月的时差，所以 E 工作的延误不影响紧后工作的正常开始也不影响总工期。

【参考答案】

1. 该网络计划的计算工期是 13 个月，由于没有要求工期，因此计算工期即为计划工期，工期为 13 个月。

关键线路有两条，一条是 A→D→G→J（或①→②→⑥→⑧→⑪），另一条是：C→G→I→L（或①→④→⑦→⑩→⑪）。

2. 根据井底车场硐室工程的设计和施工特点，为保证相关工程的顺利施工，应对照排水系统工程各项目的施工顺序，具体调整方法是：将 I 调整为 H 和 L 的紧后工作；将 L 调整为 F 的紧后工作。

调整排水系统各项目的施工顺序，理由是为了保证能够合理安排施工，只有泵房及变电所工程 H 和水仓工程 L 都完成后，吸水机及配水巷 I 才具备施工条件。

3. 由于建设单位提供的地质资料显示施工会穿过含水层，施工单位没有认真对待，因此，施工单位提出索赔不合理。

理由：是建设单位已提供了断层破碎带位置，且与实际偏差不大，破碎带涌水应当属于施工单位自己应该承担的风险。

4. 对于施工单位针对巷道围岩破碎，增加了钢棚支护，且已经获得建设单位同意，因此，建设单位应同意补偿费用。

理由是：增加钢棚支护已经建设单位同意。

对于增加钢棚支护需要总工期进行顺延，建设单位不应当同意。

理由是：K工作不是关键工作，本身有4个月的总时差，延误1个月并不影响总工期。

5.E工作发生工期延误1个月，将对紧后工作H有影响。

理由是：H工作是紧接着E工作开始的，E工作拖延，会影响H工作的最早开始时间。

实务操作和案例分析题五〔2014年真题〕

【背景资料】

某施工单位承建一矿井主井筒及相关二期工程，该井筒设计净直径5.0m，井筒深度750m，其中基岩段掘进直径6.0m。井筒地质条件简单，采用普通法施工；井筒将穿过一含水层，预计最大涌水量15m³/h。施工单位项目部考虑机械化配套方案如下：

1.装岩提升：配备2个3m³吊桶，2台JKZ-2.8型凿井提升机提升；一台HZ-10型中心回转抓岩机装岩；

2.凿岩爆破：FJD-9型伞钻打眼，打眼深度4.2m，中深孔爆破；

3.砌壁模板：整体下移液压金属模板，模板高度4.2m；

4.排水方式：采用吊桶排水、顶水强行通过含水地段。

施工单位在审核该施工组织设计时，对项目部提出的方案进行了修正和优化，并最终付诸实施。

在施工过程中，井筒施工到深度420m处，项目部为了提高施工速度，采用固定工序滚班作业，对施工工序和时间进行了重新安排，见表2-1。

滚班作业制的施工工序和时间安排表　　　　　　　　　　表2-1

工序	交接班及安全检查	打眼放炮	安全检查	交接班	出矸找平	交接班及安全检查	砌壁	交接班及安全检查	出矸清底
时间（min）	15	180	20	10	360	15	210	15	60

施工过程中检查发现含水层的若干部位混凝土质量不合格。

【问题】

1.施工单位项目部提出的有关提升—排矸施工方案有何不妥，说明理由。

2.指出钻眼爆破、砌壁、排水工作安排的不妥之处，说明理由。

3.项目部为了提高施工速度而做出的施工工序和时间安排上有哪些不合理？

【解题方略】

1.本题考查的是井筒施工装备的选择。根据背景资料提供的井筒资料可以发现，该井筒直径小，没有足够的空间，不适合布置大型施工设备，也不适合多台设备同时作业。因此，需要布置符合条件的一套单钩提升装备。此外，施工单位还承建了二期工程，所以要考虑到井筒在二期工程时需要改绞。为满足需求提升机应该优先选用双滚筒提升机。由于装岩提升装置配备2个3m³的吊桶，所以应考虑抓岩的效果和能力。因为没有足够的空间，所以选择抓岩机时不宜选择体型过大的机子，但要保证抓斗和吊桶相匹配。

2.本题考查的是井筒施工方案的选择。作答此类题目，首先应该根据井筒大小、地质条件、施工装备等客观因素进行综合考虑。施工装备配套要与工程条件相适应。根据背景资料可以看出井筒地质条件简单，但要穿过含水层，预计最大涌水量 15m³/h，涌水量偏大，不利于井筒施工的掘进工作。根据规定，井筒涌水量超过 10m³/h 应当采取注浆堵水措施，若要采用吊桶进行排水，只能把井筒涌水量控制在较小范围内。根据实际工作经验，为了预防井筒突然涌水，往往在井筒施工时都布置了相关符合要求的排水设备，若只单单靠吊桶设备进行排水，远不能满足突发性涌水时的排水要求。

根据井筒工程条件及凿井施工机械化设备配套方案，净直径 5m 的井筒，应当选择 6 臂伞钻进行打眼，太大的伞钻无法钻掏槽眼，不利于爆破掏槽效果。另外，炮眼深度应与砌壁段高匹配，由于爆破的炮眼利用率一般为 85%～90% 左右，因此，如果炮眼深度为 4.2m，那么，爆破的有效进尺应该在 4m 左右，因此，井筒砌壁支护的整体下移金属模板高度宜取 4m，不应取 4.2m，以保证与爆破进尺匹配。

3. 本题考查的是施工进度计划的安排。本题虽然问的是项目部做出的施工工序是否合理，但本质上还是考验考生对施工进度管理的认识和理解。背景资料中为加快施工井筒的施工速度，采用固定工序滚班作业是正确的，每个专业班工作完成后，下一班迅速接班工作，这样可充分利用时间，以缩短循环时间。但随着井筒深度的加大，提升能力的减少，对出渣工序的要求越来越高，因此要充分考虑各部分施工工序的作业时间的问题，施工工序这部分时间往往都是不能与其他工序同时发生的，也是最容易被忽略的部分。比如在打眼放炮后，必须要有一定的通风时间，方能保证工作面有害气体被稀释；工作面抓岩清底由于无法采用机械化装备作业，项目部安排的 60min 的时间无法满足施工要求，应当根据实际情况适当的延长。

【参考答案】

1. 不妥之处：选用 2 台 3m³ 吊桶。

理由：因为井筒断面小，空间不够。

不妥之处：选用单滚筒提升机。

理由：单滚筒提升机不能满足主井临时改绞的要求，应选择双滚筒提升机。双滚筒提升机的性能满足主井临时改绞要求。

不妥之处：选用 1 台 HZ-10 型中心回转抓岩机。

理由：因为该抓岩机的抓斗与吊桶不匹配。

2. 不妥之处：选用 FJD-9 型伞钻。

理由：因井筒直径较小不适用。

不妥之处：选用的模板高度 4.2m。

理由：与爆破进尺不匹配。

不妥之处：采用吊桶排水、强行通过含水地段的方法。

理由：按施工规范要求，含水层单层涌水量超过 10m³/h 时应采取注浆堵水的措施，井筒排水方案还未安排可靠的排水系统。

3. 缺少通风工序；清底工作时间安排不妥，60min 难以完成出矸清底工作。

实务操作和案例分析题六 ［2013 年真题］

【背景资料】

某矿井副井利用永久井架凿井。主、副井筒掘砌同时到底，井筒工程结束后，为迅速转入井底车场施工，施工单位编制了井底车场施工网络进度计划，如图 2-5 所示。工程实施中，H 工作因故延误了 30d。

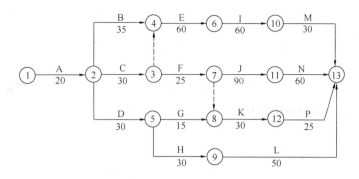

图 2-5　井底车场施工网络进度计划（时间单位：d）

【问题】

1. 由井筒转入井底车场施工过渡期的工作主要包括哪些内容？

2. 确定该矿井主、副井交替装备方案，并说明临时装备完成后应尽快安排哪些巷道施工？

3. 该矿井车场工程的总工期是多少天？指出关键线路。

4. H 工作的延误会对项目总工期和后续工作分别产生什么影响？

【解题方略】

1. 本题考查的是井筒转入巷道施工应做的工作。首先要清楚，需要做什么工作才能保证井巷工程正常施工。此题是理解型，在实际工作中不仅要掌握教材中提到的基本内容，还要结合施工工程实际情况阐述井筒过渡期的工作内容。

井巷过渡期的施工内容主要包括：主、副井短路贯通；服务于井筒掘进用的提升、通风、排水和压气设备的改装；井下运输、供水、通信及供电系统的建立；劳动组织的变换等。

2. 本题考查的是改装设备完成后的工作内容。做这类型的题，首先要明确井筒到底后，什么样的主、副井交替装备方案才能保证巷道的正常施工和不影响施工总进度。

结合背景资料发现，此矿井采用永久井架凿井的方式，因此副井的开工时间要比主井的开工时间晚。但是可保证主、副井同时到底。此种情形常常采用主井先改装为临时罐笼提升，副井进行永久装备，副井装备完成后，主井再进行永久装备。这种方案的特点是，副井在过渡期间的吊桶提升时间很短，在车场施工全面展开之前，副井的永久罐笼提升可以运行。

根据我国目前现有的矿井建设经验来说，在主、副井临时装备完成后，要确保矿井建设工期不拖延，保证矿井提升的正常进行。因此，无论在任何时候都要保证矿井建设的关键线路不间断的施工。同时尽快完成主井改绞后的提升工作正常进行，而确保改绞后提升工作的正常进行，必须尽快形成矿车进出罐笼的调车巷道，使其形成回路，最终实现方便调车的目的。

3. 本题考查的是总工期的计算及确定关键线路。确定关键线路首先要知道什么是关键线路、路径长度的概念。所谓的关键线路就是指在关键线路法中，线路上所有工作的持续时间总和，其总持续时间最长的线路就是关键线路。关键线路的长度就是总工期。而本题所涉及的工期为计算工期，也就是网络计划关键线路的长度。

计算线路长度如下：

线路 A→C→F→J→N 的长度为：$20+30+25+90+60=225d$

线路 A→B→E→I→M 的长度为：$20+35+60+60+30=205d$

线路 A→D→G→K→P 的长度为：$20+30+15+30+25=120d$

线路 A→D→H→L 的长度为：$20+30+30+50=130d$

比较可知：最长路径长度为225d。由此可以确定线路 A→C→F→J→N 为关建线路，其计算工期为225d。

4. 本题考查的是网络计划中各工作延误对总工期和后续工作的影响。这类型的题目，要区别对待，也就是一个工作一个工作进行分析考虑。根据各个工作所具有的不同时差，分步骤讨论其工作对后续工作及总工期的影响。

从问题3的结果可知，H 工作不在关键线路上，因此总时差不为0，自由时差需要经过计算才能确定。计算过程如图 2-6 所示：

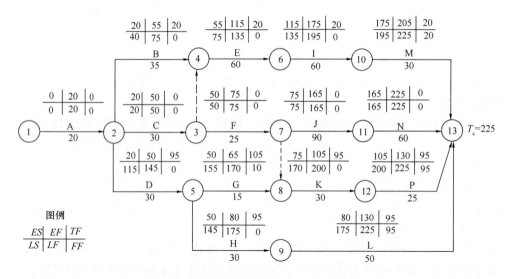

图 2-6　井底车场施工网络进度计划（时间单位：d）

根据计算结果发现，H 工作的总时差为 95，自由时差为 0，因此，H 工作工作延误 30d 对项目的总工期不会产生影响，但会让紧后工作 L 的最早开始时间延迟 30d。

【参考答案】

1. 过渡期主要工作包括：

（1）主、副井短路贯通；

（2）服务于井筒掘进的提升、通风、排水和压气设施的改装；

（3）井下运输、供水及供电系统的建立；

（4）劳动组织的变换等。

2. 主井进行临时罐笼改装，待主井改绞完成，副井进行永久装备，副井永久装备完成，即可进行主井永久装备，在主井临时改绞后应保持矿井关键线路工程不间断施工，同时尽快形成围绕主井井筒调车的绕道。

3.该车场工程的计划总工期225d。

关键线路是：A→C→F→J→N，或①→②→③→⑦→⑪→⑬。

4.H工作延误30d后，对项目总工期不会产生影响，但会使其紧后工作L的最早开始时间推后30d。

实务操作和案例分析题七 ［2012年6月真题］

【背景资料】

某施工单位承担了一矿井井底车场的施工，该井底车场为常见的环形车场，排水系统由两条独立的水仓构成，施工单位所编制的工程施工网络计划如图2-7所示。所有的施工工序时间都已不能再缩短。

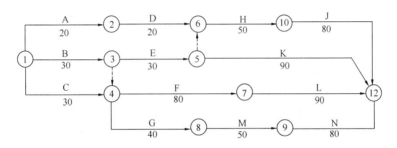

图 2-7　施工单位编制的工程施工网络计划（单位：d）

工程施工中发生了以下事件：

事件1：巷道交岔点D施工时，由于开挖断面大，施工单位采取了短进尺、预支护、早封闭的技术措施，确保了工程质量和安全，但施工进度慢，延误工期10d。

事件2：主井绕道工程E施工中发现围岩的稳定性很差，与地质资料提供的条件不符，施工单位采取了加强支护的措施来保证工程质量，但延误工期20d，增加施工成本20万元。

事件3：水仓入口工程G施工时，因施工单位安排失误，发生工程延误，延误工期20d，并影响了其后续工程内水仓M和外水仓N的正常施工。

【问题】

1.指出施工单位所编制的网络计划所有关键线路，并计算工期。

2.分别说明所发生的事件对项目总工期的影响。

3.针对所发生的事件，分别说明施工单位可获得多少工期和费用补偿？

4.为使G工程的延误不影响工期，施工单位应如何调整进度计划？

【解题方略】

1.本题考查的是关键线路的确定及工期的计算。确定关键线路首先要知道什么是关键线路、线路或路径长度。所谓的关键线路就是指在关键线路法中，线路上所有工作的持续时间总和，其总持续时间最长的线路就是关键线路。关键线路的长度就是总工期。而本题所涉及的工期为计算工期，也就是网络计划关键线路的长度。结合背景资料具体分析如下：

问题所给网络自起点至终点共有 7 条线路。分别是 A→D→H→J、B→E→K、C→F→L、C→G→M→N、B→F→L、B→G→M→N 和 B→E→H→J。

然后分别计算其线路长度。

线路 A→D→H→J 的长度为：20+20+50+80=170d；

线路 B→E→K 的长度为：30+30+90=150d；

线路 C→F→L 的长度为：30+80+90=200d；

线路 C→G→M→N 的长度为：30+40+50+80=200d；

线路 B→F→L 的长度为：30+80+90=200d；

线路 B→G→M→N 的长度为：30+40+50+80=200d；

线路 B→E→H→J 的长度为：30+30+50+80=190d；

比较可知：最长路径长度为 200d。由此可以确定有四条关建线路，其计算工期为 200d。

2. 本题考查的是对项目总工期的影响。要清楚什么情况才会影响总工期。要知道对发生在非关键线路上的工期延误，是否会对总工期造成影响。因为总时差是该项工作可以根据需要调整实施时间的最大范围，一旦超过这个时限，就会对总工期造成影响。

例如事件 1 发生于线路 A→D→H→J 上的 D 工作施工过程中，且该线路并非关键线路，其总长度为 170d，D 工作的总时差为 10d，该工作延误的时间为 10d，延误时间未超过总时差，故事件 1 对总工期未造成影响。事件 2、事件 3 同理分析。

3. 本题考查的是工期的索赔。做这类型的题，首先要判断工期的延误和费用的损失责任在谁。对事件引起的赔偿，做出决定之前，要依据合同法的公平原则区分事故责任，在此基础上，在进行施工赔偿的计算。

需要注意的是，在事件责任划分时，需要把握以下几条原则：（1）凡是建设单位未按合同约定履行义务，造成工期延误或给施工单位造成损失，责任由建设单位承担；如施工图纸交付延误、施工场地交付延误以及甲供设备未按时提供等；（2）凡是建设单位现场代表错误指挥，或者监理工程师错误指挥带来的损失，责任也由建设单位承担；（3）凡是由于建设单位承担风险责任的原因造成工期延误或施工单位额外经济支出，其责任也由建设单位承担。如实际的地质条件与地质资料反映的条件不符等。（4）要注意不可抗力引发的工期延误、损失赔偿责任的划分。其关键是在合同正常履行情况下发生不可抗力事件，根据公平原则，建设单位、施工单位各自承担自己的损失，工期顺延；如果因施工单位违约迟延履行遭遇不可抗力事件，此时的责任在施工单位，故不予施工单位赔偿。相反，建设单位可以依据合同向施工单位提出赔偿要求。只要正确理解和掌握了上述原则，就可以做出正确地解答。

4. 本题考查的是施工单位调整进度计划的方法。做这类型的考题，首先清楚有哪些措施可以追赶进度？这些措施都需要什么条件？这些措施都会给工程带来哪些影响？回归本题来讲，要解决本题中所遇到的问题，一般情况可以采取下列措施：

（1）缩短后续工程的施工时间，将拖延的时间弥补回来，进而达到追赶进度的效果。这个过程需要增加投入，调整机械设备等措施。

（2）通过增加工作面，采取平行施工的方式进行施工。也就是增加施工队伍的方法进行施工，从而达到加快施工进度的效果。

结合背景资料和工程的具体实际情况分析，C→G→M→N关键线路上的M、N工作分别为矿井的内外水仓，且水仓入口工程G已经施工完毕，具备上述条件通过增加工作面，采取平行施工的方式进行施工的措施。

【参考答案】

1. 关键线路为：

(1) B→F→L（①→③→④→⑦→⑫）；

(2) C→F→L（①→④→⑦→⑫）；

(3) B→G→M→N（①→③→④→⑧→⑨→⑫）；

(4) C→G→M→N（①→④→⑧→⑨→⑫）。

工期为200d。

2. 事件1：不影响总工期；

事件2：影响总工期；

事件3：影响总工期。

3. 事件1：无法获得工期和费用补偿；

事件2：可获得10d的工期补偿和20万元的费用补偿；

事件3：无法获得工期和费用补偿。

4. 将内水仓M、外水仓N顺序施工改为平行施工。

实务操作和案例分析题八 [2011年真题]

【背景资料】

某矿井采用立井开拓方式，风井位于井田东部边界，主井装载系统位于副井运输水平上方，主、副井井筒深度基本相同，副井井底车场主要巷道及硐室布置如图2-8所示。矿井施工组织安排主井先于副井3个月开工，箕斗装载硐室与主井井筒同时施工，主、副井同时到底；短路贯通后，主井改为临时罐笼提升，副井进行永久装备，井底车场巷道及硐室施工网络计划如图2-9所示。

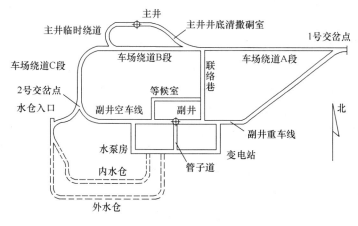

图 2-8　副井井底车场主要巷道及硐室布置图

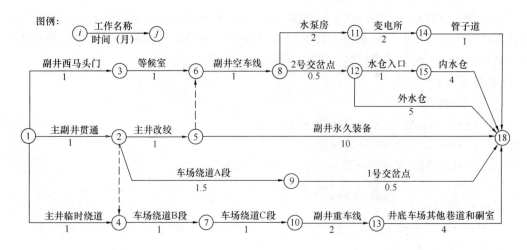

图 2-9　井底车场巷道及硐室施工网络计划

【问题】

1. 主、副井同时到底后，短路贯通线路如何安排？贯通点选择在何处？

2. 主、副井同时到底后，应如何组织井底车场巷道及硐室施工？

3. 主、副井同时到底后，矿井施工组织安排的井底车场巷道及硐室施工网络计划有何不当之处？如何调整？

4. 主井井筒表土段施工时发生工期延误 3 个月，如果后续井筒施工进度不变，应如何安排才能保证原施工组织受影响最小？

【解题方略】

1. 本题考查的是矿山井巷工程过渡期的施工安排。首先要清楚短路贯通是干什么的？主、副井井筒到达井底车场后，首先进行的工作是短路贯通，主要原因就是为提升通风等设施的快速改装创造便利的条件。所以从短路贯通的主要原因入手，就可知道线路的安排及贯通点的位置。

井巷过渡期的施工内容主要包括：主副井短路贯通；服务于井筒掘进用的提升、通风、排水和压气设备的改装；井下运输、供水、通信及供电系统的建立；劳动组织的变换等。在可能的情况下短路贯通路线应尽量利用原设计的辅助硐室和巷道，如无可利用条件，则施工单位可以与建设单位协商后在主、副井之间选择和施工临时贯通巷道。临时贯通道通常选择主、副井之间的贯通距离最短、弯曲最少、符合主井临时改装后提升方位和二期工程重车主要出车方向要求，以及与永久巷道或硐室之间留有足够的安全岩柱，并且应考虑所开临时巷道能给生产期间提供利用价值。

2. 本题考查的是矿井建设二三期工程的施工组织内容。主、副井同时到底后，下一步工作就是进行二三期工程的施工。再考虑井底车场巷道及硐室施工在二三期工程的施工中所处的地位及其他相关事宜。

在组织井底车场硐室施工时，应考虑下列各因素：

（1）与井筒相毗连的各种硐室在一般情况下，应与井筒施工同时进行，装载硐室的安装应在井筒永久装备施工之前进行沟通。

（2）各种机械设备的开凿顺序应根据使用先后和安装过程的需要进行详细安排。

（3）服务性的硐室，一般作为平衡工程量用，但为了改善通风、排水和运输系统也应尽早提前施工。

（4）在车场内每掘到巷道或是硐室的交岔点处，若不能一次筑成时，应向交叉道掘进5m的长度，一般作为平衡工程量用，同服务硐室一样，往往为了改善通风、排水和运输系统，也尽早提前施工。

3. 本题考查的是施工网路计划在工程中的应用。做这道题首先要看懂图2-8和图2-9，并将两幅图结合来看，理解网络计划与副井井底车场主要巷道及硐室的布置安排，从中寻找不合理之处。

由图2-8和图2-9可以看出，只有先施工"水仓入口"后，内外水仓才具备施工作业面，这样才能继续下一个工作的施工。

4. 本题考查的是装载硐室的施工顺序及影响因素。应充分考虑本题的背景条件与问题4给出的变化背景，同时，考虑网络计划以及与相关时间的关系。"主、副井井筒深度基本相同，副井井底车场主要巷道及硐室布置如图2-8所示。矿井施工组织安排主井先于副井3个月开工，箕斗装载硐室与主井井筒同时施工，主、副井同时到底。"与"主井井筒表土段施工时发生工期延误3个月，如果后续井筒施工进度不变，应如何安排才能保证原施工组织受影响最小"。

【参考答案】

1. 主、副井同时到底后，短路贯通线路一般应尽量利用原设计的辅助硐室和巷道。贯通点选择在主、副井之间的贯通距离最短、弯曲最少、符合主井临时改装后提升方位和二期工程重车主要出车方向要求，短路贯通线路可安排：主井井底清撒硐室→联络巷→副井东侧马头门；贯通点宜选择在联络巷与车场绕道的连接处。

2. 主、副井同时到底后，井底车场巷道与硐室的施工组织是：

（1）主、副井首先短路贯通；

（2）保证矿井关键线路工程施工不间断；

（3）尽快形成改绞井筒的调车系统；

（4）加快临时设施和硐室施工；

（5）保证副井永久装备完成时相关巷道及硐室施工同步完成；

（6）保证巷道及硐室的连续施工。

3. 主、副井同时到底后，矿井施工组织安排的井底车场巷道及硐室施工网络计划的不当之处：变电站、水泵房和水仓；硐室施工组织安排不当。

调整：先施工井下变电站、水泵房和水仓；装载硐室的安装应在井筒永久装备施工之前进行。

4. 主井井筒表土段施工时发生工期延误3个月，如果后续井筒施工进度不变，应压缩副井永久装备的工期。可不安排箕斗装载硐室与主井井筒同时施工。这样才能保证主、副井同时到底。箕斗装载硐室可安排在副井提升系统移交后，主井永久装备前施工。

典 型 习 题

实务操作和案例分析题一

【背景资料】

某煤矿采用立井开拓方式，设有主井、副井和边界风井，设计年产量为2.40Mt。该矿井主井净直径6.5m，深度720m；副井净直径7.0m，深度760m；风井净直径6.0m，深度680m。三个井筒表土段深度分别为360m、365m和338m，均采用冻结法施工。井筒基岩段所穿过的岩层主要是中等稳定的砂岩和页岩，无断层及破碎带，涌水量较小。矿井为低瓦斯矿井。

某矿建施工单位中标承建该矿井，所编制的施工组织设计部分内容如下：

1. 主井井筒施工选用Ⅱ型凿井钢井架，布置两套单钩提升，主提升为JK-2.5提升机配4m³吊桶，副提升为JKZ-2.8提升机配5m³吊桶；井筒掘砌施工采用4臂风动伞钻凿岩，3台HZ-4抓岩机装岩，段高2.0m整体金属液压模板砌壁；箕斗装载硐室与井筒同时施工。

2. 副井井筒施工利用永久井架凿井，布置两套单钩提升，其中主提升吊桶为5m³，自重16.56kN，提升矸石的容重为16.00kN/m³，松散系数2.0，装满系数0.9；吊桶所配钩头、滑架及缓冲器总重量4.95kN，钢丝绳选用18×7+FC－Φ36－1570型不旋转钢丝绳，地面钢丝绳悬吊高度为28.50m。18×7+FC纤维芯多层股不旋转钢丝绳特征见表2-2。

3. 矿井首采区运输顺槽为矩形断面，高度3.6m，宽度3.2m，采用综掘机进行掘进，通风方式为巷道入口处安装局扇进行压入式通风。

18×7+FC纤维芯多层股不旋转钢丝绳特征表（部分）　　　表2-2

钢丝绳直径 (mm)	钢丝绳单位质量 (kg/m)	钢丝绳公称抗拉强度（MPa）		
		1470	1570	1870
		钢丝绳最小破断拉力（kN）		
32	3.99	493	527	628
34	4.51	557	595	709
36	5.05	624	667	795
38	5.63	696	743	885
40	6.24	771	823	981
42	6.88	850	908	1080

注：最小钢丝绳破断力总和＝钢丝绳最小破断拉力×1.283，重力加速度$g＝9.8m/s^2$。

【问题】

1. 该矿井采用主、副井同时开工，风井稍后开工的施工顺序是否合理？说明理由。

2. 该矿井施工中，井筒交替装备应采用哪种方案？

3. 主井井筒施工方案存在不合理之处，写出正确做法。

4. 计算副井主提升钢丝绳的终端荷载及工作荷载，验算钢丝绳的安全系数，判断钢丝绳选型的合理性。如果选用公称抗拉强度为1870MPa的钢丝绳，请重新确定钢丝绳的规格及工作荷载。（计算结果保留两位小数）

5. 矿井首采区运输顺槽掘进工作面需风量计算应考虑哪些主要因素？

【参考答案】

1. 该矿井采用主、副井同时开工，风井稍后开工的施工顺序不合理。

理由：主、副井井筒深度相差不大，箕斗装载硐室需要与主井同时施工，副井利用永久井架凿井，前期准备工作量大，为保证主副井同时到底进行短路贯通，应当主井先开工。风井断面小、深度浅，工程量小，最后开工，方便到底后与主副井进行贯通。

2. 该矿井施工中，井筒交替装备应采用的方案：

主井和副井到底贯通后，主井进行临时改绞，采用临时罐笼提升，副井进行永久装备；待副井永久装备完成后，进行主井永久装备。

风井进行临时改绞，采用临时罐笼提升，待风井与主、副井贯通后选择合适的时间进行风井永久装备。

3. 主井井筒施工方案存在不合理之处及正确做法。

（1）选用Ⅱ型凿井井架不合理，应采用Ⅳ$_G$型或Ⅴ型井架。

（2）主提升选用单滚筒提升机不合理，应选用双滚筒提升机。

（3）采用4臂伞钻凿岩不合理，应采用6臂伞钻。

（4）采用3台HZ-4抓岩机不合理，应采用1台HZ-4（或HZ-6）抓岩机。

（5）采用段高2m整体金属模板不合理，应采用段高3.5～4.0m整体金属模板。

4. 副井主提升钢丝绳的终端荷载及工作荷载分别为115.56kN、154.58kN。

钢丝绳提升物料的安全系数为667×1.283/154.58＝5.54，不符合《煤矿安全规程》规定安全系数为7.5的要求，钢丝绳选型不合理。

副井主提升钢丝绳选用18×7＋FC－Φ40－1870型不旋转钢丝绳，工作荷载为163.78kN。

5. 矿井首采区运输顺槽掘进工作面需风量计算主要因素有：瓦斯涌出量、工作面同时工作的人数、巷道通风方式、巷道风速。

实务操作和案例分析题二

【背景资料】

某矿井主、副井筒掘进同时到底，井筒工程结束后迅速转入井底车场施工。井底车场施工进度网络计划如图2-10所示。实际施工中M工作因遇断层破碎带拖延15d，H工作因施工方案调整，工作持续时间更改为40d。

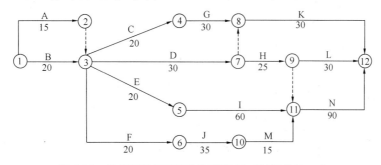

图2-10 井底车场施工进度网络计划（时间单位：d）

【问题】

1．主、副井筒到底后为方便井底车场及巷道工程施工应做哪些工作?

2．指出该井底车场施工网络计划的关键线路,并计算工期。

3．M工作的拖延对总工期有何影响?

4．H工作施工方案的调整对紧后工作有何影响?

【参考答案】

1．应立即进行主、副井底短路贯通,为井底车场及巷道施工创造条件:包括加大提升能力、改善通风条件、布置排水设备、设置临时电力供应以及增加安全出口。

2．该车场施工网络计划的关键线路是:①→③→⑤→⑪→⑫(或B→E→I→N)。工期是190d。

【分析】

网络中自起点至终点共有12条线路。分别是线路A→C→G→K、线路A→D→K、线路A→D→H→L、线路A→D→H→N、线路A→E→I→N、线路A→F→J→M→N、线路B→C→G→K、线路B→D→K、线路B→D→H→L、线路B→D→H→N、线路B→E→I→N、线路B→F→J→M→N。

线路A→C→G→K的长度为:15+20+30+30=95d

线路A→D→K的长度为:15+30+30=75d

线路A→D→H→L的长度为:15+30+25+30=100d

线路A→D→H→N的长度为:15+30+25+90=160d

线路A→E→I→N的长度为:15+20+60+90=185d

线路A→F→J→M→N的长度为:15+20+35+15+90=175d

线路B→C→G→K的长度为:20+20+30+30=100d

线路B→D→K的长度为:20+30+30=80d

线路B→D→H→L的长度为:20+30+25+30=105d

线路B→D→H→N的长度为:20+30+25+90=165d

线路B→E→I→N的长度为:20+20+60+90=190d

线路B→F→J→M→N的长度为:20+20+35+15+90=180d

经计算比较可知:最长路径长度为190d。故关键线路为B→E→I→N,工程工期为190d。

3．M工作的拖延将导致总工期拖延5d。

【分析】

由材料可知,施工中M工作因遇断层破碎带拖延15d,H工作因施工方案调整,工作持续时间更改为40d。因此M、H两项工作的实际持续时间分别为:

M工作:15+15=30d;H工作:40d。

重新计算M、H所在路径的路径长度。

M工作所在路径为线路A→F→J→M→N、线路B→F→J→M→N的长度分别为:

线路A→F→J→M→N的长度为:15+20+35+30+90=190d

线路B→F→J→M→N的长度为:20+20+35+30+90=195d

H工作所在路径线路A→D→H→L、线路B→D→H→L、线路A→D→H→N、线路B→D→H→N的长度分别为:

线路 A→D→H→L 的长度为：15＋30＋40＋30＝115d

线路 B→D→H→L 的长度为：20＋30＋40＋30＝120d

线路 A→D→H→N 的长度为：15＋30＋40＋90＝175d

线路 B→D→H→N 的长度为：20＋30＋40＋90＝180d

扫码学习

在 M、H 工作延误后，路径长度最大的为线路 B→F→J→M→N，其时间为 195d，大于原计划网络关键路径长度 190d。因此，线路 B→F→J→M→N 为实际施工期间的关键线路。对总工期的影响为：195－190＝5d。即因 M、H 两项工作的延误和调整，将使总工期延误 5d。

4. H 工作的方案调整只影响其紧后工作 L 的最早开始时间。对紧后工作 N 无影响。

实务操作和案例分析题三

【背景资料】

某施工单位承担矿井井底车场的施工任务，合同工期为 12 个月。施工单位根据该矿井井底车场巷道和硐室的关系，编制了井底车场施工网络进度计划（如图 2-11 所示），并组织了 3 个施工队伍进行施工，各施工队伍的施工内容分别为：甲队 A、C、H；乙队 B、E、M、N；丙队 D、G、J。

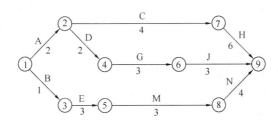

图 2-11　井底车场施工网络进度计划图（时间单位：月）

工程施工进行 3 个月后，施工单位发现井下巷道工作面涌水较大，向建设单位建议在井底车场增加临时水仓及泵房，该工作名称为 K，工期为 2 个月；工作 K 必须安排在工作 D 和 E 都完成后才能开始，并应尽早组织施工。建设单位同意增加设置临时水仓及泵房，但要求施工单位合理安排施工，确保合同工期不变。

施工单位根据建设单位的意见，及时调整了施工安排，由乙队承担临时水仓及泵房工作 K 的施工，安排在工作 D、E 结束后开始，K 完成后再进行工作 M 的施工。该施工安排及时报送给了监理单位，施工单位据此安排还提出了补偿新增工作 K 的费用和延长工程工期的索赔。

【问题】

1. 确定施工单位编制的原网络进度计划的关键线路和计算工期。施工安排中应优先确保哪个施工队伍的施工？为什么？

2. 增加临时水仓及泵房工作后，按照施工单位的施工安排，该工程的工期将是多少？需要优先确保哪个施工队伍的施工？

3. 监理单位能否同意施工单位的施工安排？为什么？

4. 施工单位应当如何合理安排工作 K 的施工？由此能获得哪些补偿？

【参考答案】

1. 关键线路为 A→C→H（或①→②→⑦→⑨）。

经计算工期是 12 个月。

施工安排中应优先确保甲队的施工。

理由：甲队施工的工作为关键线路上的工作（或关键工作）。

2. 增加临时水仓及泵房工作后，该工程的施工工期将是 13 个月。

需要优先确保乙队的施工。

3. 监理单位不能同意施工单位的施工安排。

理由：因为施工单位的施工安排无法满足合同工期要求。

4. 施工单位应当安排丙队承担临时水仓及泵房工作 K 的施工任务，在工作 D、E 结束后开始，K 完成后再进行工作 G 的施工。

可以获得新增工作 K 的费用补偿。

实务操作和案例分析题四

【背景资料】

某矿井采用立井开拓，主、副井井筒位于同一工业广场内，主井井筒采用临时井架凿井，副井井筒利用永久井架凿井，主、副井井筒表土段采用冻结法施工，基岩段采用普通法施工，井筒基岩段预计涌水量 8m³/h。主、副井井筒冻结及掘砌施工由某施工单位承担，该施工单位编制的矿井施工组织方案为：主、副井井筒交错开工，错开时间为 3 个月；箕斗装载硐室与主井井筒同时施工；主、副井同时到底，进行短路贯通。

在主井井筒基岩段施工过程中，遇到了地质资料未注明的含水层，该含水层涌水量达 20m³/h。施工单位根据自身的施工经验，提出了采用强排水方法通过此含水层，需增加费用 15 万元。该方案经建设单位同意后，施工单位完成了含水层段的掘砌工作，但造成工期延误 2 个月。事后，施工单位向建设单位提出了补偿费用 15 万元和延长工期 2 个月的索赔。

主井井筒在通过含水基岩层后，按原掘进速度正常施工；副井井筒施工进度正常。为实现主、副井同时到底进行短路贯通，施工单位及时调整了施工组织方案。

【问题】

1. 副井井筒利用永久井架凿井具有哪些优缺点？

2. 确定该矿井主、副井井筒的合理开工顺序，并说明该开工顺序的优点。

3. 施工单位提出的索赔是否合理？说明理由。

4. 强排水方法通过含水层对施工单位及其井筒施工会造成哪些不利影响？

5. 为保证主、副井两井同时到底，施工单位应如何调整主井井筒的施工组织方案？

【参考答案】

1. 副井井筒利用永久井架凿井的特点包括：

优点：（1）节省临时井架的使用费用；（2）有利于提前形成副井永久提升系统。

缺点：（1）增加了项目前期投资；（2）给副井井筒凿井及冻结施工设备布置带来不便。

2. 开工顺序：主井先开工，副井 3 个月后开工。

优点：（1）冻结制冷工程可以错峰，冻结施工设备等资源需求相对平稳；（2）有利于主副井井筒同时到底，有利于两井短路贯通。

3. 施工单位提出补偿费用 15 万元的索赔是合理的。

理由：地质资料未提供该含水层的正确涌水资料，涌水量达 $20m^3/h$（超过 $8m^3/h$）。

延长工期 2 个月的索赔是不合理。

理由：工期延误 2 个月不一定会影响主、副井同时到底进行短路贯通。

4. 强排水方法通过含水层会造成的不利影响有：造成施工单位质量风险，井壁质量难以保证，作业环境差，影响施工进度。

5. 为保证主、副井两井同时到底，其调整方案是：因主井井筒施工延误 2 个月，可不安排箕斗装载硐室与主井井筒同时施工；待副井交付使用后、主井永久装备前进行施工。

实务操作和案例分析题五

【背景资料】

建设单位发包一年产量 60 万 t 的煤矿工业广场项目。经过招标投标，某施工单位中标并与建设单位签订了施工合同，工程内容包括提升机房、变电所、机修车间、办公楼等，合同总价 2800 万元。施工期间，发生以下事件：

事件 1：开工前，施工单位根据合同工期编制了施工进度计划网络图（如图 2-12 所示），并报监理工程师审核。监理工程师发现，按照设计文件，工作 H 和工作 I 完成后，工作 J 方可施工，这在进度计划网络图中没有体现，不符合"四结合"的施工准备方法，要求施工单位进行调整。

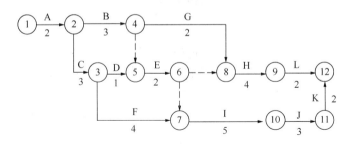

图 2-12 施工进度计划网络图（时间单位：月）

事件 2：工程开工后不久，施工单位项目经理王某因个人原因与单位解除劳动合同，施工单位决定由项目副经理李某担任项目经理。

事件 3：办公楼工程 F 的钢筋混凝土预制桩基础施工期间，由于建设单位供应的预制桩到场不及时，使桩基础推迟 5d 开工。打桩过程中，施工单位的打桩设备出现故障造成工程停工 3d。设备修理完毕恢复施工后，出现了属于不可抗力的恶劣天气，导致工程停工 7d。

【问题】

1. 具体说明施工准备工作中采取"四结合"方法的内容。

2. 根据施工单位编制的施工进度计划网络图，计算项目工期并指出关键工作。

3. 针对事件 1 中监理工程师发现的问题，施工单位应如何调整施工进度计划网络图？（只需文字说明）调整后的进度计划对工期是否有影响？说明理由。

4. 事件 2 中，新任项目经理李某应具备何种资格？说明理由及施工单位变更项目经理的程序。

5. 事件 3 中，施工单位应向建设单位提出多少天的工期索赔？说明理由。

【参考答案】

1. 四结合是指：（1）设计与施工相结合；（2）室内准备与室外准备相结合；（3）主体工程与配套工程相结合；（4）整体工程准备与施工队伍落实相结合。

2. 计划工期 $T=2+3+4+5+3+2=19$ 个月。

关键工作：A→C→F→I→J→K。

3. 施工单位应在施工进度计划网络图的⑨、⑩节点之间添加一条虚箭线（或虚工序）。

调整后的网络计划对工期无影响。

理由：调整未改变网络计划的关键线路。

4. 李某应具有一级注册建造师资格。

理由：该工程合同额为 2800 万元，单项土建工程合同额大于 2000 万元，为大型项目。

施工单位变更项目经理的程序：施工单位应将项目经理人选报监理单位和建设单位，经监理单位和建设单位的书面同意，并到建设行政主管部门备案后，方可正式进入现场开展工作。

5. 施工单位应提出工期索赔 12d。

原因：建设单位预制桩到场不及时和不可抗力事件属于非承包商责任，承包商可以提出索赔；打桩设备损坏，属于承包商自身责任，承包商无权索赔。

实务操作和案例分析题六

【背景资料】

某施工单位承担一瓦斯矿井的采区巷道施工任务，该采区巷道只有顺槽及工作面开切眼布置在煤层中，其他巷道均布置在煤层底板岩石中，如图 2-13 所示。该采区采用下山法施工方案，工程合同工期为 12 个月。为确保施工安全，采区巷道的煤巷施工应在采区通风系统形成后进行。施工单位计划安排 2 个工作队来完成该工程项目，并据此编制了工程施工网络进度计划，如图 2-14 所示。

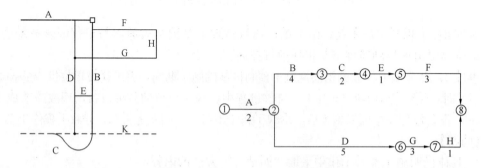

图 2-13　采区巷道布置示意图　　图 2-14　采区巷道施工网络进度计划（时间单位：月）

A—采区回风巷；B—采区轨道上山及绞车房；C—采区轨道上山下部车场；D—运输上山及溜煤眼；

E—采区变电所；F—轨道顺槽；G—运输顺槽；H—工作面开切眼；K—轨道运输大巷

施工过程中，当地安全监察部门对其施工进行安全例行检查，发现岩巷上山掘进采用了压入式通风，局部通风机安装在进风巷道中，距回风巷道口 5～6m；煤巷掘进爆破作业选用的是岩石硝铵炸药和秒延期电雷管。对此，要求施工单位进行安全整改。

【问题】

1. 该施工单位编制的网络进度计划计算工期是多少？该采区巷道施工网络进度计划能否满足施工的要求？说明理由。

2. 采区变电所工程 E 的施工能否安排在运输上山及溜煤眼工程 D 之后进行？说明理由。

3. 调整该工程项目的网络计划（文字叙述即可），使其满足施工要求。

4. 针对当地安全监察部门检查发现的问题，施工单位应如何进行整改？

【参考答案】

1. 该施工单位编制的网络进度计划计算工期是 12 个月。

不满足施工要求，因为未能保证煤巷施工在采区通风系统形成后进行。

2. 采区变电所工程 E 的施工能安排在运输上山及溜煤眼工程日之后进行。

这样安排可充分利用工程 D 的时差，且能保证工程总工期满足合同工期要求。

3. 调整该工程项目的网络计划如下：

(1) 将工作 E 调整为 D 的紧后工作，G 的紧前工作；

(2) 将工作 G 调整为 C 和 E 的紧后工作；

(3) 将工作 F 调整为 C 的紧后工作。

4. 施工单位应进行的整改如下：

(1) 调整局部扇风机的安装位置，使其距上山巷道回风口的距离不小于 10m；

(2) 煤巷掘进爆破作业炸药应选用煤矿许用炸药，雷管应选用煤矿许用瞬发电雷管或煤矿许用毫秒延期电雷管，总延期时间不大于 130ms，确保煤巷施工爆破安全作业。

实务操作和案例分析题七

【背景资料】

某施工单位承担一矿井采区巷道的施工任务，建设单位要求的工期为 15 个月，施工单位根据该矿井采区巷道的关系，编制了采区巷道施工网络进度计划（如图 2-15 所示），并组织安排了 4 个施工队伍进行施工，各施工队伍的施工内容分别为：甲队 A、C、J，乙队 B、G、K，丙队 D、H，丁队 E。

监理单位在审查施工单位进度计划时发现其施工队伍安排不合理，建议只安排 3 个施工队伍，将丁队的施工任务交由丙队去完成。施工单位通过研究，采纳了监理的意见。

在工程实施过程中，乙队在进行 G 工程施工时，遇到了地质资料未注明的含水地层，工作面发生了突水事故，处理该事故延误工期 2 个月，

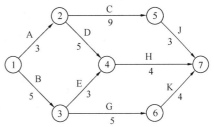

图 2-15　采区巷道施工网络
进度计划（时间单位：d）

增加施工成本 50 万元，施工单位据此及时提交了相关的索赔申请。

在工程进行到第 12 个月末时检查发现，甲队施工进度超前，C 工程已完成，且 J 工程已施工 1 个月；乙队因遇含水地层施工进度拖延，G 工程刚完工，K 工程尚未开始；丙队施工进度正常。

【问题】

1. 施工单位编制的原网络进度计划计算工期是多少？为确保工期，施工中应重点控制哪些工程？

2. 针对监理单位的建议，施工单位应如何调整丙队的施工任务安排？

3. 针对 G 工程施工中出现的突水事故，说明施工单位可获得索赔的具体内容及理由。

4. 乙队施工进度发生拖延后，如果施工速度不变，考虑 K 工程可安排对头掘进，则应当如何安排才能确保建设单位的施工工期要求？

【参考答案】

1. 计算工期是 15 个月，施工中应重点控制的工程包括 A、C、J。

2. 调整方法是丙队先施工 D，然后施工 E，最后施工 H。

3. 施工单位可以获得索赔的具体内容包括工期 1 个月，费用 50 万元。

进度拖延是非施工单位原因造成的，延误工期 2 个月，但 G 工作有 1 个月的总时差，只影响总工期 1 个月。

增加施工成本 50 万元是因为建设单位提供的地质资料不准确，导致发生突水事故，增加的费用属于非施工单位原因造成的，可以进行索赔。

4.K 工程安排对头掘进施工，由甲队承担 1 个月的施工任务，乙队承担 3 个月的施工任务。

实务操作和案例分析题八

【背景资料】

某施工单位承担了一项矿井工程的地面土建施工任务。工程开工前，项目经理部编制了项目管理实施规划并报监理单位审批，监理工程师审查后，建议施工单位通过调整个别工序作业时间的方法，将选矿厂的施工进度计划（如图 2-16 所示）工期控制在 210d 内。施工单位通过工序和成本分析，得出 C、D、H 三个工序的作业时间可通过增加投入的方法予以压缩，其余工序作业时间基本无压缩空间或赶工成本太高。其中 C 工序作业时间最多可缩短 4d，每缩短 1d 增加施工成本 6000 元；D 工序最多可缩短 6d，每缩短 1d，增加施工成本 4000 元；H 工序最多可缩短 8d，每缩短 1d，增加施工成本 5000 元。经调整，选矿厂房的施工进度计划满足了监理单位的工期要求。施工过程中，由于建设单位负责采

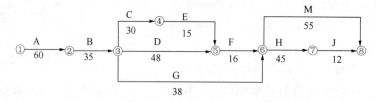

图 2-16　选矿厂的施工进度计划图（时间单位：d）

购的设备不到位，使 G 工序比原计划推迟了 25d 才开始施工。工程进行到第 160d 时，监理单位根据建设单位的要求下达了赶工指令，要求施工单位将后续工期缩短 5d。施工单位改变了 M 工序的施工方案，使其作业时间压缩了 5d，由此增加施工成本 80000 元。工程按监理单位要求的工期完工。

【问题】

1. 指出选矿厂房的初始进度计划的关键工序并计算工期。

2. 根据工期－成本优化原理，施工单位应如何调整进度计划使工期控制在 210d 内？调整工期所增加的最低成本为多少元？

3. 对于 G 工序的延误，施工单位可提出多长时间的工期索赔？说明理由。

4. 监理单位下达赶工指令后，施工单位应如何调整后序三个工序的作业时间？

5. 针对监理单位的赶工指令，施工单位可提出多少费用索赔？

【参考答案】

1. 初始进度计划的关键工序为：A→B→D→F→H→J（或工序①→②、②→③、③→⑤、⑤→⑥、⑥→⑦、⑦→⑧）。

工期＝60＋35＋48＋16＋45＋12＝216d。

2. 应当将 H 工序缩短 2d，D 工序缩短 4d，C 工序缩短 1d。

调整工期所增加的最低成本＝2×5000＋4×4000＋1×6000＝32000 元。

扫码学习

3. 施工单位可提出 3d 的工期索赔。

理由：虽然 G 工序延误了 25d，但 G 工序不是关键工序，有可利用的时差，时差为 44＋16－38＝22d，故可索赔的工期应为 25－22＝3d。

4. 后序工序 M 压缩 5d，H 压缩 5d（H 调整为 38d），J 作业时间不变（J 调整为 12d）。

5. 施工单位可提出的费用索赔应为：80000＋5000×5＝105000 元。

实务操作和案例分析题九

【背景资料】

某井巷工程，建设单位与施工总承包单位签订了施工总承包合同，合同工期为 29 个月。按合同约定，施工总承包单位将井筒支护工程分包给了符合资质要求的专业分包单位。

施工总承包单位提交了施工总进度计划（如图 2-17 所示），该计划通过了监理工程师

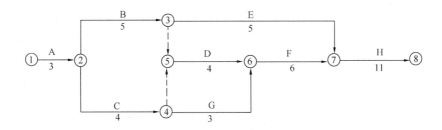

图 2-17　施工总进度计划网络图（时间单位：月）

的审查和确认。

合同履行过程中，发生了如下事件：

事件 1：专业分包单位将井筒支护专项施工方案报送监理工程师审批，遭到了监理工程师的拒绝。在井筒支护施工过程中，由于专业分包单位没有按设计图纸要求施工，监理工程师向施工总承包单位下达了停工令，施工总承包单位认为监理工程师应直接向专业分包单位下达停工令，拒绝签收停工令。

事件 2：在工程施工进行到第 7 个月时，因建设单位提出设计变更，导致 G 工作停止施工 1 个月。由于建设单位要求按期完工，施工总承包单位据此向监理工程师提出了赶工费索赔。根据合同约定，赶工费标准为 18 万元/月。

事件 3：在 H 工作开始前，为了缩短工期，施工总承包单位将原施工方案中 H 工作的异节奏流水施工调整为成倍节拍流水施工。原施工方案中 H 工作异节奏流水施工横道图如图 2-18 所示。

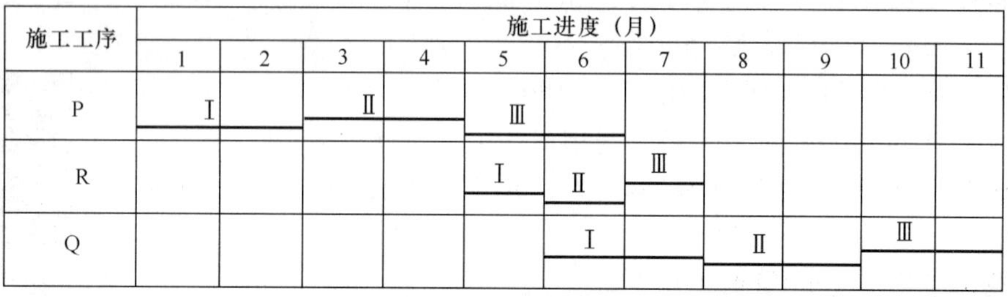

施工工序	施工进度（月）										
	1	2	3	4	5	6	7	8	9	10	11
P	I		II		III						
R					I	II	III				
Q						I		II		III	

图 2-18　H 工作异节奏流水施工横道图（时间单位：月）

【问题】

1. 施工总承包单位计划工期能否满足合同工期要求？为保证工程进度目标，施工总承包单位应重点控制哪条施工线路？

2. 事件 1 中，监理工程师及施工总承包单位的做法是否妥当？分别说明理由。

3. 事件 2 中，施工总承包单位可索赔的赶工费为多少万元？说明理由。

4. 事件 3 中，流水施工调整后，H 工作相邻工序的流水步距为多少个月？工期可缩短多少个月？按照 H 工作异节奏流水施工横道图格式绘制调整后 H 工作的施工横道图。

【参考答案】

1. 施工总承包单位计划工期能满足合同工期要求。为保证工程进度目标，施工总承包单位应重点控制①→②→③→⑤→⑥→⑦→⑧施工线路。

2. 监理工程师做法妥当。

理由：专业分包单位与建设单位没有合同关系，分包单位不得与建设单位和监理单位发生工作联系，所以，拒收分包单位报送专项施工方案以及对总承包单位下达停工令是妥当的。

施工总承包单位做法不妥当。

理由：因为专业分包单位与建设单位没有合同关系，监理单位不得对分包单位下达停工令；而总承包单位与建设单位有合同关系，并且应对分包工程质量和分包单位负有连带责任，所以施工总承包单位拒签停工令的做法是不妥当的。

3. 事件 2 中，施工总承包单位不可索赔赶工费。

理由：由于 G 工作的总时差＝29－27＝2 个月，因设计变更原因导致 G 工作停工 1 个月，没有超过 G 工作 2 个月的总时差，不影响合同工期，总承包单位不需要赶工都能按期完成，所以总承包单位不能索赔赶工费。

4. 事件 3 中，流水施工调整后，H 工作相邻工序的流水步距＝min [2，1，2] ＝1 个月。H 工作的工期＝（3＋5－1）×1＝7 个月，工期可缩短＝11－7＝4 个月。

绘制调整后 H 工作的施工横道图如图 2-19 所示。

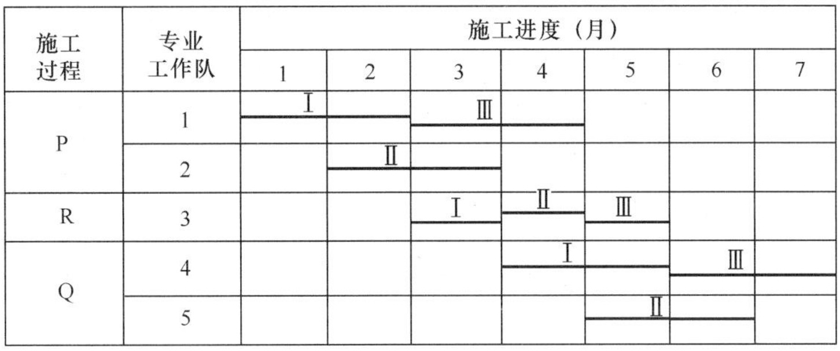

施工过程	专业工作队	施工进度（月）						
		1	2	3	4	5	6	7
P	1	Ⅰ		Ⅲ				
	2		Ⅱ					
R	3			Ⅰ	Ⅱ	Ⅲ		
Q	4				Ⅰ		Ⅲ	
	5					Ⅱ		

图 2-19 调整后 H 工作的施工横道图（时间单位：月）

实务操作和案例分析题十

【背景资料】

某建设工程公司承担了矿井的施工工作。该矿井采用立井开拓方式，中央边界式通风，井田中央布置了 2 个井筒，主井井筒净直径 5.5m，井深 650m；副井井筒直径 7.0m，井深 625m；风井位于井田东北部边界，净直径 5.0m，井深 515m。

施工单位在矿井开工前，组织编制了该矿井的施工组织设计，确定了矿井的施工方案，明确了施工准备工作的具体内容，并进行了认真准备。考虑到井筒表土较薄，又没有流沙，采用普通法进行施工；基岩部分采用钻眼爆破法施工；主、副井到底后进行短路贯通，然后副井永久装备，主井进行临时改绞，负责井底车场及大巷的施工；在与风井贯通后进行采区巷道的施工。

但在矿井的建设过程中，主井在表土段施工发生了突水问题，使工程拖延了 4 个月。副井先到底，矿井整个施工组织被打乱。

【问题】

1. 根据本矿井的基本条件，矿井应采用哪种施工方案？

2. 本矿井的施工组织设计应由哪个单位负责编制？

3. 井筒的施工组织设计编制内容包括哪些？

4. 在主井发生淹井事故后，如何及时调整施工进度计划安排？

【参考答案】

1. 根据本矿井的基本条件，由于矿井设有边界风井，具备对头掘进的条件，因此应同时从井田中央和边界进行矿井的施工，以缩短矿井关键线路工程项目的施工时间。这样，矿井应采用对头掘进的施工方案。

2. 对于已经确定了施工单位后的单项工程，应该由已确定的施工单位或由总承包单位编制详尽的施工组织设计，并作为指导施工的依据。本矿井由于施工单位承建整个矿井的建设工作，因此，矿井的施工组织设计应由施工单位负责编制。

3. 井筒为单位工程，其施工组织设计编制的内容包括：工程概况；地质地形条件；井筒的施工方案与施工方法；施工质量及安全技术措施；施工准备工作计划；施工进度计划与经济技术指标要求以及附图与附表等。

4. 由于主井发生了淹井事故，不能保证按预定的时间到井底与副井贯通。副井能够按计划进度到底，这时只能考虑风井与副井进行贯通，在贯通前，为保证施工进度，必须对副井进行临时改绞，以保证井底车场巷道与硐室的施工对提升的要求。一旦主井到底，迅速与副井贯通；考虑到主井耽误的工期较短，这时仍可进行主井临时改绞，副井进行永久装备。总体安排情况是副井需要增加一次临时改绞，这样可最大限度地减少由于主井进度拖延对矿井建设总工期的影响。

实务操作和案例分析题十一

【背景资料】

某施工单位承担了一矿井井底车场的施工任务。开工前，项目经理部编制了施工组织设计，内容包括施工方案、资源供应计划、施工进度计划网络图、质量保证措施、安全保证措施等。井底车场平面布置示意图部分内容如图 2-20 所示，相应的施工进度计划网络图如图 2-21 所示，关键线路上的工作由同一个工作队完成，各工作的作业时间均不可压缩。

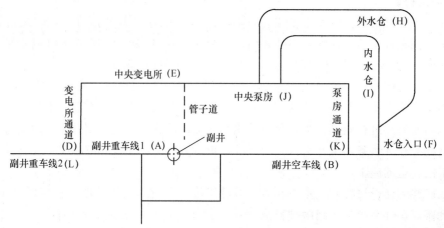

图 2-20　井底车场平面布置示意图（部分）

扫码学习

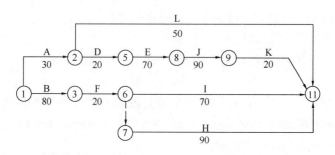

图 2-21　井底车场施工进度计划网络图（单位：d）

施工过程中发生如下事件：

事件1：工程进行60d，施工单位月度检查时重点检查了进度计划执行情况，发现：副井重车线1（工作A）和变电所通道（工作D）已完工；副井重车线2（工作L）已完成其工程量的60%；副井空车线（工作B）已完成其工程量的80%；中央变电所（工作E）由于设计变更，尚未开始作业，预计完成设计变更还需要10d。施工单位考虑到工作E的延误将导致后续工作中央泵房（工作J）和泵房通道（工作K）不能正常完成，工程不能按时交付，与各工作队协商并在监理工程师的指令下调整了进度计划，以满足工期要求。经施工单位计算，工作E的延误导致的窝工费和机械设备台班折旧费为30万元，按照调整后进度计划施工将增加投入8万元。

事件2：由于建设单位提供设计资料不及时，导致外水仓（工作H）延误10d，已提前运至现场的施工机械台班折旧费损失2万元，窝工费15万元。

事件3：内水仓（工作I）施工过程中，施工单位设备发生故障，导致该工作延误6d，修理设备花费6万元，增加窝工费8万元。

针对事件1～事件3，施工单位向建设单位提出了索赔。

【问题】

1. 施工组织设计中的资源供应计划主要包括哪些内容？

2. 根据绘制的井底车场施工进度计划网络图，确定工程计划工期和关键工作。

3. 事件1中施工单位发现工作E延误后，应如何安排后续工程施工，才能够保证计划工期（用文字说明）？

4. 就事件1～事件3，逐一说明施工单位可向建设单位索赔的费用和工期。

【参考答案】

1. 施工组织设计中的资源供应计划主要包括：

（1）劳动力需要量计划；

（2）材料需要量计划；

（3）施工机械需要量计划。

2. 根据绘制的井底车场施工进度计划网络图，确定工程计划工期和关键工作如下：

计划工期＝30＋20＋70＋90＋20＝230d。

关键工作有：A、D、E、J、K。

3. 工作E延误后，为保证计划工期，可安排其他工作队先施工泵房通道工作K（中央泵房工作J和泵房通道K工作平行施工）。

4. 事件1：工作E延误是由于设计变更延误造成的，属于建设单位的责任。施工单位可索赔增加的费用30万元；进度计划调整是监理单位的指令，可索赔增加的费用8万元；调整后的进度计划满足工期要求，故不可索赔工期。

扫码学习

事件2：建设单位没有及时提供设计资料，属于建设单位的责任，可索赔增加的费用2万元，工作H是非关键工序，拖延不影响总工期，不可索赔工期。

事件3：设备故障是施工单位自身原因造成的，不可索赔费用和工期。

实务操作和案例分析题十二

【背景资料】

某矿井井底车场和主要硐室的施工网络计划如图 2-22 所示,图中时间单位为月。实际施工过程中,F 工作由于工作面出现瓦斯突出,进行处理耽误了 1 个月的时间;D 工作在通过断层破碎带时,由于排水水泵故障造成巷道被淹,施工单位及时制定了应急处理方案,在 D 工作进行了 1 个月时增开了一条临时巷道,安排 D 的后续工作施工,该工作名称为 S,在 B 工作后面,G、J、M 工作前面,时间 1 个月,D 工作最后耽误了 3 个月的时间。

【问题】

1. 该井底车场施工网络计划的关键线路是哪一条?工期是多少?

2. 针对施工中出现的问题,应做如何处理?

3. 增加了临时巷道后,绘制出该井底车场施工的网络计划图。

【参考答案】

1. 该井底车场施工网络计划的关键线路是:A→D→M→N→R,工期为 22 个月。

2. 针对施工中出现的问题,应做的处理为:

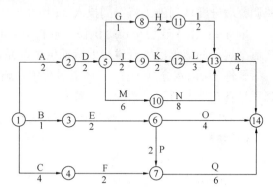

图 2-22　矿井井底车场和主要硐室的施工网络计划图

(1) F 工作由于出现瓦斯突出,属于不可预见问题,其责任不在施工单位,进行处理所发生的费用应当得到补偿,工期应当顺延,但不影响工期,因此总工期不应推迟。

(2) D 工作耽误了 3 个月时间,属于施工单位自己的责任,处理事故所发生的费用由施工单位自己承担,工期不应该给予补偿。施工单位增加了临时巷道,布置多头工作面掘进,缩短工期,此处考虑到主要是由于工作 D 造成的,因此该工程费用和工期不应该得到补偿。

3. 增加了临时巷道后,重新绘制该井底车场施工网络计划如图 2-23 所示。从图中可

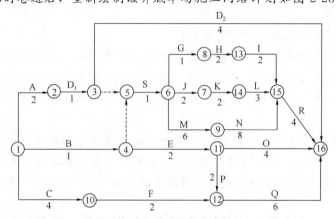

图 2-23　增开了临时巷道后的井底车场施工网络计划

以计算出新的网络计划的关键线路应是：$A \rightarrow D_1 \rightarrow S \rightarrow M \rightarrow N \rightarrow R$，工期仍为 22 个月。

实务操作和案例分析题十三

【背景资料】

某金属矿山建设工程项目，施工单位（乙方）与建设单位（甲方）签订了井底车场施工合同。合同工期为 38 个月。乙方按时提交了施工方案和施工网络进度计划，如图 2-24 所示，并得到甲方代表的同意。

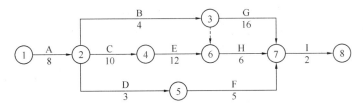

图 2-24　工程施工网络进度计划

某一夜班，主提升绞车由司机张某一人值班，在下放吊桶时打盹，导致吊桶全速过放，在井底位置的李某正穿过吊桶下方从井筒一侧到另一侧去移动水泵，因躲闪不及被当场砸死。事故发生后，井下作业人员由于恐慌争先上井，赵某没有保险带，为了安全就挤在吊桶中央。吊盘信号工在把吊桶稳好后就发出提升信号升井。在升井过程中，突遇断电，赵某被甩出吊桶坠落身亡。事故发生后，项目经理立即组织事故调查小组，并上报了施工单位有关领导，同时恢复施工。经调查，赵某是新招聘的工人，以前从未从事过井下作业，尚未签订劳动合同，到了施工单位只经过 3d 的简单培训就下井进行作业。

【问题】

1. 该网络计划的工期能否满足合同工期要求？

2. 矿山工程进度控制的方法有哪些？

3. 请说明事故发生过程中有哪些人违章？违章的内容是什么？

4. 项目经理在本次事故中有哪些违章行为？相关规定是什么？

5. 项目经理组织事故调查小组有何不妥？

【参考答案】

1. 该网络计划的工期能满足合同工期要求。关键线路是：①→②→④→⑥→⑦→⑧，工期为 38d。

2. 矿山工程进度控制的方法：行政手段、经济手段和管理技术方法等。

3. 事故发生过程中的违章人员及内容：绞车司机打盹；李某违章穿越吊桶下方；赵某乘吊桶没带保险带；吊盘信号工发现乘吊桶人员违章而继续发出提升信号升井。

扫码学习

4. 项目经理违章行为包括：（1）安排主提升司机 1 人操作，要求必须是 1 人操作，1 人监护；（2）安排未经合格培训的人员下井作业，要求下井作业人员必须经过培训合格并取得下井资格证方可下井作业。

5. 项目经理无权组织事故调查小组。

实务操作和案例分析题十四

【背景资料】

某矿位于山东省西南部，由某公司投资建设，年设计生产能力为 3.00Mt/年，于 2018 年 5 月完成初步设计，于 2017 年 1 月开工建设，工期为 40 个月。矿井采用立井开拓，主井、副井、风井设在一个工业场地内。主井装载系统采用全上提方式，主井井底水平即为车场水平，风井回风水平设于井底车场水平，且井筒内装备简单。主、副、风三井筒均需穿过含水的松软表土层（厚约 475m），厚黏土层多，且具有一定的膨胀性，井筒需采用特殊凿井法施工。基岩段穿过的含水层较少，涌水量小。井下巷道除井底车场及机头硐室布置在岩层中外，其他巷道主要沿煤层布置。采区巷道可以利用综掘，施工机械化程度较高。

【问题】

1. 确定该矿井主、副井井筒的合理开工顺序？考虑因素包括哪些？
2. 井筒到底后一般应首先完成什么工作？为什么？
3. 如果主、风井到底后进行临时改绞，如何设计方案？
4. 说明巷道采用综掘机械施工的优点？

【参考答案】

1. 该矿井主、副井井筒的合理开工顺序：风井先开工，主井延后 1 个月开工，副井在推迟 5 个月开工。

考虑因素包括：施工准备期，井筒建设期，主井、副井和风井三个井筒贯通期，主、副井提升系统形成工期以及冻结站设备配套，用电负荷等。

2. 井筒到底后一般应首先完成的工作：两个井筒之间的贯通；

理由：主要是为井底车场巷道与硐室的施工创造条件，包括加大提升能力、改善通风条件、布设排水设备、增加安全出口等。

3. 主、风井临时改绞的方案为：主、风井到底后均改装临时提升系统，共同担负井下巷道开拓的提升任务。

4. 巷道采用综掘机械施工的优点：工序少、进度快、效率高、质量好、施工安全、劳动强度小等。

实务操作和案例分析题十五

【背景资料】

某单位承包一矿井工程。矿井采用一对立井开拓方式，中央并列式通风，其井底车场布置如图 2-25 所示。主井系统装载硐室布置在车场水平以上，主井井底清撒硐室与井底车场处于同一水平。矿井涌水量较大，建设单位不允许在井底车场开设临时巷道工程。矿井施工中，主副井井筒同时到底后，项目部制定了"先短路贯通，再临时改绞，然后进行井下巷道施工"的施工方案，其中对于泵房、变电所的施工，拟采用从管子道进入泵房的方案，即先施工管子道，然后再施工泵房、变电所。

【问题】

1. 用文字说明主、副井短路贯通的最佳线路。

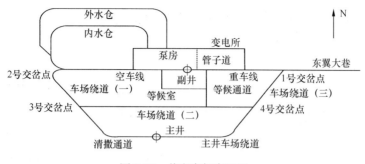

图 2-25　井底车场布置图

2. 临时改绞完成后，井底车场的哪些工程是施工重点？说明理由。

3. 项目部关于泵房、变电所的施工方案是否可行？说明理由。

【参考答案】

1. 最佳贯通线路：主井车场绕道→4号交岔点→车场绕道（二）→等候通道。

2. 临时改绞完成后，井底车场的施工重点如下：

（1）车场绕道（三）→1号交岔点→东翼大巷。理由是保证矿井关键线路工程施工不间断，并尽快开拓采场；

（2）车场绕道（一），理由是尽快形成主井临时提升运输的环形车场；

（3）泵房、水仓，理由是尽快形成永久排水系统，提高抗灾能力；

（4）变电所，理由是尽快形成永久供电系统，解决排水等动力问题。

3. 不可行，因为管子道为斜巷，不在井底车场水平，不具备施工条件。

实务操作和案例分析题十六

【背景资料】

某矿井采用立井开拓方式。主井井筒净直径 7.5m，井深 850m，表土及风化基岩段地层厚度 350m，采用冻结法施工；基岩段预计最大涌水量 50m³/h，采用工作面预注浆施工方案。副井井筒净直径 8m，井深 885m，表土及风化基岩段地层厚 356m，同样采用上冻下注的施工方案。矿井设计主井采用钢筋混凝土井塔，多绳摩擦轮绞车提升；副井采用箱型钢井架，落地多绳摩擦轮绞车提升。井筒附近的井底车场布置如图 2-26 所示。

施工单位编制的施工组织设计确定的井筒施工主要装备配套情况见表 2-3。

井筒施工主要装备配套情况　　　　　　　　　　　　　　　　表 2-3

井筒名称 施工装备	主井	副井	备注
主提升机	JKZ-2.8/15.5	JKZ-2.8/15.5	
副提升机	JK-2.5/20	JK-2.5/20	
吊桶	主提 3m³，副提 2m³	主提 3m³，副提 2m³	
伞钻	FJD-6 型 1 台	FJD-6 型 1 台	
抓岩机	HZ-4 型 1 台	HZ-4 型 1 台	
排水设备	风动潜水泵＋吊桶	风动潜水泵＋吊桶	
井架	V 型	利用永久井架	

矿井施工总平面布置如图 2-27 所示，临时火药库布置在距井口约 1.5km 的派出所隔壁，并做了严密的视频监控及防火、防盗措施。

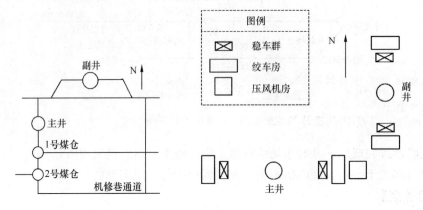

图 2-26　矿井井底车场布置图　　　　　图 2-27　矿井施工总平面布置图

【问题】

1. 井筒施工组织设计在装备选择方面有何不妥？应如何调整？

2. 矿井施工总平面布置存在哪些问题？如何调整？（叙述即可）

3. 该矿井主、副井合理的开工顺序是什么？并简述理由。

4. 副井利用永久井架凿井的优越性是哪些？

5. 冻结法施工中井筒试挖的条件是什么？

【参考答案】

1. 井筒施工组织设计在装备选择方面的不妥之处及调整方法如下：

（1）提升机配置不妥，JK-2.5/20 提升机能力太小，考虑主井临时改绞应有双滚筒绞车。主井应配置 1 台双滚筒提升机，主副井都应增大提升机的提升能力。

（2）吊桶配置不妥，提升能力太小。应配置 5m³ 和 4m³ 吊桶。

（3）中心回转抓岩机配置不妥，抓岩能力偏小。应配置大抓斗抓岩机或再增加 1 台抓岩设备。

（4）排水设备配置不妥，因井筒工作面预注浆不能确保堵水效果，仍存在水患的可能。应设置吊泵或卧泵排水系统。

2. 矿井施工总平面布置存在的问题如下：

（1）副井凿井设备布置方向不正确，因副井永久提升机布置为南北方向，凿井提升机房占据了永久绞车房位置，应调整为东西方向布置。

（2）主井凿井设备布置方向不妥，主井应考虑临时改绞，其提升方向应与井下出车方向一致，应调整为南北方向布置。

（3）压风机房布置不妥，靠近绞车房噪音影响提升机司机操作，应靠近负荷中心并远离绞车房。

（4）临时火药库位置不妥，不应靠近居民区、办公区，应布置在符合有关规定并经当地公安部门批准的位置。

3. 合理开工顺序应为主、副井顺序开工，副井滞后。其理由是：

（1）主井先开工到底后临时改绞，可尽快开拓井下巷道。

（2）副井为钢井架，永久装备工期短，且利用永久装备的排矸能力强。

（3）副井滞后开工可错开积极冻结期，充分利用冻结设备，降低成本。

4. 副井利用永久井架凿井的优越性如下：

（1）可充分利用永久设备，节约大量工程费；

（2）有利于加快副井永久装备，缩短建设工期。

5. 冻结法施工中井筒试挖的条件如下：

（1）冻结交圈，水文孔有规律冒水；

（2）测温孔温度符合设计规定；

（3）已完成井筒施工设施的布置及地面辅助施工系统。

实务操作和案例分析题十七

【背景资料】

某大型矿井采用立井开拓方式，主井直径 6.0m，井深 890m；副井直径 7.0m，井深 850m；设计巷道断面较大，井底装载硐室在主井车场水平以下。业主提供的地质资料中，基岩段涌水量小于 10m³/h。施工单位经业主同意安排主井比副井提前 3 个月开工，装载硐室随井筒同时施工；主井进行临时改绞，用临时罐笼提升。

实际施工中，副井施工较顺利，预计可按时到底。主井地面预注浆效果较差，施工的涌水量达 65m³/h。施工单位通过增加排水设备，强行通过了含水层。由于涌水影响，预计主井将比副井滞后 2.5 个月到底。主、副井短路贯通需 2 个月。经研究，决定临时改绞的方案不变。设计单位提供井底车场平面施工图如图 2-28 所示。

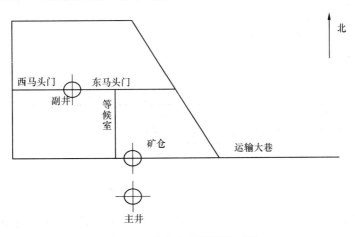

图 2-28　井底车场平面施工图

【问题】

1. 受主井涌水的影响，主井施工安排应做哪些调整？调整后施工难易程度有何变化？怎样安排施工程序使总工期少受或不受影响？

2. 说明维持原改绞方案不变的理由。

3. 根据井底车场布置简图，为满足二期工程需要，施工单位需增加哪些必要的措施巷道？请作出示意图。

4. 增加的措施工程的费用属于哪类费用？应由哪方解决？施工单位可向业主索赔哪些项目的费用？

5. 简述本项目井巷工程过渡期辅助系统要做哪些调整来保证二期工程的施工。

【参考答案】

1. 受主井涌水的影响，主井施工安排应做的调整：

（1）装载硐室改在以后施工，主井与副井到底后分别施工短路贯通工程，准备临时改绞。

（2）改变了装载硐室的施工条件，增加了装载硐室的施工难度。

（3）改变装载硐室与主井同时施工的方案，装载硐室安排在副井永久罐笼投入使用后施工，使装载硐室工程不在主要矛盾线上。

2. 维持原改绞方案不变的理由：

（1）设计巷道断面大，二、三期巷道的出矸量必然大，且井筒深，按原计划改绞可以保证二期工程提升要求。

（2）改变装载硐室施工顺序，仍可以保证总工期不受影响。

3. 施工单位需增加的必要的措施巷道：增加主井临时双向马头门；增加主井与主要运输大巷连接的绕道。

修改后的井底车场平面施工图如图 2-29 所示：

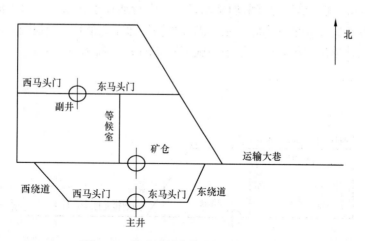

图 2-29　修改后的井底车场平面施工图

4. 增加的措施工程的费用属于工程措施费。应由业主（建设单位）解决。

施工单位可向业主索赔的费用：

（1）增加排水费用；

（2）增加壁后注浆费用；

（3）由于装载硐施工方案改变所增加的费用。

5.（1）运输系统的变换。

井筒改绞前仍用吊桶提升；临时改绞形成后，用罐笼提升。

（2）通风系统的调整。

主、副井贯通前，利用原各自系统；贯通后，扇风机移至井底车场适当位置安装，一个井筒进风，一个井筒回风。

（3）排水系统调整。

主井与副井贯通前利用各自凿井排水系统；临时改绞完成后，井底增设临时泵房和水仓（或利用已有形成巷道或井底水窝）。

（4）供电系统调整。

井下永久供电系统未形成前，井底增设临时配电点，电缆由主井敷设。

实务操作和案例分析题十八

【背景资料】

某施工单位中标承建一高瓦斯矿井，主、副斜井均在工业广场内，主斜井倾角16°，斜长1100m，副斜井倾角22°，斜长860m。回风立井位于工业广场以外500m处，井深300m，与主、副斜井贯通距离200m。井下巷道80％为煤巷。

施工单位考虑到风井较浅，快速施工到底后有利于开拓二、三期工程，加快矿井的建设速度，因此，安排主、副、风井同时施工，施工方案得到建设单位的批准。

工程施工中，主、副斜井按预定时间顺利开工，12个月竣工，主、副斜井到底后两斜井迅速进行贯通，并担负井底车场和硐室的施工，为保证工作面通风的需要，施工单位提出在井下设风机群的通风方案，建设单位未同意。

风井在进行施工准备时，由于建设单位未及时完成场地购置，施工队伍无法按时进场，致使开工时间推迟了5个月。风井开工后，按原定施工速度4个月顺利竣工，然后进行了临时改绞，不久与主、副斜井贯通。

施工单位以建设单位未及时提供风井场地为由，要求建设单位顺延总工期5个月，建设单位不同意，双方发生了争议。

【问题】

1. 该矿井三井筒施工顺序有哪几种合理的方案？施工单位安排主、副、风井三个井筒同时开工是否合理？说明理由。

2. 建设单位不同意施工单位的通风方案是否合理？并说明理由。

3. 主、副斜井与风井贯通后，为保证井下多头施工的通风需要，通常有哪几种通风方案？

4. 根据矿井施工的实际情况，何时进行主斜井和风井的永久设备安装较为合适？说明理由。

5. 建设单位不同意施工单位工期顺延5个月的要求是否合理？说明理由。

【参考答案】

1. 可以考虑的方案有：

（1）主、副斜井同时施工，然后风井开工；

（2）主、副斜井顺序开工，最后风井开工；

（3）副、主斜井顺序开工，最后风井开工。

不合理，因该矿井为高瓦斯矿井，风井到底后，不能形成全通风，按《煤矿安全规程》规定，此时不准进行三期工程施工，故不能实现多头施工，造成初期投入大、效益差。

2. 合理，煤矿安全规程规定，矿井主要通风机必须安装在地面，严禁采用局部通风机和风机群作为主要通风机使用。

3. 通常有三种方案：

（1）在风井地面设临时通风机及通风设施，风井回风，主、副斜井进风；

（2）在主斜井井口外设临时通风机及通风设施，主井回风，风井、副斜井进风；

（3）在副斜井井口外设临时通风机及通风设施，副井回风，风井、主斜井进风。

4. 在风井、主斜井、副斜井三井贯通后，进行主斜井永久设备安装，主斜井永久装备完成，并正常运转后，进行风井永久设备安装。

主斜井安装永久皮带机后，比原临时轨道运输能力大，风井安装永久风机后通风能力强，能满足井下煤巷施工的需要。

5. 合理，因为风井延后开工，可以通过网路优化减少或消除对总工期影响。

第三章　矿业工程施工质量管理

2011—2020 年度实务操作和案例分析题考点分布

考点＼年份	2011年	2012年6月	2012年10月	2013年	2014年	2015年	2016年	2017年	2018年	2019年	2020年
工程材料的质量控制要点	●										
质量事故发生的原因	●										
质量事故的处理程序	●										
拒爆事故的处理方法					●			●			
质量缺陷的处理方法	●										
事故责任方的划定		●								●	
施工质量控制的内容					●						
影响锚喷支护施工质量的因素					●						
锚杆喷射混凝土支护质量验收											●
混凝土工程施工质量控制要点	●										
混凝土工程出现蜂窝麻面的原因		●								●	
立井井筒施工现浇混凝土的质量检查				●							
分部工程的划分									●		
巷道施工质量和管理的基本内容						●					
施工工序质量检查的内容							●				
施工工程质量验收的要求			●	●					●	●	
中间验收时间排距选点抽查的要求								●			

年份 考点	2011年	2012年 6月	2012年 10月	2013年	2014年	2015年	2016年	2017年	2018年	2019年	2020年
锚杆工序检查的要求							●				
锚喷支护巷道质量检验的主控项目								●			
隐蔽工程质量检验	●										
工程施工质量的验收											
施工质量不符合要求时的非正常验收的内容						●					
进场复验的要求								●			
锚杆检查的记录要求								●			

专家指导:

施工质量管理的内容可考点较多,在施工过程中关乎质量的问题都是有可能考查,考生应该把握教材的细节,不放过任何一个可能成为考点的细节,这也是通过考试的关键。考生要重点掌握质量验收的相关规定。

要 点 归 纳

1. 工序质量控制的内容【一般考点】

施工工序质量控制包括施工操作质量和施工技术管理质量。要做好质量控制的管理工作,需要做好:

(1) 确定工程质量控制的流程;

(2) 主动控制工序活动条件,主要指影响工序质量的因素;

(3) 及时检查工序质量,提出对后续工作的要求和措施;

(4) 设置工序质量的控制点。

2. 矿业工程施工中的一些常见质量通病问题【重要考点】

(1) 质量意识不够引起的质量问题

1) 为了赶进度,在混凝土没有达到足够的强度时,要求拆模进入下道工序。

2) 在岩石巷道掘进施工中,往往有为了缩短钻眼时间,减少(周边)炮眼数量,多装药,以期获得多“进尺”的效果,不重视光面爆破的施工措施。

3) 轻视、疏忽隐蔽工程的质量。

(2) 施工方案或设计失误的影响

1）施工方案是影响施工质量的重要因素。

2）基坑设计的支撑结构的安全度不够，包括因为设计方法本身的缺陷，对设计方法的认识不足，对工程地质与水文地质资料掌握不充分，不正确地引用了设计方法或设计参数。

（3）施工措施或操作不当引起质量问题

1）可能由于对工程地质与水文地质情况认识不清，或是经验不足出现决策错误，或因为重视程度不够，致使施工措施导致的失误。

2）基坑施工中没有注意避免对原状土的扰动，从而因为不正确的施工行为使土体强度等性质受到严重损失，并且对其影响认识不足，因疏忽而导致严重后果。

3）混凝土浇筑中经常出现蜂窝、麻面的质量问题。这和混凝土施工浇捣不充分、没有严格执行分层振捣或振捣操作不正确等有关。

4）因为对施工要领认识不够，没有了解锚杆支护作用除要靠其锚固力之外，还必须要靠托盘挤实围岩，因此在锚杆施工中不注意托盘密贴岩帮的要求，使锚杆形同虚设。现在的成功事实证明，有较高的托盘预紧力，对锚杆支护效果会起到重要作用。

（4）对质量控制的投入不足

通过省料、省工减少资金投入，或是对控制质量的措施不落实，认为与施工没有直接关系，或是疏忽施工质量又不进行或缺少必要的施工监测。

3. 质量事故的分类【一般考点】

（1）特别重大事故，是指造成 30 人以上死亡，或者 100 人以上重伤，或者 1 亿元以上直接经济损失的事故；

（2）重大事故，是指造成 10 人以上 30 人以下死亡，或者 50 人以上 100 人以下重伤，或者 5000 万元以上 1 亿元以下直接经济损失的事故；

（3）较大事故，是指造成 3 人以上 10 人以下死亡，或者 10 人以上 50 人以下重伤，或者 1000 万元以上 5000 万元以下直接经济损失的事故；

（4）一般事故，是指造成 3 人以下死亡，或者 10 人以下重伤，或者 100 万元以上 1000 万元以下直接经济损失的事故。

4. 质量事故发生后，分析的基本步骤和要求【重要考点】

质量事故发生后，应进行调查分析，查找原因，吸取教训。分析的基本步骤和要求是：

（1）通过详细的调查，查明事故发生的经过，分析产生事故的原因，如人、机械设备、材料、方法和工艺、环境等。经过认真、客观、全面、细致、准确的分析，确定事故的性质和责任。

（2）在分析事故原因时，应根据调查所确认的事实，从直接原因入手，逐步深入到间接原因。

（3）确定事故的性质。事故的性质通常分为责任事故和非责任事故。

（4）根据事故发生的原因，明确防止发生类似事故的具体措施，并应定人、定时间、定标准，完成措施的全部内容。

5. 工程质量事故的处理程序【一般考点】

工程质量事故发生后，一般可按照下列程序进行处理：

（1）当发现工程出现质量缺陷或事故后，监理工程师或质量管理部门首先应以"质量通知单"的形式通知施工单位，并要求停止有质量缺陷部位和预期有关联部位及下道工序施工，需要时还应要求施工单位采取防护措施。同时，要及时上报主管部门。当施工单位自己发现发生质量事故时，要立即停止有关部位施工，立即报告监理工程师（建设单位）和质量管理部门。

（2）施工单位接到质量通知单后在监理工程师的组织与参与下，尽快进行质量事故的调查，写出质量事故的报告。

（3）在事故调查的基础上进行事故原因分析，正确判断事故原因。事故原因分析是事故处理措施方案的基础，监理工程师应组织设计、施工、建设单位等各方参加事故原因分析。

（4）在事故原因分析的基础上，研究制定事故处理方案。

（5）确定处理方案后，由监理工程师指令施工单位按既定的处理方案实施对质量缺陷的处理。

（6）在质量缺陷处理完毕后，监理工程师应组织有关人员对处理的结果进行严格的检查、鉴定和验收，写出"质量事故处理报告"，提交业主或建设单位，并上报有关主管部门。

6. 混凝土工程施工质量控制要点【重要考点】

（1）混凝土所用的水泥、骨料、水、外加剂的质量，混凝土配合比、原材料计量、搅拌和混凝土养护等符合设计和有关规范、规程规定。在地面配置混凝土时，雨期有防雨措施，冬期施工和冻结井壁砌筑符合有关规范的规定。混凝土强度及其强度检验符合有关规定。

（2）井巷混凝土、钢筋混凝土支护工程的规格偏差、井巷混凝土支护壁厚等应符合有关规定。混凝土支护的表面无明显裂缝，孔洞、漏筋等情况不超过相关规定；壁厚充填符合有关规定。

（3）井巷混凝土支护工程的基础深度、接茬、表面平整度、预埋件中心线偏移值等符合有关规定。

7. 喷射混凝土支护的质量要求【一般考点】

（1）原材料应符合的规定。

（2）混合料的配合比应准确，水泥和速凝剂称量的允许偏差为±2%，砂和碎石称量的允许偏差为±3%。

（3）混合料在运输、存放过程中，应防止雨淋、滴水及石块等杂物混入，装入喷浆机前应过筛。

（4）喷射前应设置控制喷厚的标志。

（5）喷射前应清除墙脚的岩渣，并应凿掉浮石；基础达到设计深度后，应冲洗受喷岩面；遇水宜潮解、泥化的岩层，应用压气吹扫岩面。

（6）分层喷射时，后一层喷射应在前一层混凝土终凝后进行。当间隔时间超过2h时，应先用压气、水吹洗湿润喷层表面。

（7）喷射混凝土的回弹率，边墙不应大于15%，拱部不应大于25%。

（8）喷射的混凝土应在终凝2h后再喷水养护，养护时间不应少于7d，喷水的次数应保持混凝土处于潮湿状态。

8. 巷道采用锚杆支护施工质量的技术要求【重要考点】

（1）锚杆的杆体及配件的材质、品种、规格、强度、结构等必须符合设计要求；水泥卷、树脂卷和砂浆锚固材料的材质、规格、配比、性能等必须符合设计要求。

（2）锚杆安装应牢固，托板紧贴壁面、不松动。

（3）锚杆的抗拔力应符合要求。

（4）锚杆支护工程净断面规格的允许偏差应符合规定。

（5）锚杆安装的间距、排距、锚杆孔的深度、锚杆方向与井巷轮廓线（或岩层层理）角度、锚杆外露长度等符合有关规定。

9. 井巷刚性支架支护工程的质量要求及验收内容【一般考点】

（1）刚性支架支护工程

1）主控项目。

① 各种支架及其构件、配件的材质、规格、背板和充填材料的材质、规格应符合设计要求。

② 巷道断面规格的允许偏差，水平巷道支架的前倾和后仰、倾斜巷道支架的迎山角，撑（拉）杆和垫板的安设数量、位置，背板的安设数量、位置，支架柱窝深度或底梁铺设等应符合设计有关规定。

2）一般项目。

支架梁水平度、扭矩、支架间距、立柱斜度、棚梁接口离合错位的允许偏差及检验方法应符合有关规定。

（2）可缩性支架支护工程

1）主控项目。

① 支架及其附件的材质和加工应符合设计要求；装配附件应齐全，且无锈蚀现象，螺纹部分有防锈油脂；背板和充填材料的材质、规格应符合设计要求和有关规定。

② 巷道断面规格的允许偏差，水平巷道支架的前倾和后仰、倾斜巷道支架的迎山角，撑（拉）杆和垫板的安设数量、位置，背板的安设数量、位置，支架柱窝深度或底梁铺设等应符合设计有关规定。

2）一般项目。

可缩性支架架设的搭接长度、卡缆螺栓扭矩、支架间距、支架梁扭矩、卡缆间距、底梁深度的允许偏差及检验方法应符合有关规定。

10. 立井井筒施工现浇混凝土的质量检查【重要考点】

立井井筒现浇混凝土井壁的施工质量检查主要包括井壁外观及厚度的检查、井壁混凝土强度的检查两个方面。

（1）对于现浇混凝土井壁，其厚度应符合设计规定，局部（连续长度不得大于井筒周长的 1/10、高度不得大于 1.5m）厚度的偏差不得小于设计厚度 50mm；井壁的表面不平整度不得大于 10mm，接槎部位不得大于 30mm；井壁表面质量无明显裂缝，1m² 范围内蜂窝、孔洞等不超过 2 处。

（2）对于井壁混凝土的强度检查，施工中应预留试块，每 20～30m 不得小于 1 组，每组 3 块，并应按井筒标准条件进行养护，试块的混凝土强度应符合国家现行《混凝土强度检验评定标准》GB/T 50107—2010 和设计的相关要求。当井壁的混凝土试块资料不全或判定质量有异议时，可采用非破损检验方法（如回弹仪、超声回弹法、超声波法）、微破损检验方法（如后装拔出法）或局部破损检验方法（如钻取混凝土芯样）进行检查；若强度低于规定时，应对完成的结构，按实际条件验算结构的安全度并采取必要的补强措施。应尽量减少重复检验和破损性检验。立井井筒工程破损性检验不应超过2处。

11. 立井井筒竣工验收质量检查【高频考点】

立井井筒竣工验收质量检查的相关内容如下：

（1）井筒竣工后应检查的内容

1）井筒中心坐标、井口标高、井筒的深度以及与井筒连接的各水平或倾斜的巷道口的标高和方位。

2）井壁的质量和井筒的总漏水量，一昼夜应测漏水量3次，取其平均值。

3）井筒的断面和井壁的垂直程度。

4）隐蔽工程记录、材料和试块的试验报告。

（2）井筒竣工验收时应提供的资料

1）实测井筒的平面布置图，应标明井筒的中心坐标、井口标高，与十字线方向方位，与设计图有偏差时应注明造成的原因。

2）实测井筒的纵、横断面图。

3）井筒的实际水文资料及地质柱状图。

4）测量记录。

5）设计变更文件、隐蔽工程验收记录、工程材料和试块试验报告等。

6）重大质量事故的处理记录。

（3）井筒竣工验收时的质量要求

1）井筒中心坐标、井口标高，必须符合设计要求，允许偏差应符合国家现行有关测量规范、规程的规定；与井筒相连的各水平或倾斜的巷道口的标高和方位，应符合设计规定；井筒的最终深度，应符合设计规定。

2）锚喷支护或混凝土支护的井壁断面允许偏差和垂直程度，应符合有关规定。

3）采用普通法施工的井筒，建成后的总漏水量：井筒深度不大于 600m，总漏水量不得大于 $6m^3/h$；井筒深度大于 600m，总漏水量不得大于 $10m^3/h$。井壁不得有 $0.5m^3/h$ 以上的集中漏水孔；采用特殊法施工的井筒段，除执行上述规定外，其漏水量应符合下列规定：钻井法施工井筒段，漏水量不得大于 $0.5m^3/h$；采用冻结法施工，冻结法施工井筒段深度不大于 400m，漏水量不得大于 $0.5m^3/h$；井筒深度大于 400m，每百米漏水增加量不得大于 $0.5m^3/h$。不得有集中漏水孔和含砂的漏水孔。

4）施工期间，在井壁内埋设的卡子、梁、导水管、注浆管等设施的外露部分应切除；废弃的孔口、梁窝等，应以不低于永久井壁设计强度的材料封堵；施工中所开凿的各种临时硐室，需废弃的，应封堵。

12. 井巷工程质量评定标准（表3-1）【重要考点】

项目	质量验收的评定标准
检验批或分项工程	（1）主控项目的质量经抽样检验均应合格。 （2）一般项目的质量经抽检合格，当采用计数检验时，除有专门要求外，一般项目的合格率应达到 80% 及以上（井巷工程应达 70% 及以上），且不得有严重缺陷或不影响安全使用。 （3）具有完整的施工操作依据和质量验收记录
分部（子分部）工程	（1）分部（子分部）工程所含分项工程的质量均应验收合格。 （2）质量控制资料应完整。 （3）地基与基础、主体结构和设备安装等分部工程有关安全及功能的检验和抽样检测结果应符合有关规定。 （4）观感质量验收应符合要求
单位（子单位）工程	（1）单位（子单位）工程所含分部（子分部）工程的质量均应验收合格。 （2）质量控制资料应完整。 （3）单位（子单位）工程所含分部工程有关安全、节能、环境保护和主要使用功能的检测资料应完整。 （4）主要使用功能的查结果应符合相关专业质量验收规范的规定。 （5）观感质量验收应符合要求

13. 井巷工程质量评定的操作和核定【重点考点】

（1）施工班组应对其操作的每道工序，每一作业循环作为一个检查点，并对其中的测点进行自检；矿山井巷工程的施工班组应对每一作业循环的分项工程质量进行自检。

（2）检验批或分项工程质量评定应在施工班组自检的基础上，由监理工程师（建设单位技术负责人）组织施工单位项目质量（技术）负责人等进行检验评定，由监理工程师（建设单位技术负责人）核定。

（3）分部工程应由总监理工程师（建设单位代表）组织施工单位项目负责人和技术、质量负责人等进行检验评定，建设单位代表核定。分部工程含地基与基础、主体结构的，勘察和设计单位工程项目负责人还应参加相关分部工程检验评定。

（4）单位工程完工后，施工单位应自行组织相关人员进行检验评定，最终向建设单位提交工程竣工报告。建设单位收到竣工报告后，应由建设单位（项目）负责人组织施工（含分包单位）、设计、监理等单位（项目）负责人等进行检验评定。

（5）单位工程观感质量和单位工程质量保证资料核查由建设（或监理）单位组织建设、设计、监理和施工单位进行检验评定。

（6）质量检验应逐级进行。分项工程的验收是在检验批的基础上进行；分部工程的验收是在其所含分项工程验收的基础上进行；单位工程验收在其各分部工程验收的基础上进行，有的单位工程验收是投入使用前的最终验收（竣工验收）。在全部单位工程质量验收合格后，方可进行单项工程竣工验收及质量认证。

14. 井巷工程竣工验收【重要考点】

施工单位竣工预验收是指在要求监理工程师验收前由施工单位自行组织的内部验收。根据需要，预验工作一般可分为基层预验收、项目预验收和公司级（或分部门）预验收三个层次。

（1）基层单位预验收。基层单位（如施工队）对拟报竣工工程，根据施工图要求、合同规定和验收标准进行检查验收。主要包括竣工项目内容、工程质量是否符合有关规定、工程资料是否齐全等。

（2）项目经理预验收。项目经理部根据施工队的报告，由项目经理组织生产、技术、质量、预算等部门进行预验收，预验收内容与基层单位预验收内容基本相同。

（3）公司级预验收。根据项目经理部的申请，竣工工程可视其重要程度和性质，由公司组织预验收，也可分部门分别检查预验收，并进行评价，并决定是否提请正式验收。

施工单位决定正式提请验收后，应向监理单位提交验收申请报告，监理工程师参照施工图要求、合同规定和验收标准等进行审查。

监理工程师审查完验收申请报告后，若认为可以验收，则由监理人员组成有关人员对竣工的工程项目进行初验，在初验中发现的质量问题，应及时以书面通知或以备忘录等形式告知施工单位，并令其按有关的质量要求进行修正或返工。

在施工单位预验、监理工程师初验合格的基础上，由建设单位组织设计、监理、施工等单位，在规定时间内进行正式竣工验收。

历 年 真 题

实务操作和案例分析题一 ［2018年真题］

【背景资料】

某矿山施工单位承建一主井筒工程，该井筒设计深度为340m，其中基岩段高为278m，设计为素混凝土井壁。井筒检查孔资料表明：井筒基岩段在井深262～271m有一断层破碎带，岩层破碎严重，但是涌水量不大，预计6m³/h左右。

根据施工组织设计，基岩段采用掘砌混合作业，普通钻爆法掘进，伞钻钻眼，每循环进尺3.6m；井壁采用商品混凝土浇筑，溜灰管下料；施工单位与混凝土供应商的供货合同中约定了水泥品种、混凝土强度等级等参数要求。考虑到破碎带涌水量不大，掘砌时采取吊桶排水。

井筒施工进入破碎带的一次出矸过程中，施工段高下端1m处的岩帮发生了坍塌，伴有涌水，估计涌水量25m³/h。施工单位发现后，决定加快该段井壁混凝土的浇筑，同时对后续破碎带提出采取1m掘砌段高以及相应施工措施的变更方案，经监理同意后开始实施。

新施工方案实施后，因混凝土砌筑进度慢，混凝土罐车卸料后1个多小时才开始通过溜灰管下料，于是出现了混凝土下料不畅，受凝结成块的混凝土拌合料直接卸入模板内时的撞击影响，模板发生了偏移。为避免这种状况继续发生，井口施工人员对后续的混凝土重新加水搅拌后倒入溜灰管下料。

该段井壁施工完成后，监理人员对包含断层破碎带的30m井壁施工质量进行了中间验收。验收的情况如下：

（1）施工单位只提供了由混凝土供应商提交的混凝土质量控制资料，包括：配合比通知单、抗压强度报告、混凝土质量合格证、混凝土运输单。

（2）挂线测量井筒断面时，发现在与提升容器最小距离的井壁上，两个测点的净半径分别小于设计值 10mm 和 152mm。经在场设计单位人员计算，该偏差不影响项目正常使用，可以验收。

（3）抽查混凝土井壁两个对称检查点，分别有 3 处和 4 处明显的麻面和孔洞。

【问题】

1. 针对井筒存在有断层破碎带的情况，施工单位应采取哪些合理的措施？

2. 施工方案变更后施工单位应采取哪些相应措施？

3. 施工单位在混凝土施工过程中的做法会造成哪些质量问题？应怎样正确处理才能避免出现这些质量问题？

4. 指出该段井壁验收存在的问题，说明解决这些问题的措施，并解释设计人员同意验收井壁断面尺寸的具体依据。

【解题方略】

1. 本题考查的是施工过断裂破碎带时应采取的措施及方法。结合背景材料中的施工工艺，应重点考虑如何加强围岩的稳定性。为安全通过断层破碎带，应采取的有效措施有：（1）做好人员撤离和设备的防护工作；（2）安排好避灾路线；（3）准备好排水设备；（4）加强工作面的支护；（5）进行防水设施（水闸门或水闸墙）的施工等；（6）为扩大控制破碎围岩的范围应增加锚杆长度；（7）在迎头拱部施工一定角度的超前锚杆，或架设金属支架，使用前探梁（或对断层破碎带进行管棚注浆加固后再掘进巷道），实现超前支护或是先探后掘，应在井筒断层破碎带前 10m 进行钻探；（8）减少掘进炮眼深度。

2. 本题考查的是施工方案的变更。首先考虑施工方案的变更会引起什么连锁反应。针对其因变更而造成的影响进一步分析需要采取的措施。结合背景资料，施工方案的变更主要集中在"后续破碎带提出采取 1m 掘砌段高以及相应施工措施的变更方案"，因此分析的主要方向也要贴近此处。既然要掘砌段高 1m 的巷道，只需要准备 1m 的混凝土施工模板。通过破碎带要做好防水、排水措施及预案，以防止淹井事故的发生。"新施工方案实施后，因混凝土砌筑进度慢，混凝土罐车卸料后 1 个多小时才开始通过溜灰管下料"说明施工方与材料供应方出现问题，应及时沟通协调以保证施工进度按时顺利地进行。

3. 本题考查的是混凝土施工工艺。常用混凝土的基本性能和施工中的技术要求包括以下四项内容：

（1）各组成材料经拌和后形成的拌合物应具有一定的和易性，以满足拌合、浇筑等工作要求；

（2）混凝土应在规定龄期达到设计要求的强度；

（3）硬化后的混凝土应具有适应其所处环境的耐久性；

（4）经济合理，在保证质量的前提下，降低造价。

结合背景资料进行分析："混凝土罐车卸料后 1 个多小时才开始通过溜灰管下料，于是出现了混凝土下料不畅，受凝结成块的混凝土拌合料直接卸入模板内时的撞击影响，模板发生了偏移。为避免这种状况继续发生，井口施工人员对后续的混凝土重新加水搅拌后倒入溜灰管下料。"模板发生位移影响井壁规格尺寸。井口施工人员为避免混凝土下料不畅，随意加水搅拌改变了混凝土的配合比，影响混凝土强度，使其强度达不到设计强度要求。混凝土拌合料在下料时受凝结成块致使混凝土成形质量差。

4. 本题考查的是混凝土井壁质量验收。作答此类型题目，首先应考虑质量验收需要哪些资料（文件），其次通过对比就能发现其中存在的问题，最后针对问题列举解决措施。通过分析背景资料，发现由混凝土供应商提供的混凝土材料质量控制资料内容不全、缺少井壁混凝土强度检验验收报告单和井壁的麻面、孔洞数超限。针对上述发现的问题阐述措施即可。此题主要考查考生的实际工作经验能力，将理论知识运用到实际工程中。

【参考答案】

1. 应采取的合理措施有：

（1）先探后掘，应在井筒断层破碎带前 10m 进行钻探。

（2）考虑制定注浆加固、排水等安全措施。

2. 变更后应做好的措施包括：

（1）准备段高 1m 的混凝土施工模板；

（2）布置吊泵或卧泵进行排水，采取包括堵、截、导等防水措施；

（3）根据混凝土施工快慢的变化做好与供应商的协调混凝土供应质量事宜。

3. 施工单位的混凝土施工会造成的问题有：

（1）混凝土成形质量差；

（2）影响混凝土强度；

（3）影响井壁规格尺寸。

正确处理办法有：与混凝土供应商约定坍落度值并经现场出罐检测合格；禁止使用不合格混凝土，要求对混凝土进行二次搅拌、禁止随意加水。

4. 混凝土井壁质量验收中存在的问题有：

（1）由混凝土供应商提供的混凝土材料质量控制资料内容不全；

（2）缺少井壁混凝土强度检验验收报告单；

（3）井壁的麻面、孔洞数超限。

弥补质量检查存在问题的方法：

（1）要求混凝土供应商补充相关质量资料；

（2）采取非破损或局部破损方法重新获取该段井壁混凝土强度；

（3）对麻面、孔洞进行修补。

设计人员同意验收井壁规格尺寸的具体依据是：该井筒提升容器与井壁之间的间隙尺寸能够满足基本使用功能和安全运行要求。

实务操作和案例分析题二 ［2017 年真题］

【背景资料】

某施工单位承担了一煤矿的锚喷支护巷道施工任务。该巷道设计锚杆间排距 1m，每断面布置锚杆 9 根，采用树脂药卷锚固，每根锚杆用 1 支药卷。设计锚杆抗拔力为 100kN，喷射混凝土厚度 100mm。施工中，建设单位进行了中间验收，检查 200m 巷道，有关锚杆部分的检查记录如下：

1. 树脂药卷检查

树脂药卷产品出厂合格证、出厂检验报告、进场复验报告齐全，其中复验药卷抽查了 2 组，结论合格。

2. 锚杆检查

（1）锚杆产品出厂合格证、出厂检验报告、进场复验报告齐全，其中复验锚杆抽查了1组，结论合格。

（2）锚杆间排距和抗拔力检查：班组相关检查记录齐全；中间验收对锚杆间排距共抽查了3个检查点（断面），其中第2个检查点（断面）9根锚杆间排距检测结果分别为920mm、960mm、1010mm、880mm、890mm、1020mm、1090mm、1010mm。锚杆抗拔力按规定进行了抽查。

（3）锚杆孔深、锚杆方向、锚杆外露长度的检查方式和数据均符合要求。

【问题】

1. 树脂药卷和锚杆进场复验是否符合规定？说明理由。

2. 中间验收时，锚杆间排距的选点抽查是否符合规范要求？说明理由。锚杆抗拔力项目应如何分组抽查？

3. 第2个检查点的锚杆间排距检查结论能否判定为合格？说明理由。

4. 锚杆检查记录中还遗漏了哪项内容？说明该项检查的合格标准。

5. 对于锚喷支护巷道，质量检验的主控项目有哪些？

【解题方略】

1. 本题考查的是进场复验的要求。根据《煤矿井巷工程质量验收规范》GB 50213—2010的规定，要求是每3000支药卷抽查一组，1500根锚杆抽查一组锚杆。

2. 本题考查的是中间验收时间排距选点抽查的要求。锚杆间排距主要应从三个方面考虑：一是验收性质属于中间验收；二是验收的检查点的确定，三是测点的规定。

按照验收规程，锚杆间排距的中间验收（和竣工验收）按规程附录B规定是每25m设一个检查点，故检查200m，应设8个检查点。背景资料中的检查点只有三个，故数量不足。锚杆验收的规定是需要检查的组数、每组的检查根数、每根应达到值的大小。

3. 本题考查的是间排距检查的要求。锚杆间排距检查要求：允许偏差的大小，偏差的合格率要求（即其属性，主控项目或者一般项目）。

按照验收规程要求，锚杆的间排距允许偏差值为±100mm；该项目属于一般项目，合格的要求为70％。项目的设计锚杆间排距值为1m。检查了9根锚杆的8个数据，其中不满足±100mm偏差限制要求的有2项（第4、5个检查数据），合格比例为85％，满足验收要求。

4. 本题考查的是锚杆检查的记录要求。锚杆施工质量验收共有8项（锚杆支护的巷道断面项目应属于巷道施工质量），其中主控项目4项，即锚杆材料和固结材料的验收合计2项，锚盘安装1项，拉拔力1项，其余有一般项目4项，背景内容中已经列出三项，另包括锚杆间排距一项。主控项目三项已经交代，因此，遗漏的项目就是主控项目的托盘安装质量内容了。

锚杆托盘的扭力扳手的要求具有相同性质，只是锚杆在锚杆孔里，锚杆的安装状态相对简单也看不见；而托盘裸露在外面，所以还有安装状态的要求。扭力扳手的扭矩，规定是10N·m。注意扭矩的单位是力（N）与距离（m）之积，安装质量要求主要就是要求托盘应安装牢靠、紧贴岩壁、不松动。

5. 本题考查的是锚喷支护巷道质量检验的主控项目。锚喷支护质量的主控项目是该项施工质量的重要内容，是建造师必须熟悉的内容。锚杆支护质量的主控项目共计 4 项，其中 2 项是锚杆支护相关材料的检查，2 项涉及锚杆锚固强度和可靠性；锚喷混凝土支护主控项目与锚杆支护雷同的有 4 类合计 6 项。但需要注意的是：（1）喷射混凝土施工质量的主控项目有巷道断面质量内容，这与锚杆支护项目质量的主控项目不同，这是因为通常锚杆支护时的巷道断面质量由巷道掘进或者由后面的喷射混凝土施工质量因素所决定，所以锚杆支护时的巷道断面质量不属于主控项目。（2）验收规范中的喷射混凝土主控项目还有防水要求的内容，但是，喷射混凝土质量规范的主控项目所含的防水要求属于硐室工程，因此这里可以不考虑。

【参考答案】

1. 药卷进场复验符合规定。

理由：药卷按每 3000 支抽样不少于 1 组，需要药卷数量 1800 支、实际抽检 2 组，满足要求。

锚杆进场复验不符合规定。

理由：按要求锚杆应每 1500 根抽样不少于 1 组，实际需要锚杆数量 1800 根，应抽检 2 组。

2. 不符合规范要求。

理由：巷道锚杆间排距中间验收时，要求检查点间距不大于 25m，该检查巷道长度 200m，检查点应不少于 8 个。

锚杆拉拔力检查验收应每 20～30m（不超过 300 根）检查一组数据，故 200m 巷道应检查 7～10 组，每组不少于 3 根。

3. 锚杆间排距可判定为合格。

间排距检查属于一般项目，允许偏差 100mm，第 2 检查点的测点合格率是 6÷8×100%＝75%＞70%，符合规范要求。

4. 锚杆检查遗漏了托盘安装质量的检查。

合格标准要求托盘应紧贴岩壁，用扭力扳手测定扭矩，不得小于 100N·m，抽样检查的合格率应达到 75%（属主控项目）。

5. 锚喷支护巷道质量验收主控项目为巷道规格、原材料质量、锚杆抗拔力、托盘安装质量（托盘紧贴岩壁、托盘扭矩）、喷射混凝土强度、喷层厚度、喷射混凝土配合比。

实务操作和案例分析题三 ［2016 年真题］

【背景资料】

某施工单位承包一运输大巷，巷道长 2000m，围岩中等稳定，普氏系数 $f＝4～6$；半圆拱形断面，采用锚喷支护，其中锚杆长度 2.0m，每断面布置锚杆 11 根。施工技术措施要求巷道施工采用光面爆破。

巷道施工 2 个月后，监理工程师查看了一次施工工序验收记录，认为存在以下问题：

（1）巷道设计掘进断面宽 3.8m，而实测的巷道掘进两帮对应测点间的全宽为 3.75～4.1m，不符合裸体巷道掘进规格尺寸的允许偏差要求。

（2）有 3 根锚杆的外露长度超过 50mm，锚杆托盘没有紧贴岩面，两项工作均不满足施工单位验收合格的检查要求。该 3 根锚杆的拧紧扭矩分别被记录为 100kN、110kN、120kN，存在问题。

监理工程师要求施工单位进行整改，施工单位按照验收规范的要求逐项纠正了错误的做法。

施工单位在后续施工过程中正常完成了各项工作。该巷道竣工验收后，移交前发现先期施工的巷道出现有较大的变形，顶板下沉和底板隆起。监理工程师以原来的施工存在质量问题为由要求施工单位无偿进行修复，施工单位要求对该工程修复工作进行费用补偿，双方产生纠纷。

【问题】

1. 监理工程师关于巷道规格检查的结论存在什么问题？施工单位的做法有哪些错误？分别说明理由，并给出正确的做法。

2. 具体分析监理工程师对锚杆和托盘安装工作的质量检验结论是否正确？说明理由。为避免锚杆外露长度超标，锚杆施工中应注意哪些问题？

3. 锚杆的拧紧扭矩记录存在什么问题？说明正确的做法。

4. 竣工后巷道变形修复工作的费用从何处列支？说明理由。

【解题方略】

1. 本题考查的是施工工序质量检查的内容。施工工序质量检查是每个施工工序都要进行的内容，在一个循环的施工过程中，当巷道掘进完成后，应当进行掘进工序的质量检查。通常基岩巷道的掘进完成后，应按照基岩巷道掘进工程的内容进行质量检查与验收。裸体井巷工程与基岩掘进是两种的工程内容，如果它与锚喷支护巷道在一起，它应作为另一项分部工程看待。

巷道规格检查验收通常分为两种情况，对于井筒或重要巷道，应按半径距离检查。因为这些重要巷道不能忽略的一项内容是有运输设备安全运行的要求，因此检查要求与一般巷道有区别。

2. 本题考查的是锚杆工序检查的要求。根据背景资料得知，涉及的锚杆施工质量问题仅是锚杆外露和锚杆托盘紧贴岩面的内容。背景资料中还提供了 3 根锚杆存在问题，因此要评定监理人员的决定是否正确就要按锚杆这两项验收的合格率要求来考虑。要注意的是，托盘紧贴岩面是主控项目的性质，而锚杆外露问题是一般项目的性质，它们的要求是不同的。清楚这点就可以知道本题隐含的考点了。

按照工序检查的要求，对锚杆紧贴岩面（扭矩）、锚杆外露等的施工质量检查应该逐孔进行；同时，验收规程规定了质量检查以井巷断面为检查点。因此，通过背景资料可知锚杆扭矩、锚杆外露的每份检查应有 11 根锚杆的质量检查记录。于是，按质量要求，对于主控项目内容（紧贴岩面）至少应有第 9 根质量合格（超过 75％）、对于一般项目则至少应有 8 根质量合格（超过 70％），项目检查结果才能评定为合格。

可见，监理工程师对于锚杆紧贴岩面质量问题的结论是正确的（因为此属于主控项目），对锚杆外露项的结论是不正确的（因为此属于一般项目）。

锚杆孔深的质量保证，实际上是锚杆托盘紧贴岩面、锚杆外露不超限的质量保证的前提条件。因此，能够做到锚杆孔深度逐根检查，就是控制锚杆外露长度的关键。除此之外，当然还要有锚杆安装及安装后的条件，即还应做到认真清除锚杆孔内残渣，并避免岩帮片落。

3.本题考查的是扭矩单位的表达。一个基本知识是扭矩的单位；熟悉扭矩概念或者熟悉该项质检工作内容的，应该容易发现问题。

本题不仅给出了数据、扭矩单位（尽管是错误的）以及相关背景内容，尤其是题目中特别说明了"该3根锚杆"的拧紧扭矩，因此要通过对应背景分析数据来发现问题。

扭矩单位的表达应该是力和力臂的乘积，即：N·m（或 kN·m）。从背景可知，这3根锚杆托盘没有紧贴岩面。因此，正常情况下这3根锚杆不存在扭矩值（无论扭矩值大小），而检查数据却是有扭矩值，这说明了所填写的检查数据与实际情况不符。于是，正确的做法就关系到数据的真实性，所以答案表示为数据应准确可靠。

4.本题考查的是矿业工程建设其他费用中的维修费。首先要求解决谁应该承担该项责任问题。然后考虑费用支出的列支项。另外，修复费用的列支项一般都属于建设方的内容，施工单位通常没有列支项目的问题，因此可以考虑项目建设中的费用类别的内容。

从背景考虑，项目中"施工单位按照验收规范的要求逐项纠正了错误的做法"，且"施工单位在后续施工过程中正常完成了各项工作"，并且该巷道已经竣工验收。因此施工单位前期的质量问题已经完全解决，而且在验收过程中监理没能提出施工中新存在的质量问题，或者有重新检查的要求以及有重复检查的不合格证据，仅"以原来的施工存在质量问题为由"对施工方提出责任要求，据此可以说明，施工方在项目中不存在质量问题，该费用应由建设方提供。

按照矿业工程项目建设成本的内容，工程建设费用的其他费用中专门列有关于矿业工程特有的、即所谓的维修费一项，它是考虑到井下锚喷支护工程在完工后、施工单位使用和代管期间需要维修的这种特殊性，而专门设置的维修费。可见，该巷道维修就属于此项维修费支出的项目。

【参考答案】

1.监理工程师认为巷道规格尺寸不符合裸体巷道规格尺寸要求的说法是错误的。

错误的原因：他采用的检查验收标准有误，该巷道工序验收内容不属于裸体巷道掘进的验收。

正确的做法：应按基岩掘进巷道规格要求核对巷道施工质量。

施工单位对掘进巷道尺寸的验收做法错误，该运输大巷属于主要巷道工程，其验收应按中线到巷道任意一帮距离的要求进行，因此该项验收应重新进行。

2.监理工程师认为3根锚杆托盘未紧贴岩面，属于安装质量不合格的评判是正确的。理由：该项工作为主控项目，合格率小于75%。

监理单位对锚杆外露的验收结论是不正确的。

理由：锚杆外露质量检查为一般项目，合格率已经超过70%。

为避免锚杆外露长度超标，锚杆施工中应注意：保证钻孔深度要求并逐孔检查，认真清除锚杆孔内残渣，并避免岩帮片落。

3.锚杆拧紧扭矩记录存在的问题有：（1）记录单位错误；（2）数据与托盘没有紧贴岩面的情况不符。

正确的做法是：

（1）记录单位为 N·m（或 kN·m）；

（2）记录数据应准确可靠。

4.该项工程费用应由矿业工程建设其他费用中的维修费支出。

理由：（1）该项工程已经竣工验收，监理工程师的举证不合理；

（2）该项工作属锚喷支护巷道移交前由施工单位使用和代管期间的维修工作。

实务操作和案例分析题四〔2015年真题〕

【背景资料】

某施工单位承包一矿井副井井筒工程，井筒深620m，净直径6.0m；基岩段为素混凝土结构，壁厚400mm。钻孔地质资料表明，在井深500m处有一厚6m的砂岩含水层，裂隙不发育，预计涌水量16m³/h。井筒施工前，施工单位提出需对含水层采取预注浆处理，建设单位不予同意；于是，施工单位按照建设单位的要求，采取了吊桶排水、强行顶水通过含水层的施工方法；为预防水患，还在井筒中安装了排水管。

在施工含水层时，井筒涌水量逐渐增加到25m³/h，施工单位在混凝土浇筑施工时采取了相应的应急措施，并补充了相应的截、导水工作，最终井筒施工拖延了半个月。该段井筒验收时，发现混凝土井壁蜂窝麻面严重，强度也未达到设计要求。依据监理日志关于该段井筒掘进时岩帮破裂严重、涌水量变大的描述，以及该段井壁混凝土施工期间涌水较大的记录（不存在其他相关施工质量问题的信息），建设单位认定混凝土井壁质量问题是由于施工单位爆破施工引起岩帮破裂造成的，对其提出索赔，并决定由其承担该井筒的套壁处理工作。施工单位对建设单位的索赔提出了申诉。

【问题】

1.为预防井筒涌水造成的混凝土施工质量问题，可采取哪些措施？请分别指出施工单位所提出和采取的防水措施合理与不合理之处。

2.指出建设单位对井壁质量问题处理决定的不合理之处，并说明正确做法。

3.如果采用注浆堵水，应采取哪种注浆方法？说明理由。

4.施工单位对井壁质量问题应承担哪些责任？施工单位对建设单位的索赔可提出哪些申诉意见？

【解题方略】

1.本题考查的是井筒涌水的危害。本题第一问是关于预防井筒涌水对混凝土施工质量影响的措施，对考生而言此题难度不大，考核的都是一般性内容，不具有针对性，通过分析材料中的措施再结合实际工作经验，就可以判断这些措施是否具有合理性。

预防涌水影响施工质量的"堵、排、截、导"措施，应该成为建造师熟悉的内容。从这些措施的内容分析，注浆堵水属于"堵"，水泵排水（包括排水管路、吊桶排水等措施）属于"排"；背景又交代了施工单位又做了"截、导"的排水措施以及其他内容，所以各项预防措施都已经交代，只需根据题目要求给予罗列，并分析其合理性即可完成答题的要求。需要注意的是，题目已经提示无论"提出"或"采取"的均应考虑，提出注浆堵水措施是施工单位正确的做法，应予以考虑；而未能实行是建设单位的责任。题目交代的"采取了相应的应急措施，并补充了相应的截、导水工作"内容，是限制答题内容的范围，所以不必对这方面再详细扩展。

2.本题考查的是施工质量不符合要求时非正常验收的内容。根据问题的设问可以发现，解决此项问题需要从建设单位"认定施工单位的质量责任以及决定进行套壁处理"的两个方面进行解答，和施工前不同意采用注浆的行为无关。然而验收工作一般需要设计、监理甚至第三方权威单位对施工质量进行检测、鉴定，决定其影响程度，然后提出一定的技术方案，对结构采取加固或其他措施，保证安全使用的基本要求，以避免更大损失。这是处理质量问题的基本过程和办法。根据上述的说法分析本题，应考虑两方面：一是形成决定的过程不合理，一是"决定"本身的内容不合理。过程的不合理主要表现在提出决定之前没有依靠设计、监理部门的作用，汇集必要资料并以此评价影响程度、提出加固等合理技术方案，形成合理的结论。

3. 本题考查的是工作面预注浆的内容。井筒堵水注浆的方法有预注浆和后注浆，根据题意发现本题主要还是考井筒堵水预注浆的内容。从背景资料中可以发现，该地的含水层赋存状态，因为只是单一的含水层，且含水层厚度不大，所以应当选用工作面预注浆的方法进行堵水。

4. 本题考查的是工程索赔和申述的相关内容。对于此类题型，首先要分析造成质量事故的主要责任在谁。针对本题出现的质量问题，应该客观的分析造成质量事故的原因，其次再作出正确的处理方法。通过对背景资料的分析，施工单位在井壁混凝土施工中应承担的责任，因为施工单位施工的混凝土井壁存在质量问题，也因为施工单位在防治水患上存在纰漏。

申诉和索赔的理由与做法都很相似，但无论申述还是索赔都必须理由充分、证据充足。需要注意的，申诉要有针对性，针对建设单位的意见提出反诉性意见；然后论证自己行为的合理性。

申诉可以从三方面考虑：第一是井筒混凝土施工质量问题的一个重要失误是建设单位造成，它否定了施工单位提出的合理要求，即注浆堵水措施；后面两条是完全针对索赔的辩驳，其一是建设单位认定施工单位造成质量问题的理由不合理（关于爆破施工影响），其二是认定的根据不充分（监理记录内容以及记录中无施工质量的意见）。

【参考答案】

1. 为预防井筒涌水危害施工质量，可以采取的基本措施是：堵、排、截、导。

施工单位采取的措施有：提出注浆堵水的处理措施、采用了吊桶排水的方法、井筒中安装了排水管的预防水患措施、涌水增大后采取了相应的应急措施，补充了截、导措施。其中，合理的内容有：（1）对业主提出了注浆堵水措施的要求；（2）采取了应急防水措施，以及为避免影响施工质量的截、导防水措施；（3）安装了排水管以预防水患。

施工单位采用的吊桶排水方法是不合理的，因为从预计的井筒涌水量大小及预防涌水风险看，该方法不能满足排水量和风险处理的要求。

2. 建设单位对井壁质量问题处理的不合理之处有：

建设单位仅根据监理日志和施工中井筒涌水量变大的记录，就自行认定此质量问题是由施工单位爆破施工造成围岩破裂严重，并进而导致了混凝土施工质量问题。这一认定不仅看法不合理，且也不符合应有的决策程序；同样，建设单位自行提出井筒质量问题处理方法的做法也是不符合合理的处理程序。

建设单位提出的井筒套壁处理措施既是不经济的，又会严重影响井筒使用功能，且存在有更合理的处理方法。因此这一处理方法是不合理的。

正确的做法是应先组织设计、监理、施工等单位对混凝土质量问题的原因进行分析，获得合理的结论，并由设计单位对其影响进行评价，然后决定采用局部井壁加固和相关渗漏水的处理方法，达到既经济，又满足安全和原有功能的要求。

3. 可采取工作面预注浆的方法。因为只有单一含水层，且含水层厚度不大。

4. 施工单位应承担因采取吊桶排水造成排水能力低下，影响水患防治工作的进行并造成了相关的施工质量问题，还影响了整个工程，包括混凝土施工的进程。故施工单位也应承担因排水措施不当影响井壁混凝土质量的责任。

对建设单位的索赔，施工单位可以提出以下申诉意见：（1）建设单位不同意施工单位注浆方案的做法违反施工规程要求，是造成施工质量问题的重要原因；（2）掘进爆破施工对岩壁破坏是通常现象，以此作为索赔理由的做法不合理；（3）监理日志中没有对施工单位的混凝土井壁施工提出有存在质量问题的任何意见。

实务操作和案例分析题五［2014年真题］

【背景资料】

某施工单位承建一巷道工程，巷道长度700m，设计采用锚网喷支护；地质资料显示，在巷道长200m处将揭露一断层。为保证锚杆的抗拔力，技术措施要求采取2根树脂药卷（快速和中速药卷各一）锚固锚杆；为保证巷道施工安全可靠地穿越断层，技术人员经设计单位同意后将该断层地段的支护形式变更为锚网喷与钢支架的联合支护，钢支架间距为0.8m。

巷道施工到断层区段时，质检人员在对巷道支护质量检查时发现：岩帮不平整，锚杆孔口处围岩多有片落；虽然锚杆托板尚能紧贴岩面，但是仍有不少的锚杆外露过长，达200～250mm；钢支架安设间距1.0m，且背板很少，支架间仅有少数安设了木棍撑杆；试验的锚杆抗拔力达不到规程要求；质检人员还发现施工人员在锚杆眼内放置树脂药卷的程序不正确，要求立即改正。几天后，监理工程师检查发现这些质量问题仍然存在，于是又正式下达了整改通知单，要求施工队长立即安排补打锚杆，改正不符合质量要求的问题。

时隔2d后，顶板发生冒落事故，造成正在该段补打锚杆的3名施工人员重伤。施工队为处理施工质量和冒顶事故耽误施工工期4d，为此，施工单位以"监理工程师通知单"的要求为理由，提出顺延工期4d。

【问题】

1. 分析造成该巷道锚杆外露过长的原因，说明树脂药卷安设不正确对锚杆施工质量的影响，并指出正确的树脂药卷安装程序。

2. 指出该施工单位在施工过程中存在的质量问题。

3. 分析施工队质量管理工作存在的问题。

4. 施工单位提出顺延工期的要求是否合理？说明理由，并指出该安全事故的等级。

【解题方略】

1. 本题考查的是影响锚喷支护施工质量的因素。其实影响锚喷支护施工质量的因素很多，例如锚杆孔深度、施工中孔内岩渣清理不干净、孔口发生片帮使锚杆孔深度不足、锚杆安装存在问题、锚固药包安装不正确都是可能引起锚杆外露长度过长的因素，可以根据具体情况分析。巷道施工采用锚喷支护，锚喷支护可结合其他相关的支护进行巷道联合支护，能确保支护的效果，特别是在通过断层破碎带地段，但支护作业要严格按照相关的作业规程进行。锚杆施工有其严格的操作程序，这与锚杆类型、锚固剂的种类有关，应当根据相关的操作规程进行施工。

2. 本题考查的是锚喷支护的施工技术要求。作答此类型题目，首先要明确其相关规定的质量要求，通过规定对其要求依次进行判断是否存在问题。针对存在的问题，依次作出正确的回答。

对于巷道采用锚杆支护，施工质量技术要求如下：（1）锚杆的杆体及配件的材质、品种、规格、强度、结构等必须符合设计要求；水泥卷、树脂卷和砂浆锚固材料的材质、规格、配比、性能等必须符合设计要求。（2）锚杆安装的间距、排距、锚杆孔的深度、锚杆方向与井巷轮廓线（或岩层层理）角度、锚杆外露长度等符合有关规定。（3）托板安装和锚杆的抗拔力应符合要求。

根据背景资料得知，巷道施工架设了刚性支架进行支护，刚性支架支护工程的施工质量技术要求如下：（1）各种支架及其构件、配件的材质、规格、背板和充填材料的材质、规格应符合设计要求。（2）巷道断面规格的允许偏差，水平巷道支架的前倾和后仰、倾斜巷道支架的迎山角，撑（拉）杆和垫板的安设数量、位置，背板的安设数量、位置，支架柱窝深度或底梁铺设等应符合设计有关规定。（3）支架梁水平度、扭矩、支架间距、立柱斜度、棚梁接口离合错位的允许偏差及检验方法应符合有关规定。

3. 本题考查的是施工质量控制的内容。问题要求考生分析施工队质量管理工作存在的问题，实质上就是考核施工质量管理的内容。施工质量管理包括质量控制、质量检查、成品保护、事故处理等相关内容。通过对背景材料的分析，主要还是考查施工质量管理中质量控制的基本内容。对于案例中出现的质量问题，要明确责任制，及时发现问题，及时进行整改。

施工工序质量控制包括施工操作质量和施工技术管理质量。要做好质量控制的管理工作，需要做好：

（1）确定工程质量控制的流程；

（2）主动控制工序活动条件，主要指影响工序质量的因素；

（3）及时检查工序质量，提出对后续工作的要求和措施；

（4）设置工序质量的控制点。

4. 本题考查的是施工索赔和安全等级的划分。作答关于施工索赔相关的题型时，首先要明确的是责任在谁。如果造成损失的责任在于建设单位，那么施工单位所要求的赔偿是应与支持的，反之亦然。

回归背景资料进行分析，造成工期延误的原因是巷道施工支护质量不合格，在整改的施工过程中，造成冒顶事故的发生。其责任跟建设单位无关，应当由施工单位进行承担，因此施工单位要求的索赔不合理。

作答关于安全事故划分的题型，应当从以下三方面考虑：（1）死亡人数；（2）重伤包括急性工业中毒人数；（3）造成的直接经济损失。通过这三个方面考虑再判断安全事故等级。

根据《生产安全事故报告和调查处理条例》中关于安全事故等级划分的规定，规定内容如下：(1) 特别重大事故是指造成 30 人以上死亡，或者 100 人以上重伤（包括急性工业中毒，下同），或者 1 亿元以上直接经济损失的事故；(2) 重大事故是指造成 10 人以上 30 人以下死亡，或者 50 人以上 100 人以下重伤，或者 5000 万元以上 1 亿元以下直接经济损失的事故；(3) 较大事故是指造成 3 人以上 10 人以下死亡，或者 10 人以上 50 人以下重伤，或者 1000 万元以上 5000 万元以下直接经济损失的事故；(4) 一般事故是指造成 3 人以下死亡，或者 10 人以下重伤，或者 1000 万元以下直接经济损失的事故。

而背景资料中发生的安全事故为顶板发生冒落事故，造成在班的 3 名施工人员重伤。因此安全事故的划分应依照人数进行划分。安全事故等级为一般事故。

【参考答案】

1. 造成锚杆外露过长的原因可能有：

锚杆孔深度未进行检测，孔深不够，锚杆孔内可能留有浮矸，又未对锚杆孔扫孔，造成锚杆不能安装到底，锚杆孔口岩帮片落，造成孔深不够，锚杆树脂药卷安设不正确。

树脂药卷安设不正确会导致锚杆抗拔力不够、锚杆外露过长。正确的安设程序是先放置快速药卷、然后安放中速药卷。

2. 施工单位在施工过程中存在的质量问题如下：

(1) 锚杆外露长度过长（200～250mm），不符合验收要求；

(2) 锚杆抗拔力低，不符合规程要求；

(3) 支架间距不符合设计要求；

(4) 支架间连接不牢靠，支架间应有拉（撑）杆连接，支架未背实。

3. 施工队在施工管理方面的问题有：施工质量控制不到位，技术措施未交代清楚或者未落实，没有及时按质检人员的要求整改施工质量问题。

4. 施工单位顺延工期的要求不合理，因为工期拖延是由施工质量引起，属于施工单位的责任。

本次安全事故属于一般事故。

实务操作和案例分析题六 [2013 年真题]

【背景资料】

某施工单位承担一立井井筒工程，该井筒净直径 7.0m，井深 580m。采用现浇混凝土支护，施工单位与建设单位指定的商品混凝土供货商签订了供货合同。由于施工场地偏僻，施工单位采购了压力试验机，建立了现场试验室，自行检验混凝土强度。在施工过程中，施工单位每 50m 井筒预留一组试块，在现场试验室经过标准养护 28d 后，自行进行强度试验。

当井筒施工到井深 500m 时，发现上部井壁淋水加大，项目经理要求加快混凝土浇筑进度，待浇筑完该模混凝土后再处理上部井壁淋水，结果该模混凝土脱模后出现质量问题。检查发现，井壁严重淋水发生在井深 450m 附近。经调查，进行该段井壁混凝土浇筑时，供货商没有及时将混凝土送到，导致混凝土浇筑曾中断 2 次，前后耽误 2h。经建设单位同意，施工单位对该段井壁进行了修复处理，投入费用 20 万元。

井筒施工竣工验收时，建设单位要求对井壁混凝土进行破壁检查，每 100m 检查一处，共 6 处，全部合格。

【问题】

1. 施工单位在混凝土强度检测方面的做法有何不妥？说明正确的做法。

2. 井筒工作面现浇混凝土时，处理上部淋水可采取哪些技术措施？

3. 施工单位对井深 450m 处附近的井壁进行修复所投入的 20 万元应由谁来承担？

4. 井筒竣工验收应检查的内容有哪些？

5. 建设单位要求破壁检查混凝土质量的做法是否正确？为什么？

【解题方略】

1. 本题考查的是井巷工程施工质量的验收。根据《煤矿井巷工程质量验收规范》GB 50213—2010 中的有关井巷支护工程混凝土强度的检验规定：

（1）井巷工程施工中，试块、试件以及有关材料，应按规定进行见证取样、检测，承担见证取样检测及有关井巷工程安全检测的单位应具有相应资质。

（2）混凝土标准试件应按规定制作，标准试件应在井巷支护工程施工中预留，即在混凝土浇筑地点随机取样，用钢模制作成边长 150mm 的立方体试件。每组 3 个试件应在同一盘混凝土中取样制作。制作的试件应在类似条件下经 28d 养护后，方可进行压力试验。

（3）井巷支护施工中预留混凝土试块的数量应符合有关规定，对于立井井筒施工，根据工程量确定预留混凝土试件的数量，每浇筑 20～30m 或 20m 以下的独立工程，不少于 1 组，混凝土试件每组 3 块，混凝土所用的骨料、水泥品种、配合比及工艺变化时，应另行取样。

（4）混凝土强度的检验应以每组标准试件强度代表值来确定。每组标准试件或芯样抗压强度代表值应为 3 个试件或 5 个芯样试压强度的算术平均值（四舍五入取整数）。一组试件或芯样最大或最小的强度值与中间值相比超过中间值的 15% 时，可取中间值为该组试件强度代表值。一组试块或芯样中最大和最小强度值与中间值之差均不超过中间值的 15% 时，或因试件外形、试验方法不符合规定的试件，其试件强度不应作为评定的依据。

根据背景资料发现，施工单位在井筒施工中，没有经具有检测资质的相关部门检测，自行完成对混凝土井壁的强度检测，不符合相关规范的规定。背景资料中提到"在施工过程中，施工单位每 50m 井筒预留一组试块，在现场试验室经过标准养护 28d 后，自行进行强度试验。"不符合规范要求的 20～30m 预留一组的要求。且预留的混凝土试块"采用标准养护 28d"，与规范规定的"类似条件下经 28d 养护"不符。

2. 本题考查的是立井井筒井壁淋水的处理方法。混凝土浇筑时有水进入对井壁淋水采取用截水槽的办法、对岩帮渗水采取疏导的办法，严格控制淋水涌水进入混凝土中。立井井筒施工中，根据涌水量的大小不同，工作面积水可采用吊桶排水和吊泵或卧泵排水。

（1）吊桶排水是用风动潜水泵将水排入吊桶或排入装满矸石吊桶的空隙内，用提升设备提到地面排出。吊桶排水能力，与吊桶容积和每小时提升次数有关。井筒工作面涌水量不超过 8m³/h 时，采用吊桶排水较为合适。

（2）吊泵排水是利用悬吊在井筒内的吊泵将工作面积水直接排到地面或排到中间泵房内。利用吊泵排水，井筒工作面涌水量以不超过 40m³/h 为宜。否则，井筒内就需要设多台吊泵同时工作，占据井筒较大的空间，对井筒施工十分不利。

（3）吊泵排水时，还可以与风动潜水泵进行配套排水，也就是用潜水泵将水从工作面排到吊盘上水箱内，然后用吊泵再将水箱内的水排到地面。

（4）当井筒深度超过水泵扬程时，就需要设中间泵房进行多段排水。用吊泵将工作面积水排到中间泵房，再用中间泵房的卧泵排到地面。

（5）卧泵排水是在吊盘上设置水箱和卧泵，工作面涌水用风动潜水泵排入吊盘水箱，经过除沙装置后，由卧泵排到地面。卧泵排水的优点是不占用井筒空间，卧泵故障率低，易于维护，可靠性好，流量大扬程大，适应性更广。

（6）为了减少工作面的积水、改善施工条件和保证井壁质量，应将工作面上方的井帮淋水截住导入中间泵房或水箱内。截住井帮淋水的方法可在含水层下面设置截水槽，将淋水截住导入水箱内再由卧泵排到地面。若井筒开挖前，已有巷道预先通往井筒底部，而且井底水平已构成排水系统，这时可采用钻孔泄水，可为井筒的顺利施工创造条件。

因此，井筒工作面现浇混凝土时，处理上部淋水可采取截水、导水的措施。

3. 本题考查的是工程施工索赔的处理。针对施工索赔的问题，首先要判断责任是由谁进行承担。根据建设工程索赔管理的规定，对于施工引起的索赔，一般包括下列两个方面的内容：

（1）工期索赔。矿业工程施工中，常常会发生一些未能预见的干扰事件使施工不能顺利进行，或使预定的施工计划受到干扰，最终造成工期延长，这样，对合同双方都会造成损失。由此可以提出工期索赔。施工单位提出工期索赔的目的通常有两个：1）免去或推卸自己对已产生的工期延长的合同责任，使自己不支付或尽可能不支付工期延长的罚款；2）进行因工期延长而造成的费用损失的索赔。对已经产生的工期延长，建设单位一般采用两种解决办法：一是不采取加速措施，工程仍按原方案和计划实施，但将合同期顺延；二是指施工单位采取加速措施，以全部或部分弥补已经损失的工期。

（2）费用索赔。矿业工程施工中，费用索赔的目的是承包方为了弥补自己在承包工程中所发生的损失，或者是为了弥补已经为工程项目所支出的额外费用，还有可能是承包方为取得已付出的劳动的报酬。费用索赔必须是已经发生且已垫付的工程各种款项，对于承包方利润索赔必须根据相关的规定进行。矿业工程施工费用索赔的具体内容涉及费用的类别和具体的计算两个方面。由于各种因素造成工程费用的增加，如果不是承包方的责任，原则上承包方都可以提出索赔。

其实在实际施工工程中，引起施工索赔的原因有很多方面，例如业主违约、证件不足、手续不全、施工准备不足、业主不当行为、设计变更、施工方案或技术措施改变、隐蔽工程检查以及不可抗力等。

回归背景资料不难发现，施工单位需要的索赔主要是费用索赔，施工单位对井深450m处附近的井壁进行了修复，多投入20万元，这部分费用应当由负责该段井壁质量的单位承担。井壁质量应当由施工单位承担，但是背景中指出，混凝土是由施工单位与建设单位指定的商品混凝土供货商供应的，在浇筑该段井壁混凝土浇筑时，供货商没有及时将混凝土送到，导致混凝土浇筑曾中断2次，前后耽误2d，这一情况肯定会影响混凝土井壁的质量，作为施工单位，没有针对这一情况制定相关的处理办法，而是明知商品混凝土会出现问题，仍然进行浇灌。所以，造成最终该段混凝土井壁质量出现问题既有商品混凝土供应商的责任，也有井筒施工单位的责任，因此修复井壁的20万元应由混凝土供应商和施工单位共同承担。

4. 本题考查的是立井井筒竣工验收质量检查的主要内容。立井井筒工程竣工验收的内容，一般包括工程质量、验收质量和主要的质量要求等，本问题主要是检查的相关内容。立井井筒竣工验收质量检查的主要内容如下：

（1）井筒竣工后应检查的内容

1）井筒中心坐标、井口标高、井筒的深度以及与井筒连接的各水平或倾斜的巷道口的标高和方位。

2）井壁的质量和井筒的总漏水量，一昼夜应测漏水量3次，取其平均值。

3）井筒的断面和井壁的垂直程度。

4）隐蔽工程记录、材料和试块的试验报告。

（2）井筒竣工验收时应提供的资料

1）实测井筒的平面布置图，应标明井筒的中心坐标、井口标高，与十字线方向方位，与设计图有偏差时应注明造成的原因。

2）实测井筒的纵、横断面图。

3）井筒的实际水文资料及地质柱状图。

4）测量记录。

5）设计变更文件、隐蔽工程验收记录、工程材料和试块试验报告等。

6）重大质量事故的处理记录。

（3）井筒竣工验收时的质量要求

1）井筒中心坐标、井口标高，必须符合设计要求，允许偏差应符合国家现行有关测量规范、规程的规定；与井筒相连的各水平或倾斜的巷道口的标高和方位，应符合设计规定；井筒的最终深度，应符合设计规定。

2）锚喷支护或混凝土支护的井壁断面允许偏差和垂直程度，应符合有关规定。

3）采用普通法施工的井筒，建成后的总漏水量：井筒深度不大于600m，总漏水量不得大于$6m^3/h$；井筒深度大于600m，总漏水量不得大于$10m^3/h$。井壁不得有$0.5m^3/h$以上的集中漏水孔；采用特殊法施工的井筒段，除执行上述规定外，其漏水量应符合下列规定：钻井法施工井筒段，漏水量不得大于$0.5m^3/h$；采用冻结法施工，冻结法施工井筒段深度不大于400m，漏水量不得大于$0.5m^3/h$；井筒深度大于400m，每百米漏水增加量不得大于$0.5m^3/h$。不得有集中漏水孔和含砂的漏水孔。

4）施工期间，在井壁内埋设的卡子、梁、导水管、注浆管等设施的外露部分应切除；废弃的孔口、梁窝等，应以不低于永久井壁设计强度的材料封堵；施工中所开凿的各种临时硐室，需废弃的，应封堵。

5. 本题考查的是立井井筒施工现浇混凝土的质量检查。作答此题需要根据具体的实际情况和工程的特征具体分析，采用符合工程实际的检测方法。立井井筒现浇混凝土井壁的施工质量检查主要包括下列两个方面的检查：

（1）对于现浇混凝土井壁，其厚度应符合设计规定，局部（连续长度不得大于井筒周长的1/10、高度不得大于1.5m）厚度的偏差不得小于设计厚度50mm；井壁的表面不平整度不得大于10mm。接茬部位不得大于30mm；井壁表面质量无明显裂缝，$1m^2$范围内蜂窝、孔洞等不超过2处。

（2）对于井壁混凝土的强度检查，施工中应预留试块，每20～30m不得小于1组，每组 3 块，并应按井筒标准条件进行养护，试块的混凝土强度应符合国家现行《混凝土强度检验评定标准》GB/T 50107—2010 和设计的相关要求。当井壁的混凝土试块资料不全或判定质量有异议时，可采用非破损检验方法（如回弹仪、超声回弹法、超声波法）、微破损检验方法（如后装拔出法）或局部破损检验方法（如钻取混凝土芯样）进行检查；若强度低于规定时，应对完成的结构，按实际条件验算结构的安全度并采取必要的补强措施。应尽量减少重复检验和破损性检验。立井井筒工程破损性检验不应超过 2 处。

背景资料中，建设单位要求进行破壁检查混凝土质量，其做法显然不正确，无法保证施工安全，而且破壁检查了 6 处，明显违反了立井井筒工程破损性检验不应超过 2 处的规定。

【参考答案】

1. 施工单位在混凝土强度检测方面的做法不妥之处及正确做法如下：

（1）施工单位自行检测混凝土的强度不妥。

正确做法：应送有资质单位进行试验。

（2）每 50m 预留一组不妥。

正确做法：应每 20～30m 预留一组。

（3）标准养护不妥。

正确做法：应同条件养护。

2. 可采取的技术措施有截水、导水。

3. 应由混凝土供应商和施工单位共同承担。

4. 井筒竣工验收应检查的内容有：

（1）井筒中心坐标、标高、深度及连接巷道口的标高与方位；

（2）井壁质量和井筒总的漏水量；

（3）井筒断面和井壁垂直度；

（4）隐蔽工程记录。

5. 建设单位的做法不正确，破壁检查不应超过 2 处。

实务操作和案例分析题七 ［2012 年 6 月真题］

【背景资料】

某施工单位承包一矿井工程，其中运输大巷 2000m。建设单位提供的地质和水文资料表明，该大巷大部分为中等稳定岩层，属于Ⅲ类围岩，巷道顶板以上、底板以下 10m 范围内无含水层。巷道要穿越一断层，落差 30m，断层附近围岩很容易冒落，属于Ⅴ类围岩。设计该大巷采用锚喷支护，穿越断层地段锚杆间排距缩小为 600mm。施工计划月成巷 200m。

在运输大巷施工到断层附近时，巷道围岩出现渗水，在掘进开挖半小时后不断发生破碎围岩冒落。施工单位及时提出了巷道穿越断层的措施和支护方案，经过监理和设计单位同意后，实施了该方案，最后巷道安全通过了断层，验收合格。但半年后该运输大巷穿越断层段的两帮出现了变形，喷射混凝土有少量开裂，经检查无明显质量问题。施工单位按照建设单位的要求进行了修复。

针对上述事件，施工单位及时提出了索赔。

【问题】

1. 建设单位提供的地质和水文资料及巷道设计有何问题？施工单位应如何及时解决资料准备方面的问题？

2. 针对运输大巷穿越断层的情况，施工单位应提出哪些合理技术措施？

3. 通常情况下，何时进行该段巷道的中间验收？这种验收属于什么性质（单位工程、分部工程或其他）的验收？请说明该段巷道验收时应检查和检验的主要内容。

4. 施工单位可否对巷道修复工作进行索赔？说明理由。

【解题方略】

1. 本题考查的是地质和水文资料及巷道设计的基本内容。作答本题需要仔细分析背景资料，也要逐步分析资料进行作答。通过分析背景资料可以发现，通过断层、巷道顶底板 10m 范围内无含水层等信息将该巷道较为复杂的工程地质环境展示出来。背景资料介绍巷道顶板以上、底板以下 10m 范围内无含水层。巷道要穿越断层，落差 30m。此处说明在巷道顶底板 10m 范围以外可能存在含水层，但同时巷道又与一个落差 30m 的断层相交，此处却未进一步说明断层是否具有含水层和与含水层是否具有联系。断层附近围岩是很容易冒落的 V 类围岩，但整条巷道却采用单一的锚喷支护方案，仅在断层位置采取缩小锚杆间距的措施，很明显是不合理的。这样逐步分析就可以把问题找出来。

知道建设单位提供的地质和水文资料及巷道设计的问题，第二问的答案就很容易进行作答了。因为施工使用的原始地质资料和巷道支护设计资料是建设单位提供，且技术准备阶段获得完整的基础资料，针对上述问题，施工单位应在施工图会审过程中向建设单位提出，要求建设单位补充上述地质资料和水文资料，并针对断层地段巷道提出相应的支护方案。

2. 本题考查的是防治水的基本原则。作答本题需要结合问题 1 中存在的问题进行作答。结合背景资料得知，穿越的断层带可能出现含水层。因此，在穿越断层带之前要做好防止突水事故及冒顶事故的技术处理方案，以保证大巷顺利安全地进行施工。所以解答此题也要从防止突水事故和冒顶事故两个方面进行分析作答。

首先是针对突水事故的发生，矿山防治水工作应当坚持"预测预报、有疑必探、先探后掘、先治后采"的原则，采取防、堵、疏、排、截的综合治理措施。因此，施工单位在穿越断层之前应依据上述原则进行相关的探水作业，根据探水作业所得知的赋水状态再行制定相应的治水措施。

其次针对巷道穿越断层带时，断层附近的围岩容易发生冒顶的问题。其实冒顶是矿山施工的一种常见事故，多发生在初采，初次放顶、回柱、工作面收尾、爆破过程中或之后的一段时间内。井巷掘进工作面常因空顶作业、支护不合理以及巷道受采动影响等因素发生变形破坏而冒顶片帮造成事故。然而要制定相应的安全技术措施也要从巷道围岩加固和掘进两个方面进行考虑：

（1）围岩加固措施：包括超前注浆加固、架设前探梁，或其他形式的超前支护措施，以确保在掘进过程中不能发生冒顶事故。

（2）在掘进措施方面，适用围岩破碎的情况，其措施包括：要缩短掘进循环进尺；并严格控制一次起爆药量，以防爆破引起顶板冒落；并使支护紧跟工作面，杜绝空顶作业。

3. 本题考查的是工程施工质量的验收。本题共有三问，应该依次进行作答。

第一问：根据矿业工程项目的构成，巷道工程属于单位工程，由于巷道工程体量较大，施工时间较长，所以通常按每个月的实际进度又将巷道工程划分为许多分部工程，即子分部工程，在每月的掘进施工中，巷道工程又被划分为掘进工程、锚杆支护工程、喷混凝土支护等分项工程。巷道的中间验收时间是按月验收，通常是在每个月的月底或下月初进行。

第二问：矿业工程项目的检查验收可划分为检验批、分部（子分部）工程、分项工程、单位（子单位）工程和单项工程。根据矿业工程划分标准，巷道工程属于单位工程，其中的掘进、支护属于分项工程。巷道在施工过程中，一般按月组织中间验收，此时的巷道为整个巷道的一段，属于子分部工程验收的性质。

第三问：此题主要考查的是巷道工程检验的相关规定。首先要清楚无论是井筒工程、巷道工程，还是地面建筑工程，检查验收的内容都包括反映工程质量的技术资料和实体质量现场检验两个方面。所以作答时也应该从这两个方面进行分析作答。

反映工程质量的资料检查的内容包括：工程使用的原材料、施工检验和自检等资料，裸露巷道、锚杆、注浆等隐蔽工程验收记录，喷混凝土强度抽样试验报告等。

工程实体质量现场实测内容包括：巷道规格；锚杆拉拔力和托盘的安装质量抽检；喷混凝土厚度抽检。

4. 本题考查的是工程索赔的基本内容。进行工程索赔首先应分析责任在谁。本题分析重点在于质量问题出现的时间点设置在工程验收合格的半年后，同时施工单位按建设单位的要求进行了修复处理。针对这个重点首先判断巷道破坏的原因是否由于施工质量不合格造成，其次判断巷道破坏的原因是否是由于建设单位不当使用或应该由建设单位承担风险的原因造成的。但通过背景资料的显示，施工质量并无不合格也未提及巷道使用不当的内容。所以施工单位的责任可以排除。那么剩下的就是建设单位应当承担风险的原因。

因为巷道所处位置为断层破碎带，泥质胶结物的含量高，因此巷道围岩的整体强度低、稳定性很差、易于变形。当巷道开挖之后，在地应力持续作用下巷道围岩会不断变形，经历一定时间后甚至会发生较大范围的破坏。这是自然力的作用结果，建设单位应当承担风险。故施工单位可以对巷道修复工作进行索赔。

【参考答案】

1. 问题有：（1）断层落差范围内地质资料不详（断层是否沟通含水层不明确）；

（2）巷道通过断层时的支护设计不合理。

施工单位通过图纸审查并及时提出问题，要求建设单位补充资料（提出新措施）。

2. 合理技术措施和支护方案有：

（1）穿越断层前应打钻探水；

（2）针对围岩冒落问题应采取注浆（或其他形式超前支护）措施；

（3）采取缩短进尺、提高支护强度措施。

3. 本段巷道的中间验收按月（或当月底、下月初或下月中间）进行。

这种验收属于子分部工程验收。

验收该段巷道时的检查和检验内容包括:

(1) 资料检查,包括:必要的原材料、施工检验和自检等材料,裸露巷道、锚杆、注浆等隐蔽工程验收记录,喷混凝土强度抽样试验报告。

(2) 现场实测,包括:巷道规格;锚杆拉拔力和托盘的安装质量抽检;喷混凝土厚度抽检。

4. 对修复巷道事项,施工单位可以进行索赔。

因为该段巷道变形不属于施工质量问题,方案变更得到批准,且施工质量检验为合格。

实务操作和案例分析题八 [2011年真题]

【背景资料】

某施工队承包一井筒工程。施工前三个月已完成钢材、水泥进库以及砂、石露天堆放在料场的材料准备工作。井壁施工时,钢筋工下料发现部分钢筋有外文标牌,经技术人员调查发现有进库验收单、厂家试验报告单后就没有提出异议。浇筑混凝土当天适逢大雨,施工人员未经仓库管理人员同意就直接运出水泥,按原设计的配比拌制混凝土,浇筑井壁,施工队长在2h后发现混凝土离析严重,且一直未凝固,便指示搅拌工多添加速凝剂,结果虽然凝固情况有所改善,但离析仍较严重。拆模时发现多块金属模板变形,井壁外观质量差,模板粘结混凝土,井壁蜂窝麻面严重,混凝土强度试验不合格。

【问题】

1. 该项目材料准备、使用的管理工作有何不妥?

2. 在混凝土井壁的浇筑过程中,该施工队存在哪些质量管理问题?

3. 根据背景材料,分析造成井壁混凝土质量问题的直接原因。

【解题方略】

1. 本题考查的是工程材料的控制要点。工程材料的质量控制要点具体包括如下:

(1) 控制材料来源

掌握供货单位材料质量、价格、供货能力等方面的消息,选择好的供货单位。

(2) 加强对材料的质量检验

一般来说,原材料的质量检验要把住三关:

1) 入库(场)检验关。

2) 定期检验关。为避免原材料在库存期间有可能出现变质等问题,所进行的定期检查。

3) 使用前检验关。

(3) 合理选择和使用(保管)材料

注意不同性质水泥的选用、不同性质材料不混用、过期材料不用;对新工艺、新材料、新技术应预先进行模拟试验,熟练基本操作。

结合背景资料,通过参考混凝土工程施工质量控制要点的内容,找出资料中存在的质量管理问题。

(4) 重视材料的使用认证

注意材料的质量标准、使用范围及施工要求,做好材料核对和认证。新材料的使用必须通过试验和鉴定；代用材料必须通过充分论证，保证符合工程要求。

2. 本题考查的是混凝土工程施工质量控制要点。混凝土工程施工质量控制要点如下：

（1）混凝土所用的水泥、骨料、水、外加剂的质量，混凝土配合比、原材料计量、搅拌和混凝土养护等符合设计和有关规范、规程规定。在地面配置混凝土时，雨期有防雨措施，冬期施工和冻结井壁砌筑符合有关规范的规定。混凝土强度及其强度检验符合有关规定。

（2）井巷混凝土、钢筋混凝土支护工程的规格偏差、井巷混凝土支护壁厚等应符合有关规定。混凝土支护的表面无明显裂缝，孔洞、漏筋等情况不超过相关规定；壁厚充填符合有关规定。

（3）井巷混凝土支护工程的基础深度、接茬、表面平整度、预埋件中心线偏移值等符合有关规定。

结合背景资料，通过参考工程材料的控制要点的内容，找出资料中存在的不足。

3. 本题考查的是查找质量事故发生的原因。质量事故发生后，应进行调查分析，查找原因，吸取教训。分析的基本步骤和要求是：

（1）通过详细的调查，查明事故发生的经过，分析产生事故的原因，如人、机械设备、材料、方法和工艺、环境等。经过认真、客观、全面、细致、准确的分析，确定事故的性质和责任。

（2）在分析事故原因时，应根据调查所确认的事实，从直接原因入手，逐步深入到间接原因。

（3）确定事故的性质。事故的性质通常分为责任事故和非责任事故。

（4）根据事故发生的原因，明确防止发生类似事故的具体措施，并应定人、定时间、定标准，完成措施的全部内容。

解答此题时，需要结合问题1、问题2的答案结果，再结合事故质量的原因一步一步地查找质量问题的直接原因。

【参考答案】

1. 该项目材料准备、使用管理工作的不妥之处：

（1）材料只有进库验收单、厂家试验报告单就入库；

（2）未经仓库管理人员同意就直接运出水泥；

（3）在大雨天按原设计的配合比拌制混凝土；

（4）使用前未检查水泥质量；

（5）砂、石露天堆放，无防雨防踩措施；

（6）钢筋堆放分类标识工作不到位，进口钢筋未有复验；

（7）材料出库未经仓库管理人员同意。

2. 在混凝土浇筑过程中，存在的质量管理问题有：

（1）雨天未对砂、石含水量测定，修正配合比，采用正确的施工配合比；

（2）2h后才发现混凝土离析问题，且未分析和采取措施解决；

（3）2h后才发现混凝土不凝固问题，且未分析，采取错误措施；

（4）施工队长随意指示搅拌工多添加速凝剂不妥。

3. 造成井壁混凝土质量问题的原因有：

（1）采用的配合比不正确，随意添加速凝剂；

（2）水泥过期或失效；

（3）水灰比过大，混凝土离析、影响强度；

（4）模板刚度不够，或拆模方法不正确；

（5）模板未采用防粘措施或措施不力。

实务操作和案例分析题九 ［2011年真题］

【背景资料】

某施工单位承担了一矿区工业厂房土建及安装工程，施工过程中发生了以下事件：

事件1：基坑开挖至设计标高附近时，基坑一侧边坡大量土方突然坍落。施工人员发现基底局部存在勘察资料中未注明的软弱土层，并向项目部汇报。项目经理根据施工经验决定对软弱土层进行换填处理，并对基坑侧壁加设支护。由于处理方法正确，支护效果良好。事后，处理方案得到监理工程师和设计单位的认可。经计算，共增加施工成本12万元，影响工期10d。

事件2：设备基础施工时，商品混凝土运至现场后，施工人员电话通知监理工程师，监理工程师因外出考察无法到场。施工人员对商品混凝土取样送检后，进行了浇筑作业，并在事后将混凝土检测报告交给监理工程师。检测结果为合格。拆模后，检查表明设备基础局部由于漏振出现了少量空洞。

事件3：设备安装时，施工人员发现由于测量放线误差，设备基础位置偏移了150mm，导致设备无法安装。施工单位不得不拆除设备基础并重新施工，增加成本8万元，影响工期15d。

施工单位针对事件1、事件3按照合同约定的索赔程序提出了索赔要求。

【问题】

1. 纠正施工单位对软弱土层及基坑侧壁的处理程序。

2. 纠正在设备基础浇筑施工中的不当做法。

3. 事件2中的基础混凝土缺陷应采用哪种质量处理方法？

4. 说明施工单位可获得的工程索赔内容及其数量。说明索赔成立的理由。

【解题方略】

1. 本题考查的是质量事故的处理程序。首先要明确工程发生质量事故的处理方法和程序。工程质量发生后一般进行下列处理：（1）当施工单位发现质量事故时，应立即停止施工，并向监理工程师、建设单位和质量管理部门报告相关情况。（2）组织相关专家及人员对质量事故的发生进行调查。（3）根据质量事故调查报告，分析确定质量事故发生的原因。（4）根据事故发生的原因，制定事故处理的方案。（5）由监理工程师对施工单位下达指令，即根据处理方案，实施质量缺陷的处理措施。（6）质量缺陷处理完毕后，监理工程师应组织相关人员对质量缺陷处理的结果进行检查、鉴定及验收。并将"质量事故处理报告"提交建设单位，上报到有关主管部门。

2. 本题考查的是隐蔽工程质量检验的程序。首先要明确混凝土浇筑工程是隐蔽工程，其次要知道隐蔽工程在进行隐蔽前应由施工单位通知有关单位进行验收，并提交验收文件。

3. 本题考查的是质量缺陷的处理方法。要知道质量缺陷可通过修补、返工、加固、限制使用、不做处理和报废处理的方法进行处理。所以材料中提到混凝土漏振出现少量的空洞现象，符合少量外部缺陷的要求，所以可以采用修补处理的方法进行处理。

4. 本题考查的是施工合同管理中施工索赔的内容。首先要明确索赔成立的条件：（1）与合同对照，事件已造成了承包人工程项目成本的额外支出，或直接工期损失；（2）造成费用增加或工期损失的原因，按合同约定不属于承包人的行为责任或风险责任；（3）承包人按合同规定的程序和事件提交索赔意向通知书和索赔报告。以上三个条件必须同时具备，缺一不可。回归背景资料的事件1中，基坑土坍落的主要原因是勘察资料对软弱土层未进行标明，而且都采取了相应的处理方式，并都得到监理工程师及设计单位的认可，所以由此增加的施工成本及工期应得到赔偿。事件3中，设备基础位置的偏差是由于施工人员操作失误造成的人为误差，所造成的损失，应由施工单位自行承担，因此索赔要求不成立。

【参考答案】

1. 正确的处理程序是：首先通知监理工程师和设计单位；由监理工程师、设计单位、施工单位、建设单位参加事故原因分析，研究处理方案；处理方案经监理等认可后，对事故进行处理。

2. 纠正在设备基础浇筑施工中的不当做法：

（1）施工单位在商品混凝土运进场之前，应向监理单位提交《工程材料报审表》，并附上该商品混凝土的出厂合格证及相关的技术说明书，同时按规定将检验报告也相应附上，经监理工程师审查并确定其质量合格后，方可进入现场。

（2）施工单位在浇筑前，应提前24h通知监理单位；

（3）混凝土的取样送检、浇筑应在监理工程师见证的情况下进行。

3. 事件2中的基础混凝土缺陷应采用的质量处理方法：将有空洞的混凝土凿掉，凿成斜形，再用高一等级的微膨胀混凝土浇筑、振捣后，认真养护。对于少量外部缺陷应采用修补处理的方法。

4. 可索赔处理软弱土层和基坑侧壁面增加的费用12万元及影响的工期10d。索赔成立的理由：

（1）边坡土方的坍落是非施工单位原因造成的；

（2）施工单位处理边坡增加了施工成本和工期；

（3）事后，处理方案得到了监理单位和设计单位的认可；

（4）施工单位按合同约定的索赔程序提出了索赔要求。

典 型 习 题

实务操作和案例分析题一

【背景资料】

某矿井主斜井设计断面为直墙半圆拱形，净宽5.0m、净高4.0m，倾角8°，斜长

426m。井筒表土段设计采用现浇钢筋混凝土支护；基岩风化带设计采用 U36 钢棚＋金属网＋混凝土联合支护，钢棚间距 600mm；基岩段设计采用锚网喷支护，锚杆为 $\phi 20 \times 2000mm$ 的螺纹钢树脂锚杆，间排距为 800mm×800mm，喷射混凝土厚度 150mm、混凝土强度等级为 C20。

施工单位编制的主斜井施工方案如下：表土段采用明槽开挖法施工；基岩风化带采用暗挖法施工，选用履带行走掘进机掘进，架棚紧跟工作面，每掘进 6m 浇筑一次混凝土井壁；基岩段采用普通钻眼爆破法、正台阶施工方案，爆破及安全检查后初喷混凝土 50mm，锚杆安装后进行复喷成巷。施工过程中，发生如下事件：

事件 1：主斜井 86～124m 基岩风化带，为了快速通过渗水影响地段，施工单位未经监理单位同意将钢棚垂直底板进行架设，钢棚间拉杆从 7 根调整为 2 根。掘进到 108m 时，工作面后 15 架钢棚倒塌，引发冒顶事故，造成工作面 2 人当场死亡、7 人重伤、2 人轻伤，其中 1 名重伤人员送至医院第 8 天医治无效死亡，直接经济损失 230 万元。事故调查发现，当班部分矸石没有清理干净，支架底座坐落在浮矸上，浮矸受积水和掘进机反复碾压后泥化。

事件 2：该斜井施工到斜长 260m 处时，发现围岩比较坚硬，为加快施工速度，施工单位采用"少打眼、多装药"的全断面一次起爆方法进行掘进，敲帮问顶后直接安装锚杆，最后一次性喷射混凝土成巷。工序验收时，施工班组以每三个作业循环作为一个检查点进行检查，在断面的两帮（腰线）和顶底板中央共设 4 个测点，利用十字观测法进行测量。

【问题】

1. 事件 1 中，造成斜井冒顶事故的原因有哪些？

2. 根据《生产安全事故报告和调查处理条例》，写出事件 1 中事故的等级并说明该等级的判别标准。

3. 纠正事件 2 中施工单位技术措施和工序验收中的不妥做法。

4. 说明斜井井筒基岩段施工中锚杆支护工程验收的主控项目及要求。

【参考答案】

1. 事件 1 中，造成斜井冒顶事故的原因有：

（1）围岩稳定性差（地质条件差），井筒断面大。

（2）支架拉杆数量不足，支架底座没有铺设在实底上，没有按作业规程按时进行混凝土井壁浇筑，支架未设迎山角。

2. 事件 1 中事故的等级为较大事故。

判别标准：较大事故是指造成 3 人以上 10 人以下死亡，或者 10 人以上 50 人以下重伤，或者 1000 万元以上 5000 万元以下直接经济损失的事故。

3. 事件 2 中施工单位技术措施和工序验收中的不妥做法及改正。

（1）不妥做法："少打眼、多装药"、全断面一次起爆易产生超挖。

改正：应采用"多打眼、少装药"的光面爆破技术，减少超挖，没有初喷临时支护，喷射混凝土应按先初喷、后复喷的顺序施工。

（2）不妥做法：每三个作业循环作为一个检查点。

改正：每个循环设一个检查点。

（3）不妥做法：每个检查点只设 4 个测点。

改正：斜井每个检查点应该布设 10 个测点。

4. 斜井井筒基岩段施工中锚杆支护工程验收的主控项目及要求：

（1）锚杆杆体及配件材质、强度符合要求；

（2）锚固剂的材质及性能符合要求；

（3）锚杆安装扭矩不小于 100N·m；

（4）锚杆的抗拔力不低于设计值的 90%。

实务操作和案例分析题二

【背景资料】

某施工单位中标一矿井的运输巷道工程，该巷道长度 800m，坡度 4°，净宽 5.2m，净高 4.0m，采用锚网喷支护。工程地质及水文地质条件为：巷道穿过细粒砂岩、泥岩、粉砂岩，岩石普氏系数 $f=4\sim6$；无断层、陷落柱等构造；预计工作面涌水小于 $3m^3/h$。建设单位委托一监理单位负责该工程的质量、进度、安全控制。工程实施过程中，发生了以下事件：

事件 1：工程开工后次月，施工单位完成巷道掘砌工程量 48m，专业监理工程师在月末组织施工单位项目技术经理、建设单位项目代表共同对巷道锚喷支护工程进行了验收。现场质量验收选择了支护成型较好的 20m 巷道，随机选择了检查点 2 个，检查结果显示检查点各分项均合格，总监理工程师最终核定为质量合格。

事件 2：巷道施工至 255m 时，顶板淋水增大，施工单位为作业人员购置了雨衣、雨裤等劳保用品，费用 2 万元。同时向监理单位提出对工作面进行钻探要求，探明巷道前方的水文地质情况。监理工程师认为建设单位已提供了详实的水文地质资料，未同意施工单位的申请，并要求继续施工。施工到 260m 时，工作面放炮后出现片帮冒顶并伴有涌水，揭露了破碎带。监理工程师下达了设计变更通知单，巷道 250～260m 段增设 U 形钢支架增强支护、巷道 260～275m 变更为 U 形钢支架＋混凝土支护，净断面不变。施工单位根据设计变更编制了相关措施经审批后执行。巷道 250～275m 设计变更前计划作业 10d，变更后实际作业 25d，增加费用 80 万元。该段工程完成后施工单位及时提出了索赔申请，索赔内容包括 3 项：（1）工期索赔 15d；（2）购置劳保用品的费用 2 万元；（3）处理冒顶段巷道的费用 80 万元。

【问题】

1. 事件 1 中的做法存在不妥，请给出正确的做法。

2. 针对事件 2，可采取哪些临时支护方法来预防工作面出现冒落事故？

3. 事件 2 中，该巷道 250～275m 段指定分项工程包括哪些项目？

4. 针对事件 2，分别说明施工单位的 3 项索赔内容能否成立？说明理由。

【参考答案】

1. 事件 1 中的做法存在不妥之处及正确做法：

（1）工程开工后次月，施工单位完成巷道掘砌工程量 48m，由专业监理工程师在月末组织验收不妥。

正确做法：月末验收应由总监理工程师组织。

（2）月末组织施工单位项目技术经理、建设单位项目代表共同对巷道锚喷支护工程进行了验收不妥。

正确做法：月末验收工作应由施工项目负责人和技术负责人、质量负责人参加。

（3）现场质量验收选择支护成型较好的 20m 巷道，随机选择了检查点 2 个不妥。

正确做法：月末验收为中间验收，现场选点不应少于 3 个，间距应不超过 25m。

2. 针对事件 2，为预防工作面出现冒落事故可采取的临时支护方法有：超前（注浆）管棚、超前锚杆、超前支架、注浆加固。

3. 事件 2 中，该巷道 250～275m 段指定的分项工程中包括的项目有：锚杆支护、金属网喷射混凝土支护、U 形钢支架支护、混凝土支护。

4. 针对事件 2，施工单位的 3 项索赔内容能否成立及其理由：

（1）工期索赔 15d 成立。

理由：工期延误是处理冒顶事故发生的，属于非施工单位的责任。

（2）购置劳保用品的 2 万元费用索赔不成立。

理由：购置劳保用品是施工单位应当给予作业人员的基本工作条件，属于施工单位自己的责任。

（3）处理冒顶段巷道的 80 万元费用索赔成立。

理由：该项费用是处理冒顶事故发生的，属于非施工单位的责任。

实务操作和案例分析题三

【背景资料】

某工程处承建西北某矿回风立井井筒工程，井筒净直径为 6.0m，表土段钢筋混凝土井壁采用普通水泥、冻结法施工。完成冻结后，井筒掘砌工程于 2008 年 11 月 20 日正式开工，12 月中旬气温骤降，为了不影响井筒正常施工，施工单位采取了添加防冻剂、用热水搅拌混凝土、延长脱模时间的专门措施。施工中施工人员一次又一次增加防冻剂，且为了减少热水搅拌时热量损失，大大减少了搅拌时间，但混凝土仍长时间不凝结，并出现粘模现象。至井深 108m 处井壁混凝土脱模（段高 3.6m）时，约有四分之一周长的井壁混凝土因没达到初凝强度而发生塌落，导致正在模板下方准备清理模板的 2 名工人被砸，伤势严重。

【问题】

1. 说明造成此次事故的主要原因。

2. 在混凝土浇筑中，施工人员有哪些具体的作业错误？它们会造成哪些不良后果？

3. 除已采取的正确防寒措施外，还可采取哪些合理办法应对气温骤降？

4. 该伤亡事故发生后首先要做的工作是什么？

【参考答案】

1. 主要原因是：

（1）冻结施工，井帮温度低，加上遇西北寒潮影响，给混凝土施工造成严重低温条件；

（2）混凝土低温施工措施不力；

（3）施工人员采取的措施有错误；

（4）脱模强度不够；

（5）采用人工进入模板内清模的措施不当。

2．施工作业的错误有：

（1）随意添加防冻剂；

（2）随意减少搅拌时间。

造成的不良影响有：

（1）过多的含氯盐防冻剂会影响最终强度，腐蚀钢筋；

（2）搅拌时间少于最小限制会使混凝土拌合物不均匀，水泥反应不充分，影响混凝土质量。

3．采取的合理办法：

（1）提高热水温度（但不得直接浇在水泥上），保证混凝土最低入模温度不低于15℃；

（2）对砂、石料堆覆盖防雨布，避免砂、石料中冰雪团粒和污物带入混凝土；

（3）对砂、石加温，采用硅酸盐水泥；

（4）覆盖干燥的保温层或适当的加热养护措施。

4．事故现场有关人员应当立即报告本单位负责人。单位负责人接到事故报告后，应当迅速采取有效措施，组织抢救，防止事故扩大，减少人员伤亡和财产损失，并按照国家有关规定立即如实报告当地负有安全生产监督管理职责的部门，不得隐瞒不报、谎报或者拖延不报，不得故意破坏事故现场、毁灭有关证据。

实务操作和案例分析题四

【背景资料】

某施工单位承建一矿井的主斜井，斜井全长1400m，倾角15°，断面20m²；围岩为中等稳定的粉细砂岩和泥岩互层，涌水较小，无瓦斯；采用钢丝网、锚杆、喷射混凝土支护。施工单位为加快进尺，采用了少打眼多装药的措施，但炮眼利用率仍在65%～70%之间。当巷道施工到800m时，工作面后100m处发生冒顶，有整根锚杆掉落的情况。在其后的巷道质量事故检查时发现：混凝土喷层厚度不均，出现漏喷与喷层空鼓现象；锚杆外露太长，托盘不密贴岩面；抽查锚杆锚固力不均匀，低的只有设计要求的40%。

【问题】

1．施工队采取少打眼多装药的措施能否加快进度？提高炮眼利用率的正确方法主要有哪些？

2．少打眼多装药带来的不利后果有哪些？

3．发生冒顶事故的主要原因是什么？

4．监理和施工单位在质量管理中存在什么问题？

【参考答案】

1．施工队采取少打眼多装药的措施不能加快进度。

提高炮眼利用率的正确方法主要有：

（1）采用合理的掏槽方式；

（2）选择合理的爆破参数；

（3）提高打眼质量，包括炮眼深度、位置、方向等，应符合施工技术规程的要求。缝隙掏槽或龟裂掏槽、角柱状（筒形）掏槽、螺旋掏槽及双螺旋掏槽与反向起爆装药。

2. 少打眼多装药带来的后果是炸药消耗量增加，增加成本；爆破造成巷道成型差、断面出现超欠挖的情况；使围岩造成震动破坏、破坏围岩稳定性能、恶化支护条件（包括影响钢筋网布设、喷混凝土的平整要求以及影响锚杆支护效果等），以及影响已经架设的支护（包括锚喷、支架等形式的支护）质量，破坏巷道的稳定性；多装药还会导致岩石破碎不匀，影响装岩工作效率，从而影响巷道掘进的整个进度。

3. 发生冒顶事故的主要原因有：

（1）少打眼多装药造成围岩震动破坏，不利于支护质量，破坏围岩稳定性；

（2）锚杆未深入坚固岩层，锚杆安装质量不合格，锚杆外露太长，托盘不密贴岩面；锚杆锚固力不均匀，锚杆的锚固力低于合格要求；

（3）混凝土喷层厚度不均；喷混凝土支护的施工质量差。

4. 监理单位在质量管理中存在的问题是监理不力，未按质量验收要求对相关分项工程的施工质量进行检查验收。

施工单位在质量管理中存在的问题是施工措施不当、方法不合理或者施工不认真、没有遵守施工规程；施工人员及基层质量管理人员的质量意识不强、质量自验不认真，在施工质量有不合格的情况下继续后续工序的施工；施工单位质量管理部门的质量管理不到位、质量控制不严，导致分项工程质量不合格，并最终出现冒顶的安全质量事故。

实务操作和案例分析题五

【背景资料】

某单位承建矿井主要运输大巷，巷道顶板和两帮为泥岩与泥质砂岩互层，底板为泥岩，岩石的单轴抗压强度平均为 10MPa 左右。巷道设计为直墙半圆拱形，净宽 3.8m，净断面 11.5m²；巷道采用锚喷支护，锚杆长度 1.6m，间排距 0.8m×0.8m，抗拔力 70kN，喷射混凝土强度等级 C20，厚度 100mm。

施工单位根据设计要求和自身特点编制的施工作业规程规定：该巷道施工采用"四六"工作制，巷道掘进实施光面爆破，三掘一喷，循环掘进进尺 2.0m；巷道支护锚杆采用单个树脂药卷锚固，锚固长度 300mm；混凝土支护一次喷射完成。

该巷道施工一段时间后发现断面变形较大，底鼓明显。监理单位组织月度中间验收时，对施工单位自检记录进行了检查，其中：巷道断面实测宽度尺寸的自检记录（见表3-2）；锚杆抗拔力有每 30m 一组，共 5 组（每组三根锚杆）的自检记录，其中三组中均有一根锚杆抗拔力数据达不到合格要求，质量员认为抗拔力平均值能达到合格要求，于是自检结论确定为合格。监理单位按验收规范进行了复检，结果发现多数锚杆抗拔力仍然达不到合格要求。为查清锚杆抗拔力的问题，监理和施工人员一起按相应施工规范和作业规程在实验室对锚杆锚固情况进行了试验，发现锚杆的抗拔力均达不到设计要求。

根据巷道变形越来越严重的情况和此次检查发现的质量问题，业主自行决定对施工单位提出索赔，要求施工单位承担所有损失；同时为保证巷道的质量及其安全使用，要求在该段巷道断面内增加架棚支护。施工单位对此提出了异议，并认为可以对不合格的锚杆进行重新锚固或在其附近补打锚杆，以满足要求。

编号	实测巷道断面宽度尺寸与设计偏差（mm）			自我评定		
	中线左帮	中线右帮	全宽	验收标准	结论	整体评价
断面 1	50	100	150		合格	
断面 2	−20	50	30		合格	
断面 3	−50	100	50	0~150	合格	合格
断面 4	10	20	30		合格	
断面 5	40	60	100		合格	

【问题】

1. 施工单位编制的施工作业规程存在哪些问题？

2. 施工单位进行的质量自检和评定存在哪些错误做法？

3. 指出业主的索赔和对该巷道质量问题处理中的不妥之处，并给出正确的做法。

4. 针对巷道变形问题，可采用哪些合理的支护技术和措施？

5. 影响锚杆支护质量的因素主要有哪些？针对施工单位作业规程内容，说明提高该巷道锚杆抗拔力的方法。

【参考答案】

1. 施工单位编制的施工作业规程存在的问题有：

（1）"三掘一喷"作业方案不合理，没有考虑巷道地质和围岩的岩性条件；

（2）锚杆锚固长度不足，不能保证锚杆的抗拔力要求；

（3）喷混凝土施工一次喷射不合理，应分次喷射完成。

2. 自检和评定存在的错误有：

（1）验收标准使用错误：主要巷道净宽度的允许偏差标准不是指全断面尺寸的偏差；

（2）巷道宽度检测断面 2、3 存在负偏差，不应认定为合格；

（3）巷道宽度的每个检测断面的测点数量不够；

（4）每 30m 锚杆抗拔力检测的组数不够；

（5）锚杆抗拔力检查中，用平均值评定每组抗拔力是否合格没有依据，评定为合格错误。

3. 不妥之处及正确做法：

（1）自行决定提出索赔不合理；应与相关单位共同对质量问题的现状影响、原因等进行分析和评价；

（2）自行决定处理质量问题（采取在现断面内架棚支护）的措施不合理，应先与相关单位共同评价现有质量问题是否满足巷道稳定的最低要求及使用要求；在不影响巷道运输和通风等使用条件下，可采取刷帮、增设金属支架、重新补设加强锚杆等方法进行处理。

4. 可以采用以下合理的支护技术和措施：

（1）增加锚杆长度和锚固长度，提高锚杆抗拔力；

（2）增加锚索支护；

（3）增强防止底鼓的措施（如增加底脚锚杆）；

（4）采用锚网喷支护；

（5）对于压力过大时，可以扩大掘进断面，采用锚网喷—支架联合支护。

5. 影响锚杆支护质量的因素有：锚杆种类、锚固方法、岩石条件、施工质量等。

提高锚杆抗拔力的方法是：增加锚固长度，采用两根树脂或多根树脂药卷锚固，甚至采用全长锚固的方法。

实务操作和案例分析题六

【背景资料】

某矿建单位施工一半圆拱形巷道，该巷道设计净断面宽 4.8m，锚喷支护，每断面布置 13 根锚杆，间排距 800mm×1000mm；锚杆长 2.0m。施工计划确定月进尺 180m，四六制作业，采用三掘一喷，掘进进尺 2.2m。

施工队安排的工序质量检查规定，当日施工完成的内容中抽查一个检查点，包括锚杆、喷射混凝土和巷道规格的施工质量内容，每个检查点锚杆选三根，喷射混凝土质量、巷道规格各选三个测点进行检查。

施工队在某月完成了 187m 巷道掘进、支护施工。监理工程师组织了该月巷道施工质量中间验收工作。验收中，监理工程师进行现场检查后在施工队自检资料中选取了 8 个断面的工序质量检查记录表，包括锚杆与喷射混凝土检查表各 8 份作为本次验收数据。其中 8 份锚杆施工质量检查表格中的主控项目栏均填有锚杆抗拔力、锚杆托盘、锚杆孔深以及巷道净断面尺寸项目；一般项目栏中有锚杆间排距、锚杆外露和锚杆孔方向与井巷轮廓线角度三项。以上各对应项目在每份检查点检查记录栏内分别填写为合格（计有 7 项合格），没有其他数据，表的下端只有班组质量验收员的签名。另外 8 份喷射混凝土支护工序质量检查记录表的填写格式雷同。

因为施工单位不能提供正确的锚杆抗拔力检测数据，故当月锚杆抗拔力质量检查采用现场实测检查。检查抽样 12 组，实测结果是 9 组中的所有锚杆均达到设计的 90% 以上，有若干锚杆的抗拔力可达到设计值的 120%，但是另有一组取样 5 根，其中 1 根低于 90%；而在一个连续区段范围里的另外两组中，每组同样取样 5 根，两组均有 2 根低于 90%，但两组的平均值均超过设计值的 90%。

【问题】

1. 施工队安排的工序质量检查有何不妥？说明正确做法。

2. 施工单位提供的锚杆支护工序质量检查记录表上有哪些错误？喷射混凝土支护工序质量检查的主控项目有哪些？

3. 验收当月施工单位应有多少份锚杆支护工序质量检查记录表？说明理由。

4. 说明当月锚杆抗拔力质量检查的抽查方法。根据抽查结果，分别评价各组锚杆抗拔力质量的合格情况。如有不合格，请根据不合格状况说明相应的质量处理方法。

【参考答案】

1. 工序质量检查的不妥做法和相应的正确做法是：

（1）每日检查锚杆支护一次不妥；

工序质量检查应按施工循环进行，按三掘一喷施工安排，应有三次锚杆检查。

（2）每检查点采用抽查三根锚杆、巷道规格选三个测点的检查方法不妥；

施工质量的工序检查锚杆各项（除抗拔力）均应逐孔检查，巷道断面质量检查应抽查一个检查点的 10 个测点。

2. 错误的地方有：

（1）锚杆自检记录的主控项目中缺锚杆扭矩项；不属于主控项目的是锚杆孔深和巷道断面，不应有抗拔力合格项。

（2）锚杆检查记录表上仅标为合格而无具体检查数据的做法不正确。

（3）记录表没有提交给监理工程师抽查、签字。

喷射混凝土支护工序质量检查中的主控项目有喷射混凝土厚度、巷道净断面规格。

3. 锚杆支护工序质量循环检查记录表应有 85 份。

理由是：锚杆质量检查应每循环（2.2m）进行 1 次，187m 有 85 个循环，应有 85 份检查记录。

4. 锚杆抗拔力质量抽检的方法是：按每 23m（20～30m、300 根以下）抽查一组，应共有 9 组数据。

锚杆质量抽查结果是：9 组锚杆抗拔力检查合格，锚杆抗拔力质量应评为合格；一组取样 5 根中有一根不合格，合格率高于 75%，也可评为合格；连续两组有两根不合格，合格率低于 75%，应评为不合格。

锚杆抗拔力属于主控项目，项目验收出现局部区域未达到合格要求的情况，应按非正常验收处理。该段巷道锚杆抗拔力的处理应根据原设计单位核算的结论，如其可以满足结构安全和使用功能条件，可作为予以验收的内容；或者根据设计单位的要求，在该连续区段补打若干数量锚杆，并经过检查合格后，重新进行合格验收。

实务操作和案例分析题七

【背景资料】

某施工单位承担一矿井主要运输大巷的施工任务。运输大巷总长度 1500m，直墙半圆拱形断面，净宽 4.6m，净高 4.2m；主要穿过的岩层为中等稳定的砂页岩互层，涌水量较小；局部要通过 2 个小断层，断层含水情况不明。巷道设计采用锚喷支护，螺纹钢树脂锚杆，直径 18mm，锚杆长度 1.8m，间排距 1.0m，每米巷道布置锚杆 11 根；喷射混凝土强度为 C20，厚度 100mm。计划工期 15 个月。

施工过程中，施工单位根据巷道施工的实际条件，明确了加快施工进度的若干措施：

（1）巷道掘进钻眼爆破工作中，炮眼深度 2.0m，炮眼平均间距 1.0m，周边眼间距 0.8m，抵抗线 0.6m，周边眼装药量 400g/m，实施光面爆破。

（2）巷道临时支护安排在工作面爆破后的岩渣堆上进行，仅拱部打锚杆，采用普通扳手拧紧锚固。永久锚喷支护安排在工作面后方 50m 处进行，且与工作面出渣平行作业。

（3）工作面出渣和岩渣的装运，采用侧卸式装岩机——胶带转载机——电机车加矿车机械化作业线。

巷道掘进接近断层位置 2m 处停止掘进，采用小管棚注浆加固法通过断层带。

巷道锚喷支护锚杆抗拔力及混凝土喷层强度每月检查一次，其中锚杆抗拔力每次抽查 10 根；喷射混凝土强度采用喷大板试验法，每次制作试件 2 组进行强度试验。

在工程结束验收时，发现局部地段巷道净宽偏差达到 200mm 以上，表面平整度偏差在 60mm 以上，锚杆抗拔力现场实测值为设计值的 80%；多数喷混凝土厚度达到了 120mm。

【问题】

1. 巷道掘进的爆破参数能否保证实施光面爆破？说明理由。

2. 巷道支护工作安排存在哪些不合理之处？说明理由。

3. 巷道掘进通过断层带的施工方法存在哪些问题？

4. 巷道锚喷支护的检查存在哪些问题？说明正确的做法。

5. 该巷道施工质量是否合格？说明理由。

【参考答案】

1. 不能保证实施光面爆破。

理由：（1）炮眼间距过大；（2）抵抗线偏大；（3）周边眼装药量偏大。

2. 巷道支护工作安排存在的不合理之处及理由如下：

（1）采用普通扳手拧紧锚固不合理，无法保证满足锚杆预紧力的要求。

（2）永久支护安排在工作面后方 50m 处不合理。根据规程规定，应小于 40m。

3. 巷道掘进通过断层带的施工方法存在的问题如下：

（1）接近断层位置 2m 处才停止掘进，不安全。

（2）没有采取探水技术措施。

（3）没有根据探水结果确定堵水和过断层的技术措施。

4. 锚杆及喷射混凝土检查数量不符合要求。

正确的做法是：（1）锚杆每 20～30m 至少检查一组，每组不得少于 3 根；（2）喷混凝土每 30～50m 检查不少于一组，每组试件 3 块。

5. 不合格。

因为：巷道净宽偏差超过 150mm，表面平整度偏差大于 50mm，锚杆抗拔力不足设计值的 90%。

实务操作和案例分析题八

【背景资料】

施工单位 A 中标承包某矿井冻结井筒的掘砌工程，该井筒的冻结工程由建设单位发包给施工单位 B。矿井工业广场地面土质为厚层粉质黏土，建设单位已完成进场临时道路的铺设工作。合同约定：建设单位于 6 月 10 日给施工单位 A 提供满足井筒开挖的条件。项目实施过程中发生了以下事件：

事件 1：动工前，建设单位未完成整个施工现场的准备工作，无法安排施工单位 A 自拌混凝土所需的砂、石料场。建设单位为不延误施工，自行决定改用商品混凝土，并按设计图纸所注明的井筒混凝土强度等级，与供应商签订了供货合同，然后通知了施工单位 A。

事件 2：在施工单位 A 准备进场前，该地区下了一场大雨，使大型施工设备无法进场而造成井筒开工推迟。

事件 3：在施工井筒内层井壁时，施工单位 A 决定采用装配式（组合）钢模板，模板高度 1.5m。当套壁工作进行到第 5 节时，模板出现了变形、相互间的连接螺栓丝扣处剪断等情况。最终，混凝土发生坍塌，造成工程事故。

【问题】

1. 建设单位改用商品混凝土的做法有何不妥？说明正确做法。

2. 说明冻结井筒的商品混凝土质量技术指标要求。

3. 大雨造成井筒开挖的延误，对施工单位 A 的井筒施工有何影响？如何减小该影响？

4. 事件 3 中混凝土坍塌事故的主要原因可能有哪些？

【参考答案】

1. 建设单位自行改用商品混凝土，给供货单位仅提供混凝土强度等级的做法不妥。

正确做法是：建设单位将改用商品混凝土的决定及时通知施工单位 A，由施工单位 A 按设计要求和工程施工需要提出商品混凝土完整的质量技术要求，再通过建设单位将上述要求正式通知供应商。

2. 冻结井筒要求的商品混凝土质量技术指标有：强度等级、坍落度、初凝与终凝时间、抗渗性要求、入模温度等。

3. 延误事件将增加井筒施工难度。施工单位 A 应估计延误时间长短并立即书面通知建设单位，并由建设单位书面告知施工单位 B，放慢冻结进度。

4. 事件 3 中混凝土坍塌事故的主要原因如下：

(1) 混凝土初凝和终凝时间太长。

(2) 模板刚度、强度不够或模板高度超过规范规定。

(3) 套壁施工速度过快。

(4) 模板连接螺栓强度不够或螺栓数量不足或紧固力不足。

实务操作和案例分析题九

【背景资料】

某施工企业承包一胶带斜井工程，全长 1700m，坡度 25％，净断面（宽×高）为 4200 mm×3600mm，三心拱形，设计支护为 C20 喷射混凝土、100mm 厚，局部采用砂浆锚杆支护。招标文件显示该斜井围岩为闪长岩，中等稳定，斜井 500m 处推断有含水断层。投标文件的施工方案为气腿式凿岩机凿岩、光面爆破开挖、履带式正装侧卸装岩机装岩、6m³ 底卸式箕斗运输、JKZ 2.5/20 提升机提升、人车上下人、三级排水，工期 18 个月，质量要求合格。

事件 1：双方签订合同后，施工项目部根据公司闲置设备状况，修改了施工方案。新方案为气腿式凿岩机凿岩、普通爆破开挖、耙斗装岩机装岩、3m³ 底卸式箕斗运输、JKZ 2.5/20 提升机提升、人车上下人、三级排水，工期 20 个月，质量合格。重新编制施工组织设计后，经施工企业技术负责人签字后实施。

事件 2：施工企业认为该工程施工条件简单，经建设单位同意，将爆破掘进作业分包给有资质的施工队。将地面排矸分包给一个当地施工队，该施工队长期从事类似的施工任务，但无相应资质。

事件 3：工程施工到 368m 处开始实施砂浆锚杆支护。质量检查时，发现锚杆托盘不紧贴，锚杆外露长。检查结果是锚杆孔深度不够，监理要求整改。

事件 4：工程施工到 650m 时，斜井作业面岩壁出汗，并有滴水、淋水情况，未引起重视，继续正常施工，凿岩爆破后工作面突水，涌水量达到 $200m^3/h$。项目经理接到报告后，匆忙乘坐底卸式箕斗下井指挥，撤人、撤设备。突水造成淹井 300m，所幸没有人员和大的财产损失。后经勘察单位补充勘探，发现作业面附近有一厚度 3m 的破碎含水断层，与相距 30km 处的湖水导通。

【问题】

1. 事件 1 中施工企业变更施工方案的做法存在哪些问题？

2. 事件 2 中施工企业的分包行为有何不妥？

3. 砂浆锚杆支护工程的质量关键是什么？应如何防止发生事件 3 的工程质量问题？

4. 事件 4 中施工企业的做法有哪些错误？

5. 巷道进行探水时，钻孔作业的主要安全施工要求有哪些？

【参考答案】

1. 企业变更施工方案未经建设单位批准。方案中改小施工装备、采取普通爆破、延长工期与投标方案承诺不符，属于违规、违约行为。

2. 斜井巷道掘进是主体工程，不能分包。地面排矸工程分包时分包单位应具有相应资质。

3. 砂浆锚杆支护工程的质量关键是锚固力、托盘紧贴岩帮、锚杆布置。

锚杆孔必须经验收合格后，方可安装锚杆。

4. 在有突水征兆时未坚持有疑必探、先探后掘原则。施工企业项目经理乘坐底卸式箕斗下井的行为是违章的。

5. 加固钻机硐室、牢固安装钻机、埋设孔口管并进行耐压试验、安装孔口安全闸阀、安装孔口防喷装置、按设计施工钻孔。

实务操作和案例分析题十

【背景资料】

某煤矿一主要运输大巷，采用锚杆喷射混凝土支护，设计锚杆的间排距为 800mm×800mm，锚杆抗拔力 70kN，喷射混凝土的强度等级为 C20，厚度 120mm。

施工过程中某检查点 A 的质量检测结果见表 3-3。

巷道检查点 A 的质量检测结果　　　　　　　　　　　　　　　　表 3-3

检查项目 ＼ 测点	1	2	3	4	5	6	7	8
喷射混凝土厚度（mm）	100	110	120	130	140	120	110	130
锚杆间排距（mm）	880	870	770	700	680	650	800	860

该巷道在 3 月份验收时分析检查结果发现，喷射混凝土强度不合格出现 2 次，厚度不合格出现 3 次，平整度不合格出现 20 次，锚杆抗拔力不合格出现 5 次，锚杆间排距不合格出现 12 次，巷道断面尺寸不合格出现 8 次。

施工单位在进行施工质量总结分析时还发现，喷射混凝土用水泥、骨料和添加剂无质量问题，但是喷射混凝土用量大大超过定额。

【问题】

1. 该工程喷射混凝土支护厚度和锚杆间排距的施工质量合格标准各是什么？

2. 分析说明检查点 A 的喷射混凝土厚度和锚杆间排距施工质量是否合格？

3. 依据排列图法，具体说明影响该工程质量的主要因素和次要因素。

4. 喷射混凝土用量大大超过定额可能存在的原因有哪些？

【参考答案】

1. 该工程为煤矿主要运输大巷，喷射混凝土支护工程验收工作要点包括：

（1）喷射混凝土所用的水泥、水、骨料、外加剂的质量，应符合施工组织设计的要求；混凝土配合比和外加剂掺量应符合相应的国家标准要求；

（2）喷射混凝土厚度不应小于设计值的 90%；

（3）喷射混凝土的表面平整度不大于 50mm；基础深度不小于设计值的 90%。

锚杆与锚索支护工程验收工作要点包括：

（1）锚杆的杆体及配件等必须符合设计要求。

（2）锚杆安装质量要求安装牢固，托板紧贴壁面，不松动。对全长粘结型锚杆（砂浆锚固锚杆）应检查砂浆密实度，要求注浆密实度应大于 75%。锚索锁定后的预应力不小于设计值的 90%。

（3）锚杆孔的深度允许偏差应为 0～50mm，锚索安装的有效深度不应小于设计的 95%。

2. A 喷射混凝土厚度检测点 8 个，设计厚度 120mm，按《混凝土结构工程施工质量验收规范》GB 50204—2015 的规定，喷射混凝土厚度不应小于设计值的 90%，即局部不得小于 120×90%＝108mm。A 点检测点数 8 个，其中第一点厚度 100mm 为不合格点，其他 7 个点均合格，合格率 7÷8×100%＝87.5%。根据《煤矿井巷工程质量验收规范》GB 50213—2010 规定，合格率大于 75%，且其余测点不影响安全使用即为合格。

锚杆间排距测点 8 个，第 5、6 两测点不合格，合格率 6÷8×100%＝75%，大于规定的 70%，且其余点不影响安全使用即为合格。

3. 按照不合格出现次数的大小进行排列，并计算累计频率（见表 3-4）。根据频数及频率表绘制排列图（如图 3-1 所示）。

频数及频率表			表 3-4
因素	不合格次数	频率（%）	累计频率（%）
平整度	20	40	40
锚杆间排距（mm）	12	24	64
巷道断面尺寸（m）	8	16	80
锚杆抗拔力（kN）	5	10	90
喷射混凝土厚度（mm）	3	6	96
混凝土强度	2	4	100

根据排列图可以看出影响质量的主要因素是喷混凝土平整度、锚杆间排距、巷道断

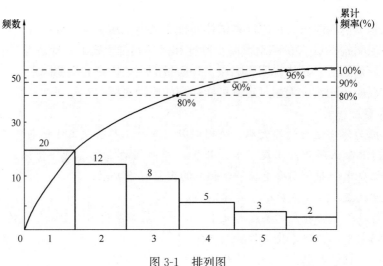

图 3-1 排列图

1—平整度；2—锚杆间排距；3—巷道断面尺寸；4—锚杆抗拔力；

5—喷射混凝土厚度；6—混凝土强度

面尺寸，其累计出现频率在 0～80％之间，次要因素为锚杆抗拔力，因为其累计频率在 80％～90％之间；一般因素是喷混凝土厚度、混凝土强度，因为其累计频率在 90％～100％之间。

4. 由于水泥、骨料和添加剂均无质量问题，因此混凝土用量大大超过定额主要是人为操作问题，其原因可能有：（1）配合比不当；（2）回弹量过大；（3）混凝土的粘接效果不好，造成喷层脱落等。

实务操作和案例分析题十一

【背景资料】

某单位施工一胶带大巷，巷道净断面 22m²，长度 2500m，采用锚喷支护。地质资料显示胶带大巷在 840～860m 左右将穿过一断层，断层可能导水。设计单位要求巷道穿越断层段增加 U29 钢支架加强支护，钢支架间距 0.5m。

在巷道施工至 835m 时，施工单位发现巷道围岩较稳定；施工至 840m 时，发现巷道围岩逐渐破碎，岩帮有少量出水。施工技术负责人要求立即进行短掘短喷（支护），并按设计要求增加 U29 钢支架支护。

在采用 U29 钢支架支护时，为确保支架稳定，施工人员在柱腿底部用浮矸填平，并用拉杆将相邻钢支架连接牢固；同时，施工人员还按现场质检人员的要求，将支架顶部和帮部用背板背实。施工过程中，巷道出水情况一直比较稳定。

巷道施工穿越断层后约一个月，当班班长发现 833～843m 段巷道顶部喷射混凝土局部离层、开裂严重，于是立即安排一名工人留下进行处理，其余人员撤离该巷道，安排到其他巷道工作面施工。在处理过程中，发生冒顶事故，造成该工人死亡。

【问题】

1. 施工单位在穿越断层前，应做好哪一项工作？简要说明理由及具体的工作内容。

2. 在穿越断层和处理喷射混凝土施工质量问题中，施工单位的做法存在哪些不妥之处？

3. 根据《生产安全事故报告和调查处理条例》，该事故为哪一等级事故？说明理由。

4. 该事故的责任应由施工单位哪些人员承担？

【参考答案】

1. 施工单位应做好穿越断层的探放水工作。

根据矿井防治水规定，采掘工作面接近含水层或导水断层，应当坚持"有疑必探，先探后掘"的原则，进行探放水。

探放水工作应：（1）编制探放水设计；（2）确定探水警戒线；（3）按设计进行探放水。

2. 不妥之处有：

（1）巷道施工到断层前未进行探水。

（2）发现巷道有少量出水时仍未探水。

（3）钢支架柱腿架设在浮矸上，未架设在实底上。

（4）安排一人处理喷射混凝土离层不妥，现场安全监护不到位。

3. 一般事故。造成 3 人以下死亡事故为一般事故。

4. 事故责任由施工单位以下人员承担：项目负责人、施工队长、技术负责人、钢支架架设人员、质检人员、安监人员（或安全员）、当班班长。

实务操作和案例分析题十二

【背景资料】

某施工单位承担矿山平峒工程，平峒长 2500m，断面 20m。根据地质资料分析，在巷道长 800m 及 1500m 处各有落差 5～10m 的断层，设计支护为锚网喷支护，断层带采用锚喷临时支护与混凝土衬砌联合支护。为加快施工进度，施工单位采用少打眼多装药的方法爆破掘进，并用加大喷射混凝土厚度的办法解决严重超挖问题，以保证平峒规格。在过断层带时，由于断层落差小，为弥补前期喷射混凝土材料的消耗，擅自将混凝土衬砌厚度减薄了 100mm，壁后用矸石充填。施工过程中，监理人员依据巷道表观成形良好，就签字认可，并根据施工书面材料，在隐蔽工程验收单上签字，同意隐蔽。工程竣工验收时发现，巷道规格尺寸符合要求，但大部分喷层有开列和离层现象，混凝土衬砌有多处裂缝，且有渗水。甲方和设计单位认定质量不合格，不同意验收。

【问题】

1. 用加大喷射混凝土厚度来保证巷道规格尺寸的方法是否可行？为什么？

2. 施工单位的施工质量控制工作存在哪些错误？

3. 监理单位在工程质量监理工作中存在什么问题？

4. 在本案例的条件下，锚喷临时支护与混凝土衬砌联合支护有什么好处。

【参考答案】

1. 用加大喷射混凝土厚度来保证巷道规格尺寸的方法不可行。

原因：（1）喷层厚薄不均（易形成喷层开裂或易离层）；

（2）易使支护结构受集中应力作用；

（3）增加喷射混凝土施工时间和成本。

2. 施工单位的施工质量控制工作存在的错误：

（1）采用少打眼多装药的方法爆破掘进；

（2）擅自将混凝土衬砌厚度减薄 100mm；

（3）壁后用矸石充填。

3. 监理单位在工程质量监理工作中存在的问题：

（1）没有按监理条例进行旁站监理（或监理人员依据巷道表观成形良好，就签字认可，并根据施工书面材料，在隐蔽工程验收单上签字）；

（2）对隐蔽工程没有按检查合格后才能做下道工序的制度进行监理。

4. 采用锚喷临时支护与混凝土衬砌联合支护的好处：由于井帮围岩得到了及时封闭，消除了岩帮风化和出现危岩垮帮等现象。不需要进行二次喷混凝土作业，直接利用模板台车进行混凝土现浇作业，混凝土用混凝土搅拌车从洞外运送至作业面。

实务操作和案例分析题十三

【背景资料】

某施工单位承接了铅锌矿主要运输巷道的施工项目，该巷道围岩比较坚硬，施工队为加快施工进度，采用减少炮眼数目、缩短钻眼时间、增大装药量的方法进行爆破掘进。工程实施后发现，巷道表面严重不平整，为达到验收要求，只能局部加大喷射混凝土的厚度，造成工程成本的增加。

【问题】

1. 指出增大装药量的方法进行爆破掘进的优点和缺点。

2. 巷道光面爆破的质量标准是什么？

3. 目前巷道施工的主要方法是什么？

4. 作为项目经理应当如何安排可以有效提高掘进进尺？

【参考答案】

1. 增加装药量方法的优点：可提高爆破进尺。

增加装药量方法的缺点：会增加装药消耗，另外过量装药会造成超挖，对围岩造成振动，不利于支护。

2. 巷道光面爆破的质量标准：

（1）围岩面上留下均匀眼痕的周边眼数应不少于其总数的 50%；

（2）超挖尺寸不得大于 150mm，欠挖不得超过质量标准规定；

（3）围岩面上不应有明显的炮震裂缝。

3. 目前巷道施工的主要方法是钻眼爆破法。

4. 应当优化施工参数，采用先进的施工设备，或者组织钻眼和装岩平行作业，也可选用高效率的钻眼设备和装岩设备，以缩短循环时间，加快施工速度。也可以缩短其他辅助工作的时间，也能有效提高掘进进尺。

实务操作和案例分析题十四

【背景资料】

某施工单位施工一个主斜井。斜井的倾角 22°，斜长 1306m。根据地质资料分析，井筒在 747m 处将遇煤层，施工单位提前编制了穿过煤层的技术措施，经设计单位同意将该段支护改为锚喷网与支架联合支护，其中支架采用 20 号槽钢，间距为 0.6m。施工中，掘进队队长发现煤层较完整，就未安装支架，仅采用锚喷网支护，并将施工中的混凝土回弹料复用，快速通过了该地段。次日，技术人员检查发现过煤层段的支护有喷层开裂现象，并及时进行了汇报。经现场勘察分析后，施工技术负责人向掘进队下达了补设槽钢支架的通知单，间距为 1.0～1.2m。实际施工中支架棚腿未能生根到巷道的实底中。工作面继续向前推进约 25m 后，该地段发生了顶板冒落事故，造成正在该地段进行风水管路回收的副班长被埋而死亡。

【问题】

1. 该斜井过煤层段混凝土喷层开裂的原因是什么？

2. 该事故发生的主要原因是什么？具体表现在哪几方面？

3. 该事故的责任应由哪些人承担？

4. 该事故应按怎样的程序进行处理？

【参考答案】

1. 混凝土喷层开裂的原因：

（1）围岩压力大，煤层自身强度低；

（2）混凝土喷层施工质量不符合要求。

2. 该事故发生的主要原因：

（1）没有按技术措施进行操作；

（2）施工质量不符合要求，安全管理不严。

具体表现：

（1）施工队随意修改支护参数；

（2）支架未落实底，不符合规定；

（3）施工质量管理不到位。

3. 该事故的责任的承担：

（1）施工技术负责人承担；

（2）棚式支架安装人员承担；

（3）质检人员和监理人员承担。

4. 该事故的处理程序：

（1）迅速抢救伤员，保护事故现场；

（2）组织调查组，调查事故原因；

（3）进行现场勘察；

（4）分析事故原因，确定事故性质；

（5）写出事故调查报告；

（6）事故的审理和结案。

实务操作和案例分析题十五

【背景资料】

某矿井因为生产接替与通风安全问题需新建一风井井筒，该风井井筒设计净直径

6.0m，深度635m，井下马头门为东西方向，地面永久通风机房与永久注浆站布置在井口东西两侧，井下二期工程量为3200m，风井施工到底需进行临时改绞方能满足二期工程施工的需要。矿井施工组织设计安排地面永久通风机房在风井与主副井贯通后第三个月底投入使用，永久注浆站在二期工程竣工后第一个月初投入使用。

该风井井筒表土段深度395m，采用冻结法施工，基岩段采用普通钻眼爆破法施工。基岩段岩层主要由泥岩、粉砂岩组成，井深510～523m为中粒砂岩含水层，预计涌水量26m³/h。

施工单位采用的综合机械化作业线设备配套方案如下：井筒施工采用1台FJD-6型伞钻打眼，炮眼深度4.5m；布置1台HZ-6中心回转抓岩机出渣；选用JKZ-2.8和JKZ-3.0单滚筒提升机各1台配3～5m³吊桶进行提升；采用高度3.0m的YJM系列金属液压模板砌壁；选用1台扬程700m、流量50m³/h的DC50卧泵排水。JKZ-2.8和JKZ-3.0提升机房分别布置在永久主通风机房和永久地面注浆站位置。

井筒基岩段正常施工至506m时，上部井筒漏水量约5m³/h左右，当天中班打眼放炮后，工作面涌水量突然增加到20m³/h，项目经理立即组织人员调来卧泵，形成井下排水系统后继续施工。达到一个段高后，项目经理布置井下作业人员进行截水，并支模浇筑混凝土，混凝土入模达0.8m左右开始振捣，按此方法通过了含水层。该段井壁拆模以后，建设单位代表与监理工程师、项目经理等一起检查，发现含水层段井壁表面有6处蜂窝麻面，多处孔洞，壁后有多股流水现象。建设单位代表及时组织监理单位、施工单位召开方案研讨会，制定了对这段井壁采取壁后注浆封水加固和抹面处理蜂窝麻面及孔洞的技术处理方案，施工单位及时按此方案进行了处理。

该井筒含水层段施工进尺共69m，技术人员与质检员一起制作了两组混凝土标准试件，制作时建设单位和监理单位人员均不在现场，现场同条件养护后送交有资质的试验室进行试验，两组试件28d龄期强度均合格。井筒施工中间验收由专业监理工程师组织，当月69m井壁质量经评定为合格。

【问题】

1. 施工单位采用的综合机械化作业线配套方案存在哪些不妥之处？说明理由。提升机应如何合理布置？

2. 施工单位针对基岩含水层的防治水方案存在哪些不妥？说明理由。

3. 针对井壁出现的质量问题，所采取的处理程序有何不妥？给出合理的处理程序。

4. 现场混凝土标准试件制作上存在哪些不妥？井筒中间验收程序上有哪些不妥？分别说明正确的方法。

【参考答案】

1. 施工单位采用的综合机械化作业线配套方案存在的不妥之处及理由如下：

（1）配备两套单钩提升机不妥。

理由：需要改绞。

（2）配备的模板高度不妥。

理由：与循环爆破进尺不匹配。

提升机合理布置的情形如下：

应选1台双钩，1台单钩。双钩提升机布置在永久地面注浆站位置，单钩提升机布置在永久通风机房位置。

2. 施工单位针对基岩含水层的防治水方案存在的不妥之处及理由如下：

（1）工作面出水后再安装排水系统不妥。

理由：应在井筒掘进施工前形成排水系统。

（2）基岩含水层未进行探水就掘进施工，不合理。

理由：违反"有疑必探、先探后掘"原则。

（3）工作面涌水量大于 10.0m³/h，不注浆进行施工。

理由：违反施工规范，无法保证施工质量和安全。

（4）浇筑混凝土时防水措施不到位。

理由：井帮淋水影响井壁施工质量。

（5）工作面混凝土入模达 0.8m 左右才开始振捣，不合理。

理由：规范规定，每浇筑 0.30～0.50m 应分层振捣。

3. 针对井壁出现的质量问题，所采取的处理程序的不妥之处在于建设单位代表召开会议，制定技术处理方案和工作程序。

合理的处理程序是：

（1）施工单位向建设单位递交报告；

（2）由设计单位制定技术处理方案；

（3）施工单位按照制定的技术处理方案施工；

（4）监理单位按照技术处理方案验收。

4. 现场混凝土标准试件制作上存在的不妥之处及正确做法如下：

（1）技术员与质检员一起制作试件不妥。

正确做法：技术员与质检员应见证取样。

（2）现场同条件养护不妥。

正确做法：应在标准条件下养护。

（3）当月进度 69m，制作两组试件不妥。

正确做法：应当制作 3 组试件。

井筒中间验收程序上的不妥之处：由专业监理工程师组织不妥。

正确做法：应由建设单位或总监理工程师组织验收。

实务操作和案例分析题十六

【背景资料】

某施工单位接受邀请，按照参加投标预备会→进行现场考察→编制投标文件的程序参加了一净直径 7.0m、深 650m 立井井筒的施工招标活动，并中标。

该工程施工中发生了以下事件：

事件 1：工程进行到第 2 个月时又新进了一批水泥，施工单位首次组织材料员、工程技术人员对该批水泥进行进场联合验收，合格后用于工程施工。

事件 2：在现浇钢筋混凝土井壁施工过程中，施工单位按照绑扎钢筋→施工单位自检→浇注混凝土的程序组织施工。

事件 3：在完成 500m 井筒工程后，施工单位对其进行全面质量检查，结果见表 3-5；

质量检查结果	表 3-5
质量因素	不合格次数
断面规格	10
钢筋绑扎	15
混凝土强度	6
井壁厚度	7
井壁外观	12

该井筒工程施工完成后采用的竣工验收程序如图 3-2 所示：

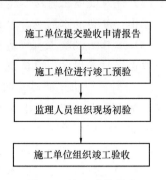

图 3-2　竣工验收程序

【问题】

1. 指出投标程序中所存在的问题并予以纠正。

2. 指出事件 1 所存在的问题，并说明正确做法。

3. 指出事件 2 施工程序的不妥之处，说明理由。

4. 根据事件 3 中，采用排列图分析方法判断影响工程质量的主要因素、次要因素和一般因素。

5. 指出上述竣工验收程序图中的问题，并画出正确的程序图。

【参考答案】

1. 投标程序中所存在的问题：现场考察与投标预备会的程序不正确。

正确程序：现场考察后参加投标预备会。

2. 事件 1 所存在的问题：没有正规的材料进场验收制度（施工第二月才首次组织检验）；监理人员未参加对进场材料的联合验收。

正确做法：施工单位应建立工程材料进场联合验收制度；进场材料应组织材料员、工程技术人员及监理人员共同进行联合验收。

3. 事件 2 施工程序的不妥之处：施工单位自检合格后开始浇注混凝土不妥。

理由：钢筋工程是隐蔽工程，隐蔽工程应经过监理工程师认定合格后方能进行下一道工序。

4. 按不合格次数的多少重新排序，并计算频率及累计频率，见表 3-6。

频率及累计频率			表 3-6
因素	不合格次数	频率（%）	累计频率（%）
钢筋绑扎	15	30	30
外观质量	12	24	54
断面规格	10	20	74
井壁厚度	7	14	88
混凝土强度	6	12	100

主要因素：钢筋绑扎质量、外观质量、断面规格。

次要因素：井壁厚度。

一般因素：混凝土强度。

5.竣工验收程序图中的问题：施工单位应先组织预验；图中施工单位组织竣工验收不正确。合理的竣工验收程序如图3-3所示。

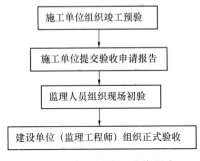

施工单位组织竣工预验

施工单位提交验收申请报告

监理人员组织现场初验

建设单位（监理工程师）组织正式验收

图3-3 合理的竣工验收程序

实务操作和案例分析题十七

【背景资料】

某施工单位承建立井工程，应建设单位要求，合同约定建成后的井筒涌水量不超过 $10m^3/h$。施工单位施工至井深360m处发现岩壁有较大出水点，且井筒涌水量突然超过原地质资料提供数据的2倍多。施工单位经过紧急抢险处理后才完成混凝土浇筑工作，然后报告了监理工程师。三个月后验收井筒质量时，虽无集中出水，但井筒涌水量达到 $8m^3/h$。质量检验部门不予签字。建设单位怀疑井壁质量有问题强行要求在360m处破壁打4个检查孔，施工单位不仅拒绝，且提出抢险损失的索赔。事后还引起了建设单位以质量检验部门不签字为由的拒付工程款纠纷。

【问题】

1.质量检验单位不予签字认可是否合理？说明理由。

2.施工单位按建成后井筒涌水量不超过 $10m^3/h$ 的合同要求组织施工是否正确？针对本案例情况，说明如何正确应对建设单位的合同要求。

3.井筒岩壁有出水点时可采取哪些保证井壁施工质量的措施？有较大出水点时，应如何处理？

4.施工单位拒绝建设单位破壁检查的做法是否合理？说明理由。为降低井筒涌水量，可采用什么方法？

5.施工单位提出的索赔要求是否合理？说明本案例索赔的正确做法。

6.指出施工单位在拒付工程款纠纷事件中的过失。

【参考答案】

1.质量检验单位不予签字认可是合理的。

理由：合同的井筒涌水量要求不符合《矿建工程强制性条文》的要求。根据《矿建工程强制性条文》中规定，井筒建成后的总漏水量，不得大于 $6m^3/h$，井壁不得有 $0.5m^3/h$ 以上的集中漏水孔。

2. 施工单位按建成后井筒涌水量不超过 $10m^3/h$ 的合同要求组织施工是不正确的。

正确应对建设单位的合同要求：

（1）施工单位应在合同签订前明确向建设单位提出矿山建设强制性标准的性质及其井筒最大涌水量为 $6m^3/h$ 的要求，并在投标书中提出相应的施工技术措施。

（2）工程费用和工期要求。如中标，应按投标书的井筒最大涌水量为 $6m^3/h$ 的要求签订合同。

3. 井筒岩壁有出水点时可采取的方法有"堵、截、导"。当水大时，一般应采用导水管将水导到井内，避免冲淋正在浇筑的井壁，待混凝土凝固后进行注浆。

4. 施工单位拒绝建设单位破壁检查的做法是合理。

理由：按规定，破壁检查孔不得超过 2 个。

为降低井壁涌水可采用注浆的方法。

5. 施工单位提出的索赔要求是合理的。

本案例正确的索赔做法是：对突然涌水的岩壁出水点和井筒涌水进行测量，并由监理工程师对出水处理工作签证，因本案例中索赔内容属于隐蔽工程，则应在浇筑混凝土前经监理工程师检查合格并签证。然后在限定时间内向建设单位提出索赔意向，并在规定时间内准备全部资料正式提出索赔报告。

6. 施工单位签署了违反《工程建设标准强制性条文》的合同并按照此合同进行施工。

实务操作和案例分析题十八

【背景资料】

某施工单位承接了一个立井井筒工程项目，合同约定建成后的井筒涌水量不超过 $10m^3/h$。井筒施工开始后，由于施工准备不充分，没有试模，直到井筒施工 70m 后，才开始预留混凝土试块。深至 260m 时井筒涌水量突然增加，工作面实测涌水量超过原资料提供数据的 3 倍多。施工单位经过紧急抢险处理后才完成混凝土浇筑工作，然后报告了监理工程师。

3 个月后，施工单位核定所施工井筒的施工质量为合格，并向监理单位提交了验收的相关资料，然后组织建设、监理等单位对井筒的施工质量进行检查验收；验收中，建设单位要求钻孔实测井壁厚度，施工单位按要求在井壁上凿测量孔 4 个，由此引起井壁漏水。建设单位要求施工单位采取补救措施。事后，施工单位就补救工作向建设单位提出费用和工期索赔要求，建设单位以检查需要凿孔为由拒绝了施工单位的要求。

【问题】

1. 影响井筒混凝土施工质量的关键性因素是什么？发生的可能原因有哪些？

2. 施工中的质量通病有哪些？应该采取哪些预防措施？

3. 在井筒质量检查验收过程中，有哪些做法不合理？应如何做？

4. 井筒正式竣工验收由谁组织？

5. 施工单位提出的索赔要求是否合理？正确做法？

【参考答案】

1. 影响井筒混凝土施工质量的关键性因素：井筒涌水。

发生的可能原因：（1）提供地质资料不充分，实际揭露涌水量超过预测涌水量；

（2）施工前对井筒涌水重视度不够，没有采取如注浆等有效措施。

2. 施工中的质量通病：混凝土试块预留不及时。

预防措施：应做好施工准备，及时预留混凝土试块并及时试验。

3. 在井筒质量检查验收过程中，不合理的做法及原因：

（1）建设单位要求钻孔实测井壁厚度，在井壁上凿测量孔4个做法不合理。

正确做法：建设单位要求钻孔实测井壁厚度，按规定凿孔数不应超过2个。

（2）施工单位自己核定井筒质量等级不合理。

正确做法：施工单位对其施工的井筒申请进行质量评定。

（3）施工单位组织建设、监理等单位对井筒的施工质量进行检查验收不合理。

正确做法：建设单位（监理单位）负责组织有关单位对井筒的施工质量进行检验评定。

4. 井筒正式竣工验收应由建设单位组织。

5. 施工单位提出的索赔要求合理。

正确做法：钻凿井壁检查孔引起井壁漏水，施工单位对此不应承担责任，但应负责采取补救措施；建设单位应承担由此所造成的一切费用损失（包括采取补救措施的费用）和工期延误责任。

实务操作和案例分析题十九

【背景资料】

某施工单位承包一净直径6m的立井井筒工程。地质资料表明，该井筒多数岩层的岩石坚固性系数 f 在6以上；在井深420m处将穿过一含水层，预计涌水量25m³/h，井筒总涌水量不超过30m³/h。设计基岩段井壁厚500mm，素混凝土。基岩段施工的相关技术方案是采用光面爆破法掘进，6臂伞钻打眼，要求周边眼眼底严格落在井筒掘进断面轮廓线上；两掘一砌，整体金属模板砌壁，模板高3m，吊桶下料，2个对称的布料点布料，4个风动振动棒对称振捣，分层浇筑、分层振捣，分层厚度1.5m；工作面设吊泵排水。施工过程中出现以下质量问题：

（1）井筒掘进断面周边有近1/3出现欠挖；

（2）混凝土井壁蜂窝、麻面严重；

（3）井壁渗漏水严重。

【问题】

1. 该井筒爆破作业出现欠挖现象的主要原因是什么？应如何解决？

2. 处理井筒涌水的措施是否正确？说明理由和正确的做法。

3. 混凝土井壁质量问题产生的原因是什么？如何保证混凝土井壁的浇筑质量？

【参考答案】

1. 出现欠挖的原因是：在 $f \geqslant 6$ 的岩石中爆破，因周边眼的眼底落在掘进断面的轮廓线上，故易出现欠挖。

使周边眼眼底落在掘进断面轮廓线外50～100mm处，是解决这一问题的适宜手段。

2. 采用工作面设吊泵的排水措施不正确。

原因是："工程建设强制性条文"等规范文件规定，井筒含水层涌水量超过10m³/h应采用注浆堵水。根据井筒只穿过一层主要含水层，宜采用工作面注浆方法，同时在此后的作业中还需配备吊泵或卧泵，以备排水之用。

3. 产生混凝土井壁质量问题的主要原因是：

（1）未采取治理井筒涌水和相应混凝土浇灌的质量保护措施，使井壁淋水进入模板导致水泥浆被冲走；且井筒内涌水大，施工条件恶劣。

（2）分层厚度1.5m过大。

（3）井筒净径6m，2个布料点太少。

保证混凝土浇筑质量的措施：

（1）布料点至少增至4个。

（2）应对称均匀布料，分层浇筑厚度不超过0.5m。

（3）采取注浆堵水，并在浇筑前有截水、导水措施，防止井壁淋水进入模板。

实务操作和案例分析题二十

【背景资料】

某施工单位中标承建一长度150m的钢结构栈桥。进行基础混凝土施工时，施工员发现运至工地的商品混凝土流动性差，便在现场加水重新搅拌再供浇筑使用。结构制作用钢材进场时，施工单位的材料员核对了钢材的数量、规格尺寸和出厂质量保证书，然后由搬运工直接将钢材堆放在现场的平地上，供制作使用。钢结构构件加工前，项目部抽调了部分钢筋工进行了三天焊接培训，随即上岗制作钢构件。质检员对加工好的钢构件外观检查合格后，开始进行起吊安装。工程按期完工，施工单位向监理工程师提交了验收申请，项目经理部对工程进行了初验，并组织了由建设单位、监理单位参加的竣工验收。

【问题】

1. 钢材进场过程中，施工单位的做法有哪些不妥之处？

2. 施工员对运至工地的商品混凝土处理方法是否正确？说明理由。

3. 项目部对钢构件制作的管理是否正确？简述理由。

4. 本案例的工程竣工验收程序有哪些不妥之处？

【参考答案】

1. 施工单位做法的不妥之处有：

（1）仅派材料员到现场进行材料进场检验，未通知监理工程师参加。

（2）对进场材料的检验不全面，还应对钢材外观等进行检验。

（3）不应将钢材直接堆放在现场平地上。

2. 不正确。

按规程要求，不合格商品混凝土应退回生产厂家。随意对混凝土加水搅拌，会改变混凝土配合比，影响其质量。

3. 不正确。

钢结构焊接应由具有相应焊接证的工人施工，不能只通过焊接培训就上岗作业。

4. 不妥之处有：

（1）工程项目初验不应由项目经理部负责，应由监理工程师对项目进行初验。

（2）竣工验收不应由项目经理部组织，应由建设单位负责组织。

（3）竣工验收的参加单位除施工单位、建设单位、监理单位外，还应有勘察设计单位参加。

实务操作和案例分析题二十一

【背景资料】

某施工单位承包建设矿井的井筒项目。业主仅以相邻矿井的地质资料绘制的柱状图作为设计、施工依据。该图显示：井筒表土厚 20m，基岩以砂岩为主，在 $120\sim150m$ 范围有两层涌水量分别为 $22m^3/h$ 和 $40m^3/h$ 的含水层，含水层间有水力联系。为满足业主要求，承包单位同意采用工作面强排水方法处理井筒涌水，并与业主约定以井筒涌水量不超过 $15m^3/h$ 为验收条件，双方签订了合同。工程验收时发现，井壁渗漏水 $13.8m^3/h$，并有越来越大趋势，最终质量监督单位不同意验收。

【问题】

1. 在该项目的建设过程中，业主的做法存在哪些错误？说明理由。

2. 施工单位与业主签订合同的做法有何不妥？说明正确的做法。

3. 在本案例条件下，采用工作面强排水方法对井筒质量可能有哪些危害？

4. 质监单位不同意验收是否合理？说明理由。

5. 在本案例的条件下，该井筒应如何处理才能通过验收？指出其可能对今后矿井生产的影响。

【参考答案】

1. 业主的做法存在的错误：

（1）没有被批准的地质勘查资料、没有经审查合格的设计文件；

（2）同意降低井筒验收标准；

（3）在预计井筒含水层涌水量 $40m^3/h$ 时要求施工单位采用工作面直接排水的方法施工。

2. 施工单位认可业主违规要求，并按降低了的验收标准签订了合同。

正确的做法：指出业主的违规做法（或坚持根据规程和质量要求签订合同或拒绝签订合同）。

3. 采用工作面强排水方法对井筒质量可能存在的危害：

（1）因地质情况不清，盲目采用工作面直接排水方法给井筒安全和质量带来重大风险和隐患。

（2）井筒施工条件恶劣。

（3）涌水影响混凝土浇筑质量。

4. 质量监督单位做法合理合法。

理由：井壁渗漏水 $13.8m^3/L$，达不到验收规范的要求。

5. 可能的处理和验收方式：经业主和施工单位商量，为通过验收，可采用壁后注浆或井筒套壁等堵渗补强措施。

可能的影响：井筒仍可能漏水（或这改变了井筒结构，可能影响提升系统和井内设施布置，降低提升能力，减小设计生产规模）。

第四章 矿业工程施工成本管理

2011—2020 年度实务操作和案例分析题考点分布

考点＼年份	2011年	2012年6月	2012年10月	2013年	2014年	2015年	2016年	2017年	2018年	2019年	2020年
矿业工程费用构成							●				
工程量清单的计价方法		●		●							
不可竞争费的构成				●							
工程预付款的概念和用途		●									
工程进度款的计算		●									
工程量变更及费用计算				●							

专家指导：

施工成本管理的考查点相对进度、质量、合同、安全管理来说比较少，常考的点就是相关费用的计算及相关费用的构成。

要 点 归 纳

1. 建筑安装工程费按照费用构成要素划分【一般考点】

建筑安装工程费按照费用构成要素划分由下列费用组成：

（1）人工费，主要包括：

1）计时工资或计件工资。

2）奖金：节约奖、劳动竞赛奖等。

3）津贴补贴：流动施工津贴、特殊地区施工津贴、高温（寒）作业临时津贴、高空津贴等。

4）加班加点工资：按规定支付的在法定节假日工作的加班工资和在法定日工作时间外延时工作的加点工资。

5）特殊情况下支付的工资：根据国家法律、法规和政策规定，因病、工伤、产假、计划生育假、婚丧假、事假、探亲假、定期休假、停工学习、执行国家或社会义务等原因按计时工资标准或计时工资标准的一定比例支付的工资。

（2）材料费，内容包括：

1）材料原价；

2）运杂费；

3）运输损耗费；

4）采购及保管费：包括采购费、仓储费、工地保管费、仓储损耗。其中工程设备是指构成或计划构成永久工程一部分的机电设备、金属结构设备、仪器装置及其他类似的设备和装置。

（3）施工机具使用费

1）施工机械使用费：以施工机械台班耗用量乘以施工机械台班单价表示，施工机械台班单价应由下列七项费用组成：

① 折旧费：指施工机械在规定的使用年限内，陆续收回其原值的费用。

② 大修理费：指施工机械按规定的大修理间隔台班进行必要的大修理，以恢复其正常功能所需的费用。

③ 经常修理费：指施工机械除大修理以外的各级保养和临时故障排除所需的费用。包括为保障机械正常运转所需替换设备与随机配备工具附具的摊销和维护费用，机械运转中日常保养所需润滑与擦拭的材料费用及机械停滞期间的维护和保养费用等。

④ 安拆费及场外运费：安拆费指施工机械（大型机械除外）在现场进行安装与拆卸所需的人工、材料、机械和试运转费用以及机械辅助设施的折旧、搭设、拆除等费用；场外运费指施工机械整体或分体自停放地点运至施工现场或由一施工地点运至另一施工地点的运输、装卸、辅助材料及架线等费用。

⑤ 人工费：指机上司机（司炉）和其他操作人员的人工费。

⑥ 燃料动力费：指施工机械在运转作业中所消耗的各种燃料及水、电等。

⑦ 税费：指施工机械按照国家规定应缴纳的车船使用税、保险费及年检费等。

2）仪器仪表使用费：是指工程施工所需使用的仪器仪表的摊销及维修费用。

（4）企业管理费

企业管理费是指建筑安装企业组织施工生产和经营管理所需的费用。内容包括：

1）管理人员工资：是指按规定支付给管理人员的计时工资、奖金、津贴补贴、加班加点工资及特殊情况下支付的工资等。

2）办公费：是指企业管理办公用的文具、纸张、账表、印刷、邮电、书报、办公软件、现场监控、会议、水电、烧水和集体取暖降温（包括现场临时宿舍取暖降温）等费用。

3）差旅交通费：是指职工因公出差、调动工作的差旅费、住勤补助费，市内交通费和误餐补助费，职工探亲路费，劳动力招募费，职工退休、退职一次性路费，工伤人员就医路费，工地转移费以及管理部门使用的交通工具的油料、燃料等费用。

4）固定资产使用费：是指管理和试验部门及附属生产单位使用的属于固定资产的房屋、设备、仪器等的折旧、大修、维修或租赁费。

5）工具用具使用费：是指企业施工生产和管理使用的不属于固定资产的工具、器具、家具、交通工具和检验、试验、测绘、消防用具等的购置、维修和摊销费。

6）劳动保险和职工福利费：是指由企业支付的职工退职金、按规定支付给离休干部的经费，集体福利费、夏季防暑降温、冬季取暖补贴、上下班交通补贴等。

7）劳动保护费：如工作服、手套、防暑降温饮料以及在有碍身体健康的环境中施工的保健费用等。

8）检验试验费：是指施工企业按照有关标准规定，对建筑以及材料、构件和建筑安装物进行一般鉴定、检查所发生的费用，包括自设试验室进行试验所耗用的材料等费用。不包括新结构、新材料的试验费，对构件做破坏性试验及其他特殊要求检验试验的费用和建设单位委托检测机构进行检测的费用，对此类检测发生的费用，由建设单位在工程建设其他费用中列支。但对施工企业提供的具有合格证明的材料进行检测不合格的，该检测费用由施工企业支付。

9）工会经费。

10）职工教育经费。

11）财产保险费。

12）财务费：是指企业为施工生产筹集资金或提供预付款担保、履约担保、职工工资支付担保等所发生的各种费用。

13）税金：是指企业按规定缴纳的房产税、车船使用税、土地使用税、印花税等。

14）其他：包括技术转让费、技术开发费、投标费、业务招待费、绿化费、广告费、公证费、法律顾问费、审计费、咨询费、保险费等。

（5）利润。

（6）规费主要包括：

1）社会保险费：养老保险费、失业保险费、医疗保险费、生育保险费、工伤保险费。

2）住房公积金。

其他应列而未列入的规费，按实际发生计取。

（7）税金。

2. 建筑安装工程费按照工程造价形成划分【一般考点】

（1）分部分项工程费

1）专业工程：按现行国家计量规范划分的房屋建筑与装饰工程、仿古建筑工程、通用安装工程、市政工程、园林绿化工程、矿山工程、构筑物工程、城市轨道交通工程、爆破工程等各类工程。

2）分部分项工程：按现行国家计量规范对各专业工程划分的项目，如房屋建筑与装饰工程划分的土石方工程、地基处理与桩基工程、砌筑工程、钢筋及钢筋混凝土工程等。

（2）措施项目费

1）安全文明施工费：包括环境保护费、文明施工费、安全施工费、临时设施费等。

2）夜间施工增加费：指因夜间施工所发生的夜班补助费、夜间施工降效、夜间施工照明设备摊销及照明用电等费用。

3）二次搬运费：必须进行二次或多次搬运所发生的费用。

4）冬、雨期施工增加费。

5）已完工程及设备保护费。

6）工程定位复测费。

7）特殊地区施工增加费。

8）大型机械设备进出场及安拆费。

9）脚手架工程费。

（3）其他项目费

1）暂列金额：用于施工合同签订时尚未确定或者不可预见的所需材料、工程设备、服务的采购，施工中可能发生的工程变更、合同约定调整因素出现时的工程价款调整以及发生的索赔、现场签证确认等的费用。

2）计日工：指在施工过程中，施工企业完成建设单位提出的施工图纸以外的零星项目或工作所需的费用。

3）总承包服务费。

（4）规费

（5）税金

3. 矿业工程常用的定额分类【一般考点】

（1）按反映的物质消耗的内容分类

1）人工消耗定额：指完成一定合格产品所消耗的人工的数量标准。

2）材料消耗定额：指完成一定合格产品所消耗的材料的数量标准。

3）机械消耗定额：指完成一定合格产品所消耗的施工机械的数量标准。

（2）按编制程序分类

1）施工定额：施工定额是工程建设定额中分项最细，定额子目最多的一种定额。

2）预算定额：预算定额一般适用于新建、扩建、改建工程。

3）概算定额（指标）：概算定额是在预算定额基础上以主要分项工程综合相关分项的扩大定额，是编制初步设计概算的依据，也可作为编制估算指标的基础。

4）估算指标：估算指标为建设工程的投资估算提供依据，是合理确定项目投资的基础。

（3）按建设工程内容分类

1）矿业地面建筑工程定额采用我国通用的土建定额、装饰定额等。

2）矿业机电设备安装工程定额采用国家同类内容。矿业特殊凿井施工也采用机电设备安装定额。

3）井巷工程定额是矿业工程专业定额。

4）按定额的适用范围分类：分为国家定额、行业定额、地区定额和企业定额。

5）按构成工程的成本和费用分类：分为构成直接工程成本的定额（直接费定额、其他直接费定额和现场经费定额等）、构成间接费的定额（企业管理费、财务费用和其他费用定额等）以及构成工程建设其他费用的定额（土地征用费、拆迁安置费、建设单位管理费定额等）。

4. 工程量清单的计价方法【一般考点】

工程量清单应采用综合单价计价，综合单价是指完成一个规定清单项目所需的人工费、材料和工程设备费、施工机具使用费、企业管理费、利润及一定范围内的风险费用。建设工程发承包及实施阶段的工程造价由分部分项工程费、措施项目费、其他项目费组成。

措施项目中的安全文明施工费必须按国家或省级、行业建设主管部门的规定计算，不得作为竞争性费用。

5. 合同价款调整费用计算的有关规定【重要考点】

（1）国家的法律、法规、规章和政策发生变化影响工程造价的，应按省级或行业建设主管部门或其授权的工程造价管理机构据此发布的规定调整合同价款。

（2）施工中出现施工图纸（含设计变更）与招标工程量清单项目的特征描述不符，应按照实际施工的项目特征，重新确定相应工程量清单项目的综合单价，并调整合同价款。

（3）因工程变更引起已标价工程量清单项目或其工程数量发生变化时，应按下列规定调整：

1）已标价工程量清单中有适用于变更工程项目的，项目的单价，按合同中已有的综合单价确定；

2）已标价工程量清单中没有适用但有类似于变更工程项目的，可在合理范围内参照类似项目的单价；

3）已标价工程量清单中没有适用也没有类似于变更工程项目的，由承包人根据变更工程资料、计量规则和计价办法、工程造价管理机构发布的信息价格和承包人报价浮动率提出变更工程项目的单价，报发包人确认后调整。

承包人报价浮动率可按下列公式计算：

① 招标工程

承包人报价浮动率 $L=(1-$ 中标价/招标控制价$)\times100\%$

② 非招标工程

承包人报价浮动率 $L=(1-$ 报价/施工图预算$)\times100\%$

4）已标价工程量清单中没有适用也没有类似于变更工程项目，且工程造价管理机构发布的信息价格缺价的，由承包人根据变更工程资料、计量规则、计价办法和通过市场调查等取得有合法依据的市场价格提出变更工程项目的单价，报发包人确认后调整。

（4）工程变更引起施工方案改变并使措施项目发生变化时，承包人提出调整措施项目费的，应事先将拟实施的方案提交发包人确认，并应详细说明与原方案措施项目相比的变化情况。拟实施的方案经发承包双方确认后执行，并按照规范规定调整措施项目费。

（5）对于招标工程量清单项目，当应予计算的实际工程量与招标工程量清单出现的偏差和工程变更等原因导致的工程量偏差超过 15％时，可进行调整。当工程量增加 15％以上时，增加部分的工程量的综合单价应予调低；当工程量减少 15％时，减少后剩余部分的工程量的综合单价应予调高。

（6）合同履行期间，因人工、材料、工程设备、机械台班价格波动影响合同价款时，应根据合同约定，按规范规定的方法调整合同价款。

（7）因不可抗力事件导致的费用，发、承包双方应按以下原则分别承担并调整工程价款。

1）合同工程本身的损害、因工程损害导致第三方人员伤亡和财产损失以及运至施工现场用于施工的材料和待安装的设备的损害，由发包人承担；

2）发包人、承包人人员伤亡由其所在单位负责，并承担相应费用；

3）承包人的施工机械设备的损坏及停工损失，由承包人承担；

4）停工期间，承包人应发包人要求留在施工现场的必要的管理人员及保卫人员的费用由发包人承担；

5）工程所需清理、修复费用，由发包人承担。

6. 施工成本控制方法【一般考点】

矿业工程施工成本控制方法主要有：成本分析表法、工期成本同步分析法、挣值法、价值工程法。

挣值法是对成本—进度进行综合控制的一种分析方法。通过比较已完工程预算成本（$BCWP$）与已完工程实际成本（$ACWP$）之间的差值，可以分析由于实际价格的变化而引起的累计成本偏差；通过比较已完工程预算成本（$BCWP$）与拟完工程预算成本（$BCWS$）之间的差值，可以分析由于进度偏差而引起的累计成本偏差。并通过计算后续未完工程的计划成本余额，预测其尚需的成本数额，从而为后续工程施工的成本、进度控制及寻求降本挖潜途径指明方向。

历 年 真 题

实务操作和案例分析题一［2013 年真题］

【背景资料】

某施工单位中标一选矿厂工程。该工程采用工程量清单计价，分部分项工程费 1600 万元，措施项目费 180 万元，安全文明施工费 38 万元，其他项目费用 20 万元，规费 45 万元，税金 62.9 万元。

合同约定，当分部分项工程量增加（减少）幅度在 5% 以内，执行原有综合单价；工程量增加幅度大于 5% 时，按原清单综合单价的 0.9 倍结算；工程量减少幅度大于 5% 时，按原清单综合单价的 1.1 倍结算。

基础工程施工时，为确保工程安全性和可靠性，施工单位针对现场实际情况，将施工方案中的基坑降水深度 5.1m 增加到 6.0m，由此多投入措施项目费 7 万元。

工程结算时，经现场测量，A、B 分部分项工程量变化见表 4-1：

A、B 分部分项工程量变化表   表 4-1

分部分项工程	A	B
清单综合单价（元/m³）	42	56
清单工程量（m³）	5400	6200
实际工程量（m³）	5800	5900

【问题】

1. 列式计算出本工程的中标价。

2. 清单报价中，哪些费用属于不可竞争费？

3. 基础工程施工时，施工单位能否就多投入的措施项目费用进行索赔？说明理由。

4. 根据 A、B 两项工程的实际工程量，分别计算 A、B 分部分项工程费用，并分别说明理由。

【解题方略】

1. 本题考查的是工程量清单的计算。工程量清单由分部分项工程项目清单、措施项目清单、其他项目清单、规费项目清单和税金项目清单组成。工程造价由分部分项工程费、措施项目费、其他项目费、规费和税金组成。

(1) 分部分项工程项目清单必须载明项目编码、项目名称、项目特征、计量单位和工程数量。

(2) 措施项目清单必须根据相关工程现行国家计量规范的规定编制，应根据拟建工程的实际情况列项。

(3) 其他项目清单应按照暂列金额、暂估价（包括材料暂估单价、工程设备暂估单价、专业工程暂估价）、计日工和总承包服务费内容进行列项。

(4) 规费项目清单应按照社会保险费（养老保险费、失业保险费、医疗保险费、工伤保险费、生育保险费）、住房公积金、工程排污费进行列项。

(5) 税金项目清单包括营业税、城市维护建设税、教育费附加及地方教育附加。

背景资料中已知了分部分项工程费、措施项目费、其他项目费、规费和税金，所以总造价就是它们的总和。不过需要注意的是安全文明施工费属于措施项目费的范畴，考生切记不要重复计算。

2. 本题考查的是不可竞争费的构成。建设工程造价是由分部分项工程费、措施项目费、其他项目费、规费和税金组成。措施项目清单必须根据相关工程现行国家计量规范的规定编制，应根据拟建工程的实际情况列项。措施项目中的总价项目计价应根据招标文件及拟建工程的施工组织设计或施工方案确定。措施项目中的安全文明施工费必须按国家或省级、行业建设主管部门的规定计算，不得作为竞争性费用。规费和税金应按国家或是省级、行业建设主管部门的规定计算，不得作为竞争性费用。

3. 本题考查的是工程施工的索赔。措施项目费是指完成建设工程施工，发生于该工程施工前和施工过程中的技术、生活、安全、环境保护等方面的费用。

根据施工现场的实际情况，基坑降水深度增加属于措施项目，故而此费用属于措施费用的内容，不属于施工单位额外多投入的费用，因而不能就此费用进行索赔。

4. 本题考查的是工程变更及费用计算。解答本题的关键需要确定可调价的工程量是多少。对于招标工程量清单项目，当应予计算的实际工程量与招标工程量清单出现的偏差和工程变更等原因导致的工程量偏差超过 15% 时，可进行调整。当工程量增加 15% 以上时，增加部分的工程量的综合单价应予调低；当工程量减少 15% 时，减少后剩余部分的工程量的综合单价应予调高。

【参考答案】

1. 中标价为：$1600+180+20+45+62.9=1907.9$ 万元。

2. 属于不可竞争费用的有：安全文明施工费、规费和税金。

3. 不可以。所发生的措施费用是施工单位为确保工程安全和质量所采取的措施而发生的费用，已在措施项目清单中列支，应该由施工单位承担。

4. A 分部分项工程工程量增加 $5800-5400\times(1+5\%)=130m^3$；

该分部分项工程费用 $5400\times(1+5\%)\times42+130\times42\times0.9=243054$ 元（24.31 万元）。

B 分部分项实测工程量 $5900>6200\times(1-5\%)=5890m^3$，不调价；该分部分项工程费用 5900×56＝330400 元（33.04 万元）。

A 分部分项工程综合单价需调整，因为 A 工程量增加超过 5％，且只应调整超出变化幅度部分工程量的综合单价。

B 分部分项工程综合单价不需调整，因为 B 工程量减少在 5％范围内。

实务操作和案例分析题二 ［2012 年 6 月真题］

【背景资料】

某施工单位 A 中标了一矿区机修厂工程。与建设单位签订的施工合同规定：工程采用固定总价合同，合同总价为 1250 万元，总工期为 8 个月，按月结算工程款；工程预付款为合同总价的 10％，在工程最后两个月平均扣回；建设单位从第一个月起从每月工程进度款中扣除 10％作为保修金，保修金为合同总价的 5％。

施工单位 A 根据建设单位提供的地质勘查资料，制定了基坑支护方案，并报监理单位审查通过。经建设单位同意，施工单位 A 将厂房的基坑开挖工程分包给了专业的土方施工单位 B。分包合同约定：土方工程量估计为 12 万 m^3，单价为 6 元/m^3；实际工程量超过估计工程量 10％时调整单价，单价调整为 5.5 元/m^3；最终按实际工程量结算。

基坑开挖过程中，监理工程师发现基坑侧壁出现裂缝，通知施工单位 A 停止施工，将人员撤离。但项目经理考虑到工期紧张，未通知 B 单位。结果 3 个小时后，基坑侧壁突然坍塌，3 名施工人员受重伤，部分机械损坏。事后统计事故经济损失为 6 万元，影响工期 10d。事故调查表明因地质勘查数据不准确，造成了支护方案不当。重新确定支护方案后，工程继续施工。土方工程最终工程量为 16 万 m^3。

经施工单位 A 的努力，工程按期完工。施工期间各月完成的产值见表 4-2：

施工期间各月完成的产值   表 4-2

时间	3 月	4 月	5 月	6 月	7 月	8 月	9 月	10 月
产值（万元）	100	120	140	145	210	225	170	140

【问题】

1. 工程预付款可用于哪些项目的开支？

2. 根据各月完成的产值，分别计算 4 月份、9 月份、10 月份施工单位 A 可获得的工程款。

3. 不考虑工程索赔，土方工程的最终工程款是多少？

4. 该基坑工程事故应由谁负责？

5. 施工单位 B 应向谁索赔？说明理由。

【解题方略】

1. 本题考查的是工程预付款的用途。预付款的支付比例不宜高于合同价款的 30％。发包人应按照合同约定支付工程预付款，承包人对预付款必须专用于合同工程。支付的工程预付款，按照合同约定在工程进度中抵扣。预付款用于承包人为合同工程施工购置材料、工程设备，购置或租赁施工设备、修建临时设施以及组织施工队伍进场等所需的款项。

2. 本题考查的是工程进度款的计算。4月份工程进度款＝本月产值－按合同约定要暂扣的保修金；9月份和10月份的保修金已达到合同约定的总金额，作为工程最后的两个月，按照合同的约定，应平均扣回工程预付款，因此9月份和10月份的保修金＝该月份的产值－应该扣除的工程预付款金额。

根据《建设工程工程量清单计价规范》GB 50500—2013 的规定：承包人应在每个付款周期末，向发包人递交进度款支付申请，并附相应的证明文件。除合同另有商定外，工程进度款支付申请应包括下列内容：本周期已完成工程的价款；累计已完成的工程价款；累计已支付的工程价款；本周期已完成计日工金额；应增加和扣减的变换金额；应增加和扣减的要求赔偿金额；应抵扣的工程预付款；应扣减的质量保证金；根据合同应增加和扣减的其他金额；本付款周期事实上应支付的工程价款。发包人在收到承包人递交的工程进度款支付申请及相应的证明文件后，发包人应在合同商定时间内核对和支付工程进度款。发包人应扣回的工程预付款，与工程进度款同期结算抵扣。

3. 本题考查的是分部分项工程综合单价的调整方法和分部分项工程费的计算方法。按照土方工程分包合同约定"实际工程量超过估计工程量10%时调整单价"。本工程估计工程量为12万 m^3，调整幅度为10%，即，12×（1＋10%）＝13.2万 m^3。故土方工程完成量中13.2万 m^3，按原综合单价6元/m^3计算；超出部分16－13.2＝2.8万 m^3，按照调整后的单价5.5元/m^3计算。

4. 本题考查的是事故责任方的划定。背景资料中，施工单位A在制定基坑支护方案时主要依据建设单位提供的地质勘查资料，该基坑施工调查表明，地质资料不准确是造成事故的主要原因，故提供地质勘查资料的建设单位负有责任。

另外，基坑开挖过程中，监理工程师发现问题，并已通知施工单位A停止施工，施工单位A没听从指令继续施工，且未通知施工单位B，导致事故发生，故施工单位A在本次事故中也负有责任。

5. 本题考查的是索赔管理的基本内容。根据背景资料分析，土方工程事故中，主要责任方是建设单位和施工单位A，故施工单位B受到的损失是非自身原因造成的，可以进行索赔。由于施工单位B是施工单位A的分包，进行工程索赔时，只能向总包的施工单位A进行索赔，不能直接向业主要赔偿。而施工单位A亦可向建设单位根据双方责任的划分，进行一定的索赔。

【参考答案】

1. 工程预付款可用于购置工程材料、购置或租赁施工机械、设备，修建临时设施的建设，施工队伍进场等工作。

2. 施工单位A可获得的工程款如下：

（1）4月份工程进度款为：120×（1－10%）＝108万元。

（2）9月份工程进度款为：170－1250×10%÷2＝107.5万元。

（3）10月份工程进度款为：140－1250×10%÷2＝77.5万元。

3. 土方工程的工程款为：12×（1＋10%）×6＋[16－12×（1＋10%）]×5.5＝94.6(万元)。

4. 本次事故的责任方是建设单位和施工单位A。

5. 施工单位B应向施工单位A提出索赔。

理由是：施工单位B是施工单位A的分包单位（施工单位B和施工单位A存在分包

合同关系），不可以直接向业主提出索赔。

典 型 习 题

实务操作和案例分析题一

【背景资料】

某施工单位承建一井底车场矿建工程，其平面布置如图 4-1 所示，图中阴影部分为已经完成的短路贯通工程。主井已经完成临时改绞，进入二期工程施工，副井进入井筒永久装备，其编制的网络图如图 4-2 所示，其中 1 号交岔点施工完成之后，该施工队安排东翼轨道大巷施工。合同价款 1800 万元，合同工期 280d。合同条款还约定：工程预付款为合同总价的 10%，开工当月一次性支付；工程预付款自工程进度款支付至合同价款 60% 的当月起，分两个月平均扣回；工程进度款按月支付；工程质保金按月进度款的 3% 扣留。

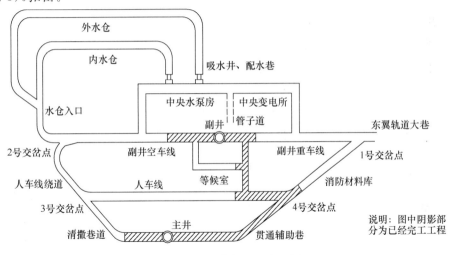

图 4-1 井底车场平面布置图

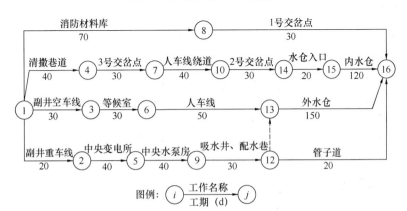

图 4-2 井底车场施工网络图

合同签订后，施工单位前 8 个月每月实际完成工作量见表 4-3：

月份	1	2	3	4	5	6	7	8
工作量（万元）	120	180	200	260	240	240	220	200

施工单位前8个月每月实际完成工作量表　　　　　表 4-3

【问题】

1. 该网络图中，工作⑥→⑬、⑤→⑨的自由时差和总时差分别是多少？

2. 指出该网络图的关键线路并计算总工期。

3. 指出该网络图中哪些工作安排不合理？分别说明原因。

4. 列式计算本工程预付款及其起扣点金额，并计算工程预付款应该在哪两个月扣回。

5. 列式计算第5个月和第6个月应付工程进度款。

【参考答案】

1. $FF_{6-13}=20$，$TF_{6-13}=20$；$FF_{5-9}=0$，$TF_{5-9}=0$。

2. 关键线路：①—②—⑤—⑨—⑫—⑬—⑯；①—④—⑦—⑩—⑭—⑮—⑯。（或文字表述）

总工期：$20+40+40+30+150=280d$ 或 $40+30+40+30+20+120=280d$。

3. 副井空车线工作安排不合理，因为副井井筒进入永久装备工作，副井空车线不具备施工条件；

人车线工作安排不合理，因为人车线为主井环形车场绕道重要组成部分，应及早安排施工，便于形成主井环形车场，提高提升运输能力；

外水仓工作安排不合理，因为外水仓不能从吸水井处施工，应待水仓入口工作完成后进行。

4. 预付款＝$1800×10\%=180$ 万元；

起扣点＝$1800×60\%=1080$ 万元；

第5个月的累计进度款：$120+180+200+260+240=1000$ 万元；

第6个月的累计进度款：$120+180+200+260+240+240=1240$ 万元。

扫码学习

因此应在第6、7两个月扣回。

5. 第5个月应付款 $240×（1-3\%）=232.8$ 万元；

第6个月 $240×（1-3\%）-180÷2=142.8$ 万元。

实务操作和案例分析题二

【背景资料】

某矿山地面土建工程，基础为带形基础，垫层宽度为 0.920m，挖土深度为 1.8m，设工作面宽度各边 0.25m、放坡系数为 0.2，基础总长度为 1000m。采用人工挖土方，人工费 8.4 元/m³。根据施工方案，现场堆土 1994m³，采用人工运输，人工费 7.38 元/m³，运距 60m。其余土方采用装载机装自卸汽车运输，运距 4km。装载机（轮胎式 1m³）280元/台班，定额消耗量 0.00398 台班/m³；自卸汽车（3.5t）340 元/台班，定额消耗量 0.04925 台班/m³；推土机（75kW）500 元/台班，定额消耗量 0.00296 台班/m³；洒水车

（400L）300 元/台班，定额消耗量 0.0006 台班/m³；工业用水单价 1.8 元/m³，定额消耗量 0.012m³/m³；配合人工 25 元/工日，定额消耗量 0.012 工日/m³。管理费率 28%，利润率 12%。若施工方以测算的综合单价作为投标报价，招标工程量清单 1656m³，招标控制价中土方的综合单价为 46 元，施工中因设计变更，土方量增加至 2100m³。

【问题】

1. 说明工程量清单和综合单价的具体构成。

2. 根据地质资料和施工方案计算挖土方量、运土方量，列出计算过程。

3. 分别计算该工程的挖运土人工费，施工机械使用费及机械装运土人工、材料、施工机具使用费。

4. 计算该工程的综合单价，列出计算过程。

【参考答案】

1. 工程量清单和综合单价由人工费、材料和工程设备费、施工机具使用费、企业管理费、利润和一定范围内的风险费用构成。

2. 根据地质资料和施工方案计算挖土方量、运土方量：

（1）基础挖土截面积：$(0.92+2\times0.25+0.2\times1.8)\times1.8=3.204m^2$

土方挖土量：$3.204\times1000=3204m^3$

（2）装载机装、自卸汽车运土方量：$3204-1994=1210m^3$

3. 挖运土人工费合计：$3204\times8.4+1994\times7.38=41629.32$ 元

施工机具使用费小计：$280\times0.00398\times1210+340\times0.04925\times1210+500\times0.00296\times1210+300\times0.0006\times1210=23618.47$ 元

机械装运土人工、材料、施工机具使用费：$23618.47+25\times0.012\times1210+1.8\times0.012\times1210=24007.61$ 元

4. 地面土建工程的综合单价为：55.48 元/m³。

计算过程为：

土方工程人工、材料、施工机具使用费合计：$41629.32+24007.61=65636.93$ 元

企业管理费：$(41629.32+363+23618.47)\times28\%=18371.02$ 元

利润：$(41629.32+363+23618.47)\times12\%=7873.29$ 元

总计：$65636.93+18371.02+7873.29=91881.24$ 元

综合单价：$91881.24/1656=55.48$ 元/m³

实务操作和案例分析题三

【背景资料】

某矿业工程施工进度计划网络图如图 4-3 所示：

施工中发生了以下事件：

事件 1：A 工作因设计变更停工 10d；

事件 2：B 工作因施工质量问题返工，延长工期 7d；

事件 3：E 工作因建设单位供料延期，推迟 3d 施工。

在施工进展到第 120d 后，施工项目部对第 110d 前的部分工作进行了统计检查。统计数据见表 4-4：

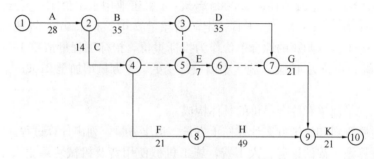

图 4-3　施工进度计划网络图（时间单位：d）

工作检查统计数据　　　　　　　　　　　　　　　　　表 4-4

工作代号	计划完成工作预算成本 BCWS（万元）	已完成工作量（%）	实际发生成本 ACWP（万元）	挣得值 BCWP（万元）
1	540	100	580	
2	820	70	600	
3	1620	80	840	
4	490	100	490	
5	240	0	0	
合计				

【问题】

1. 本工程计划总工期和实际总工期各为多少天？

2. 施工总承包单位可否就事件 1～3 获得工期索赔？分别说明理由。

3. 计算截止到第 110d 的合计 BCWP 值。

4. 计算第 110d 的成本偏差 CV 值，并做 CV 值结论分析。

5. 计算第 110d 的进度偏差 SV 值，并做 SV 值结论分析。

【参考答案】

1. 本工程计划总工期＝28＋35＋35＋21＋21＝140d，实际总工期＝140＋10＋7＝157d。

2. 事件 1 可以获得工期索赔。

理由：A 工作是因设计变更而停工，应由建设单位承担责任，且 A 工作属于关键工作。

事件 2 不可以获得工期索赔。

理由：B 工作是因施工质量问题返工，应由施工总承包单位承担责任。

事件 3 不可以获得工期索赔。

理由：E 工作虽然是因建设单位供料延期而推迟施工，但 E 工作不是关键工作，且推迟 3d 未超过其总时差。

3. 计算截止到第 110d 的合计 BCWP 值（见表 4-5）：

工作代号	计划完成工作预算成本 BCWS（万元）	已完成工作量（％）	实际发生成本 ACWP（万元）	挣得值 BCWP（万元）
1	540	100	580	540
2	820	70	600	574
3	1620	80	840	1296
4	490	100	490	490
5	240	0	0	0
合计	3710	—	2510	2900

截止到第 110d 的合计 *BCWP* 值为 2900 万元。

4. 第 110d 的成本偏差 $CV = BCWP - ACWP = 2900 - 2510 = 390$ 万元。

CV 值结论分析：由于成本偏差为正，说明成本节约 390 万元。

5. 第 110d 的进度偏差 $SV = BCWP - BCWS = 2900 - 3710 = -810$ 万元。

SV 值结论分析：由于进度偏差为负，说明进度延误了 810 万元。

实务操作和案例分析题四

【背景资料】

某立井井筒工程，按我国现行建筑安装工程费用项目构成的合同总价为 3000 万元。

部分费用约定如下：人工费 780 万元，材料费 600 万元，税金 120 万元，利润 150 万元，措施费 210 万元，规费 210 万元。

关于施工机械使用费的内容如下：机械折旧费 180 万元，大修及日常维修费 30 万元，动力费 270 万元，机械人工费 90 万元，机械拆安及场外运输费 60 万元，无养路费及车船使用税。

工期为 15 个月。合同还规定工程量变更在 ±5％ 范围内时，措施费、规费、利润、税金不做调整；停工期间的人工费、机械大修及日常维修费、机械人工费仍按正常情况计算。施工过程中发生以下事件：

事件 1：根据地质资料显示，井深 725～735m 处有一处含水层，预计井筒最大涌水量 150m³/h。施工单位未采取专门措施，放炮后涌水量达 140m³/h。导致淹井事故，造成设备被淹损失 10 万元，部分井壁因长期浸泡的返修费 20 万元，为处理事故的其他相关损失 80 万元，影响工期 1 个月，其中停工 0.5 个月。

事件 2：施工到井深 850m 时，由于地压突然增大，导致井深 720m 处井筒井壁被压坏，砸坏施工设备损失 8 万元，施工单位工伤损失 10 万元，建设单位工伤损失 10 万元，修复井筒及相关费用 20 万元。停工 0.5 个月，影响工期 1 个月。

事件 3：因设计变更，井筒延深 10m。延深所需材料费 7 万元，人工费 8 万元，工期 0.2 个月（原设备均满足要求）。

【问题】

1. 按建筑安装工程费用项目组成，该工程背景中还有一项重要费用没有列出，请指出是哪一项，并计算该项费用数额。

2. 在事件 1 中，施工单位的直接损失包括哪些费用项目？可以得到多少工期和费用的索赔？施工单位应当从该事件中吸取什么教训？

3. 事件 2 中施工单位可以索赔的内容是什么？如果事件 2 中的损失是由建设单位的原因造成的，施工单位可以索赔费用的项目有哪些？索赔费用各是多少？

4. 事件 3 的工程变更应如何调整合同价格？

【参考答案】

1. 按建筑安装工程费用项目组成，该工程背景中企业管理费没有列出。

企业管理费＝合同总价－人工费－材料费－税金－利润－措施费－规费－机械折旧费－大修及日常维修费－动力费－机械人工费－机械拆安及场外运输费＝3000－780－600－120－150－210－210－180－30－270－90－60＝300 万元。

2. 施工单位直接损失有：施工设备损失费用、处理事故及相关费用，以及井筒修复及相关费用、人工费损失、施工机械使用费损失和企业管理费损失。

施工单位得不到任何工期和费用索赔。

施工单位应当吸取的教训是必须坚持"有疑必探"的原则。

3. 施工单位可以索赔的内容是费用和工期。

如果是由建设单位造成的，可索赔的费用有：

(1) 设备损失 8 万元，工伤损失 10 万元，修复井筒 20 万元。

(2) 停工期间的人工费：$780 \div 15 \times 0.5 = 26$ 万元。

(3) 施工机械使用费：$(180+30+90) \div 15 \times 0.5 = 10$ 万元。

(4) 企业管理费：$300 \div 15 \times 0.5 = 10$ 万元。

4. 工程变更后调整合同的价格：井筒延深 10m，增加的费用包括：

(1) 人工费 7 万元、材料费 8 万元；

(2) 施工机械使用费：$(180+30+90+270) \div 15 \times 0.2 = 7.6$ 万元；

(3) 企业管理费：$300 \div 15 \times 0.2 = 4$ 万元。

故合同价格应增加费用＝人工费＋材料费＋施工机械使用费＋企业管理费＝$7+8+7.6+4 = 26.6$ 万元。

实务操作和案例分析题五

【背景资料】

甲矿山施工企业实施某矿业工程项目，该项目由断面 $7m^2$ 的锚喷巷道（A）、直径 8m 的主井井筒（B）、直径 6m 的风井井筒（C）等单位工程组成。企业成立了施工成本管理小组，采用挣值法控制施工成本。其中前 6 个月的各月计划完成工程量及计划费用单价表，见表 4-6。

计划完成工程量及计划费用单价表　　　　　　　　　　　　　　　表 4-6

月份 工程量（m） 分项工程名称	1	2	3	4	5	6	全费用单价 （元/m）
A（锚喷巷道，断面 $7m^2$）	130	150	60	160			680

工程量（m）　　月份 分项工程名称	1	2	3	4	5	6	全费用单价 （元/m）
B（主井井筒，直径 8m）		60	80	40			28000
C（风井井筒，直径 6m）			50	80	80		16000

施工 3 个月时，对前 3 个月的实际各月完成工程量及实际费用平均单价统计表见表 4-7。

1～3 月份实际完成的工程量表　　　　表 4-7

工程量（m）　　月份 分项工程名称	1	2	3	4	5	6	实际成本 （元/m）
A（锚喷巷道）	160	150					720
B（主井井筒）		40	65				26000
C（风井井筒）			45				15000

【问题】

1. 计算并列出该工程前 3 个月各月末时的施工成本偏差、进度偏差。

2. 根据成本和进度偏差，分析影响成本的关键因素是什么？说明理由。

3. 根据表格中的数据，分析造成施工工程量未完成的可能原因。

4. 加快矿业工程施工进度的技术措施有哪些？

【参考答案】

1. 该工程前 3 个月各月末时的施工成本偏差、进度偏差为：

（1）第一个月成本偏差＝（680－720）×160＝－6400 元

第一个月进度偏差＝（160－130）×680＝20400 元

（2）第二个月成本偏差：[（680－720）×150]+[（28000－26000）×40]＝74000 元

成本偏差累计＝－6400+74000＝67600 元

第二个月进度偏差＝（40－60）×28000＝－560000 元

成本进度偏差累计＝－560000+20400＝－539600 元

（3）第三月成本偏差＝[（28000－26000）×65]+[（16000－15000）×45]＝175000 元

成本偏差累计＝67600+175000＝242600 元

第三个月进度偏差＝[（0－60）×680]+[（65－80）×28000]+[（45－50）×16000]＝
－540800元

成本进度偏差累计＝－540800+（－539600）＝－1080400 元

2. 影响成本的关键因素是井筒施工；

理由：从第二个月开始，主井和风井井筒成本降低较大，成本出现节约。且由于井筒、巷道和风井的施工工程量没有完成，进度滞后，整个项目已经出现明显的拖延。

3. 造成施工工程量未完成的可能原因：

（1）由进度拖延造成的工程量问题；

（2）由成本控制的某些作用使成本节省之故。

4. 加快矿业工程施工进度的技术措施：

（1）优化施工方案，采用先进的施工技术；

（2）改进施工工艺，缩短工艺的技术间隙时间；

（3）采用更先进的施工机械设备，加快施工速度。

实务操作和案例分析题六

【背景资料】

A矿建公司为增值税一般纳税人，2017年1月承接B矿业工程项目，双方签订的关于工程价款的合同内容有：工程合同额为600万元，预付款为合同额的25%，主要材料设备所占合同额比重为62.5%，预付款扣款的方法是以未施工工程尚需的主要材料和设备的价值相当于预付款数额时起扣，从每次中间结算工程价款中，按材料和设备比重抵扣工程价款，竣工前全部扣清。工程进度款逐月计算。工程质量保证金为工程结算总造价的3%，竣工结算时一次扣留。材料和设备价差调整按规定进行（按有关规定材料和设备价差上调10%，在6月份一次调增）。

各月实际完成合同价值见表4-8。

各月实际完成合同价值表　　　　　　　　　表4-8

月份	3	4	5	6
价值（万元）	100	140	180	180

该工程施工过程中发生如下事件：

事件1：四月当月发生工程成本为100万元，其中购买材料、动力、机械等取得增值税专用发票上注明的金额为50万元，税率9%。

事件2：工程在缺陷责任期内发生漏水，甲方多次催促乙方修理，乙方一再拖延，最后甲方另请施工单位修理，修理费15万元，

事件3：施工中发生不可抗力事件，造成施工机具损失7万元，施工现场待安装设备损失15万元。施工单位工伤8万元，建设单位工伤8万元，工程清理修复16万元，影响工期1个月。

【问题】

1. 列式计算本工程项目的预付款及其起扣点金额。

2. 列式计算3~6月应结算的工程款。

3. 事件1中，修理费用如何处理？

4. 事件2中，A公司选择适用一般计税方法计算应纳税额，该公司4月需缴纳多少增值税？

5. 针对事件3，施工单位可索赔哪些？

【参考答案】

1. 本工程项目的预付款=600×25%=150万元

　　起扣点=600-150/62.5%=360万元

2. 3~6月应结算的工程款为：

(1) 3月份完成合同价值100万元，应结算工程款100万元。

(2) 4月份完成合同价值140万元，应结算工程款140万元。

(3) 5月份完成合同价值180万元，应结算工程款=180-[(100+140+180-360)×62.5%]=142.5万元。

累计结算工程款=100+140+142.5=382.5万元。

(4) 6月份完成合同价值180万元，应结算工程款=(600+600×62.5%×10%)-382.5-150-[(600+600×62.5%×10%)×3%]=85.87万元。

3. 15万元维修费应从A方的质量保证金中扣除。

4. 一般计税方法的应纳税额=当期销项税额-当期进项税额

该公司4月需缴纳的增值税额=[140/(1+10%)×10%]-(50×9%)=8.23万元

5. 针对事件3，施工单位可索赔费用及工期：可索赔施工现场待安装设备损失15万元，工程清理修复费16万元，工期延长1个月。

实务操作和案例分析题七

【背景资料】

某矿山工程项目在实施过程中，施工单位遇到了如下几种情况：

事件1：合同约定开工日期前10d，承包人向项目监理机构递交了书面申请，请求将开工日期推迟。理由是已安装的施工机械出现故障，需要更换主要支撑部件。

事件2：主体结构施工时，发包人收到用于工程的商品混凝土不合格的举报，立刻指令总包单位暂停施工。经检测鉴定单位对商品混凝土的抽样检验及混凝土实体质量抽芯检测，质量符合要求。为此，施工总包单位向项目监理机构提交了暂停施工后人员窝工及机械闲置的费用索赔申请。

事件3：施工合同约定，工作L需安装的设备由发包人采购，由于设备到货检验不合格，发包人进行了退还。由此导致承包人损失10万元，L工作拖延8d。承包人向项目监理机构提出了费用补偿和工程延期申请。

事件4：建设单位没有施工井筒检查钻孔，而是用800m附近的地质钻孔资料推断的井筒地质柱状图提供给施工单位，要求施工单位参考组织施工。在井筒施工到380m深度时发现了原地质资料没有显示的断层，围岩破碎严重，需要增加锚索及钢筋网喷射混凝土支护；由于断层导水导致某含水层水量的突然增大，远远大于原地质资料提供的井筒涌水量，由此造成井筒排水费用大幅度增加，井筒施工速度降低给施工单位造成施工成本上升。由于断层落差达到20m，如果按照原井筒设计深度继续施工，井底车场将落在含水层中，经研究决定井筒延深30m，导致施工单位修改原施工方案，增加支护费用及额外的更换钢丝绳措施费、工程量增加导致的费用增加和工期延误等。

【问题】

1. 事件1中项目监理机构是否应批准工程推迟开工？说明原因。

2. 事件2中发包人的做法是否正确？说明原因。

3. 事件3中项目监理机构是否应批准费用补偿和工程延期？说明原因。

4. 事件4出现了哪些可以进行工程变更的原因？

5. 工程结算时，工程变更可使用哪些结算处理原则？

【参考答案】

1. 事件 1 中总监理工程师应批准工程推迟开工。

理由：承包人在合同规定的有效期内提出了申请，承包人不具备施工条件，总监理工程师应批准承包人提出的延期 5d 开工申请。

2. 事件 2 中，发包人的做法不正确。

理由：根据《建设工程监理规范》GB/T 50319—2013 规定，发包人与承包人之间与建设工程有关的联系活动应通过监理单位进行，故发包人收到举报后，应通过总监理工程师下达《工程暂停施工令》。

3. 事件 3 中项目监理机构对费用补偿和工程延期的处理结果为：

（1）应批准费用补偿。

理由：发包人采购的材料出现质量检测不合格导致的，故监理机构应批准承包人因此发生的费用损失。

（2）工期则视情况而定。

理由：若 L 工作影响总时差，则批准顺延，若因为 L 工作拖延后的工期未超过其总时差，则不批准顺延。

4. 事件 4 中可以进行工程变更的原因：

（1）由于断层影响使井筒延深 30m 的变更；

（2）井筒延深导致施工单位原施工方案的更改，增加锚喷支护、锚索支护等措施；

（3）因为处理涌水、断层引起的处理；

（4）其他如提升设施更换、锚喷锚索材料及施工等。

5. 工程结算时，工程变更可使用的结算处理原则：

（1）由于设计变更引起新的工程量清单项目，其相应综合单价由承包方提出，经发包人确认后作为结算的依据。

（2）由于井筒延深、排水量增加等引起工程量增减部分，属合同约定幅度以内的，应执行原有的综合单价；增减的工程量属合同约定幅度以外的，其综合单价由承包人提出，经发包人确认后作为结算的依据。

（3）由于设计变更、涌水处理及施工速度降低、处理破碎带等问题发生了规定以外的费用（成本）损失，可以向建设方提出索赔要求，经协商确认后，应给予补偿。

第五章　矿业工程施工招标投标管理与合同管理

2011—2020 年度实务操作和案例分析题考点分布

年份 考点	2011年	2012年 6月	2012年 10月	2013年	2014年	2015年	2016年	2017年	2018年	2019年	2020年
工程项目施工招标 标段划分							●				
项目招标的条件							●	●		●	
招标文件的编制					●			●		●	
招标投标的程序		●				●		●			
投标文件的有效性								●	●	●	
投标报价的技巧					●						
撤回投标文件的要求									●		
投标保证金							●			●	
工程招标投标的工作 对投标人的要求						●					
评标专家未到场的调整方法									●		
评标委员会的人数规定					●						
招标投标中标的基本内容					●		●				
定标、签订合同过程的内容									●		
合同管理关于责任划 分的相关内容		●								●	
索赔管理的内容		●									
施工索赔的内容	●	●	●	●	●	●				●	
索赔的证据	●										
劳务分包合同中承包人 的主要义务						●					
工程保险的办理及 支付的内容						●					
项目经理更换的程序										●	

专家指导：

　　合同管理内容中，考查索赔的题目比较多，无论是对工期的索赔还是对费用的索赔，都是考查的重点。但是考查此类考点往往都会结合合同责任及进度延误进行综合考查。作答时一定要结合背景资料给出的信息进行答题。

要 点 归 纳

1. 招标内容和方式【重要考点】

（1）招标内容

矿业工程施工招标可以对一个单项工程项目招标，如矿井、选矿厂、专用铁路或公路等，也可以是一个或几个单位工程内容的招标，如井筒项目、巷道项目、厂房或办公楼等建（构）筑物。

（2）招标组织形式

1）自行招标，就是招标人如具有编制招标文件和组织评标能力，可向有关行政监督部门进行备案后，自行办理招标事宜。

2）委托招标，就是招标人委托招标代理机构，在招标代理权限范围内，以招标人的名义组织招标工作。作为一种民事法律行为，委托招标属于委托代理的范畴。

根据《招标投标法》的规定，招标人依法可以自行招标的，任何单位和个人不得强制其委托招标代理机构办理招标事宜；招标人委托招标的，招标人有权自行选择招标代理机构，任何单位和个人不得以任何方式为招标人指定招标代理机构。

2. 招标工作的基本程序【一般考点】

招标的一般程序如下：组织招标机构→编制招标文件→发出招标通告或邀请函→投标人资格预审→发售招标文件→召开标前会议、组织现场踏勘→接受投标书→开标→初评→技术评审→商务评审→综合评审报告→决标→发出意向书→签订承包合同。

招标人在矿业工程招标程序中应注意的事项主要有：

（1）资格预审

资格预审文件发售时间不少于 5 个工作日，发售截止日到资格预审申请文件提交日不少于 5 个工作日。

（2）现场考察和标前会议

（3）开标和决标

1）确定中标人前，招标人不得与投标人就投标价格、投标方案等实质性内容进行谈判。

2）招标人不得以不合理的标段或工期限制或者排斥潜在投标人或者投标人。

3）在评标过程中，不得改变招标文件中规定的评标标准、方法和中标条件。

4）依法必须进行招标的项目，自招标文件开始发出之日起至投标人提交投标文件截止之日止，最短不得少于 20d。

5）招标人根据招标项目的具体情况，可以组织潜在投标人踏勘项目现场，向其介绍工程场地和相关环境的有关情况。

6）招标人不得单独或者分别组织任何一个投标人进行现场踏勘。

7）招标人设有最高投标限价的，应当在招标文件中明确最高投标限价或者最高投标限价的计算方法。招标人不得规定最低投标限价。

3. 投标报价的一般技巧【重要考点】

投标报价的一般技巧主要有：

（1）愿意承揽的矿业工程或当前自身任务不足时，报价宜低，采用"下限标价"；当前任务饱满或不急于承揽的工程，可采取"暂缓"的计策，投标报价可高。

（2）对一般矿业工程投标报价宜低；特殊工程投标报价宜高。

（3）对工程量大但技术不复杂的工程投标报价宜低；技术复杂、地区偏僻、施工条件艰难或小型工程投标报价宜高。

（4）竞争对手多的项目报价宜低；自身有特长又较少有竞争对手的项目报价可高。

（5）工期短、风险小的工程投标报价宜低；工期长又是以固定总价全部承包的工程，可能冒一定风险，则投标报价宜高。

（6）在同一工程中可采用不平衡报价法，并合理选择高低内容；但以不提高总价为前提，并避免畸高畸低，以免导致投标作废。

（7）对外资、合资的项目可适当提高。当前我国的工资、材料、机械、管理费及利润等取费标准低于国外。

4. 工程招标投标的工作中对投标人的要求【一般考点】

工程招标投标的工作中对投标人的要求包括：

（1）招标人可以在招标文件中要求投标人提交投标保证金。投标保证金除现金外，可以是银行出具的银行保函、保兑支票、银行汇票或现金支票，并应从投标人的基本账户转出。

（2）投标保证金一般不得超过招标项目估算价的2%，但最高不得超过80万元人民币。投标保证金有效期应当与投标有效期一致。

（3）投标人应当按照招标文件要求的方式和金额，将投标保证金随投标文件提交给招标人或其委托的代理机构。

（4）投标人应当在招标文件要求提交投标文件的截止时间前，将投标文件密封送达投标地点。招标人收到投标文件后，应当向投标人出具标明签收人和签收时间的凭证，在开标前任何单位和个人不得开启投标文件。

（5）在招标文件要求提交投标文件的截止时间后送达的投标文件，招标人应当拒收。

（6）依法必须进行施工招标的项目提交投标文件的投标人少于三个的，招标人在分析招标失败的原因并采取相应措施后，应当依法重新招标。重新招标后投标人仍少于三个的，属于必须审批、核准的工程建设项目，报经原审批、核准部门审批、核准后可以不再进行招标；其他工程建设项目，招标人可自行决定不再进行招标。

（7）投标人在招标文件要求提交投标文件的截止时间前，可以补充、修改、替代或者撤回已提交的投标文件，并书面通知招标人。补充、修改的内容为投标文件的组成部分。

（8）在提交投标文件截止时间后到招标文件规定的投标有效期终止之前，投标人不得补充、修改、替代或者撤回其投标文件。投标人补充、修改、替代投标文件的，招标人不予接受；投标人撤回投标文件的，其投标保证金将被没收。

（9）在开标前，招标人应妥善保管好已接收的投标文件、修改或撤回通知、备选投标方案等投标资料。

5. 投标文件的有效性【高频考点】

投标文件有下列情形之一的，招标人应当拒收：

（1）逾期送达；

（2）未按招标文件要求密封。

投标文件有下列情形之一的，评标委员会应当否决其投标：

（1）投标文件未经投标单位盖章和单位负责人签字；

（2）投标联合体没有提交共同投标协议；

（3）投标人不符合国家或者招标文件规定的资格条件；

（4）同一投标人提交两个以上不同的投标文件或者投标报价，但招标文件要求提交备选投标的除外；

（5）投标报价低于成本或者高于招标文件设定的最高投标限价；

（6）投标文件没有对招标文件的实质性要求和条件作出响应；

（7）投标人有串通投标、弄虚作假、行贿等违法行为。

6. 矿业工程项目施工索赔的依据【一般考点】

矿业工程项目施工索赔的依据主要包括：

（1）合同文件的依据，发包人与承包人有关工程的洽商、变更等书面协议或文件视为本合同的组成部分。

（2）法律法规的依据。

（3）相关证据。

7. 矿业工程项目施工索赔文件的编制内容【一般考点】

索赔文件的编制内容包括以下内容：

（1）综述部分

说明索赔事项发生的日期和过程；为该索赔事项付出的努力和附加成本；具体索赔要求。

（2）论证部分

应逐项论证说明自己具有索赔权的理由。

（3）索赔款项（或工期）计算部分。

（4）证据部分。

8. 矿业工程项目施工索赔成立的条件【重要考点】

索赔的成立，应该同时具备以下三个前提条件：

（1）与合同对照，事件已造成了承包人工程项目成本的额外支出，或直接工期损失；

（2）造成费用增加或工期损失的原因，按合同约定不属于承包人的行为责任或风险责任；

（3）承包人按合同规定的程序和事件提交索赔意向通知书和索赔报告。

以上三个条件必须同时具备，缺一不可。

9. 承包人的索赔程序【一般考点】

（1）意向通知：首先由承包人发出索赔意向通知。承包人必须在索赔事件发生后的28d内向工程师递交索赔意向通知，声明将对此事件索赔。

（2）提交索赔报告和有关资料：索赔意向通知提交后的28d内，或业主（监理工程师）同意的其他合理时间，承包人应递送正式的索赔报告。这是索赔程序中最重要的一环。

（3）索赔报告评审：接到承包人的索赔意向通知后，业主（监理工程师）应认真研究、审核承包人报送的索赔资料，以判定索赔是否成立，并在 28d 内予以答复。

（4）确定合理的补偿额。

10. 矿业工程项目常见工程索赔类型【一般考点】

（1）因合同文件缺陷引起的索赔

因合同引起的索赔类型有因为合同文件的组成问题引起索赔、关于合同文件有效性引起的索赔以及因图纸或工程量表中的错误引起的索赔。

（2）因为发包方违约引起的索赔

因为发包方违约的形式相对较多，包括发包方提出变更以及其他的自身违约；发包方指定的分包方或供货方未履行或未完全履行合同的影响导致对承包方的违约；以及工程师指示不当、能力不足的失误等原因造成对承包方的违约等。

（3）客观条件变化引起索赔

因为政策变化、自然条件变化和客观障碍等引起的索赔。

11. 矿山工程常见索赔项目和内容【高频考点】

（1）合同缺陷

1）合同文本自身的原因，包括文本不完善，内容有遗漏，或语义不清，甚至有错误、有矛盾等；对文本解释有歧义而在合同签订时又没有充分解释清楚，造成索赔。

2）合同文件不全，依据不足或非正式，造成索赔争议。

3）施工资料不足。

（2）发包人违约

1）发包人更改设计。

2）发包人工作不力违约。

发包人工作不力违约主要集中表现在施工准备不足（场地准备、技术资料准备、设备采购到货延误）和延误支付工程款项等方面。

3）指定分包方（供应商）违约。

由发包方指定的分包方违约，应由发包方承担违约责任。

4）工程师指令或失误。

工程师对承包方提出加速施工、提前进行下道工序施工、提前完工，随意变更设计、更换材料或暂时停工等，都可能造成工程质量、工期影响以及承包方在费用等方面的多投入。如，工程师凭经验，认为井筒渗漏水需要注浆，最后，注浆又无效，需要重新采取封堵水措施，承包方提出了该段井壁内容的索赔。

（3）客观条件变化造成的索赔

1）法规、政策的变化。

国家或地方、部门政策的变化导致工程费用改变、造价增加、费率提高等情况，如国家定价的价格、征收标准或税率提高、外汇制度或汇率的改变等。

2）自然条件的不利变化。

这种自然条件变化一般是属于不可合理估计的、与原合同提供条件不符的不利因素，经工程师证明，发包方应给予相应的额外费用补偿。对于矿山工程，最多的就是地质条件的恶化，遇到地质报告内容所没有的地质构造、断层、溶洞等；但有时围岩变硬，与地质资料的报告情况偏差较大，而爆破作业困难，也属于索赔范围。

人力不可抗拒灾害主要是指自然灾害，由这类灾害造成的损失应向投保的保险公司索赔。在许多合同中承包人以业主和承包人共同的名义投保工程一切保险，这种索赔可同业主一起进行。

（4）工程暂停、中止合同的索赔

1）施工过程中，工程师有权下令暂停工程或任何部分工程，只要这种暂停命令并非承包人违约或其他意外风险造成的，承包人不仅可以得到要求工期延展的权利，而且可以就其停工损失获得合理的额外费用补偿。

2）中止合同和暂停工程的意义是不同的。有些中止的合同是由于意外风险造成的，另一种中止合同是"错误"引起的中止，例如，发包方认为承包人不能履约而中止合同，如果没有充分证据说明发包方的正确，承包方可以据实申请索赔。

12．施工索赔的内容【高频考点】

（1）工期索赔

矿业工程施工中，常常会发生一些未能预见的干扰事件使施工不能顺利进行，或使预定的施工计划受到干扰，最终造成工期延长，这样，对合同双方都会造成损失。由此可以提出工期索赔。

施工单位提出工期索赔的目的通常有两个：

一是免去或推卸自己对已产生的工期延长的合同责任，使自己不支付或尽可能不支付工期延长的罚款；二是进行因工期延长而造成的费用损失的索赔。

对已经产生的工期延长，建设单位一般采用两种解决办法：一是不采取加速措施，工程仍按原方案和计划实施，但将合同期顺延；二是指施工单位采取加速措施，以全部或部分弥补已经损失的工期。

（2）费用索赔

矿业工程施工中，费用索赔的目的是承包方为了弥补自己在承包工程中所发生的损失，或者是为了弥补已经为工程项目所支出的额外费用，还有可能是承包方为取得已付出的劳动的报酬。费用索赔必须是已经发生且已垫付的工程各种款项，对于承包方利润索赔必须根据相关的规定进行。

矿业工程施工费用索赔的具体内容涉及费用的类别和具体的计算两个方面。由于各种因素造成工程费用的增加，如果不是承包方的责任，原则上承包方都可以提出索赔。

13．索赔的证据【重要考点】

（1）双方法律关系的证明材料：招标投标文件、中标通知、投标书、合同书。

（2）索赔事由的证明。

1）规范、标准及其他技术资料，地质、工程地质与水文地质资料，设计施工图纸资料，工程量清单和工程预算书；进度计划任务书与施工进度安排资料。

2）设备、材料采购、订货、运输、进场、入库、使用记录和签单凭证等。

3）国家法律、法规、规章，国家公布的物价指数、工资指数等政府文件。

（3）索赔事情经过的证明。

1）各种会议纪要、协议和来往书信及工程师签单；各种现场记录（包括施工记录、现场气象资料、现场停电停水及道路通行记录或证明）、各种实物录像或照片，工程验收记录、各种技术鉴定报告，隐蔽工程签单记录。

2）受影响后的计划与措施，人、财、物的投入证明。

3）要注意事情经过的证明应包括承包方采取措施防止损失扩大的内容；否则，被扩大的损失将不予补偿。

（4）索赔要求相关的依据和文件：合同文本、国家规定、各种会计核算资料等。

（5）其他参照材料：如果有其他类似情况的处理过程和结论作为参照的案例，对于解决索赔问题是非常有帮助的。

历 年 真 题

实务操作和案例分析题一［2019 年真题］

【背景资料】

某矿山选煤厂主厂房、机电设备安装及配套设施施工项目公开招标。招标文件的部分内容如下：①项目评标办法采用经评审的最低投标价法；②施工单位应对招标文件中工程量清单进行复核，有异议的，应在招标文件发出 15d 内提出，否则招标人拒绝回复；③招标人不组织项目现场踏勘。

经评标委员会推荐，建设单位确定第一中标候选人施工单位 A 中标，并与之签订了施工合同，合同价为 1958 万，合同工期 14 个月。工程实施过程中发生如下事件：

事件 1：由建设单位负责采购的一批工程材料提前运抵现场，经进场检查后入库存放。材料使用前，施工单位 A 再次对材料进行检验，发现部分材料质量存在缺陷。为此，施工单位 A 要求建设单位重新购置该部分材料并支付材料检验费。

事件 2：按照合同约定，施工单位 A 组织对筛分设备安装工程进行分包，通过招标，施工单位 A 和建设单位共同确定施工单位 B 中标，施工单位 A 向施工单位 B 发出中标通知书并与之签订了分包合同。

事件 3：工程进行到第 6 个月时，施工单位 A 项目经理因个人原因与单位解除劳动合同，施工单位 A 任命原项目副经理担任项目经理，负责施工现场的管理。

【问题】

1. 逐项说明招标文件中的内容是否妥当，并说明理由。

2. 事件 1 中，施工单位的要求是否合理？说明理由。

3. 事件 2 中，工程分包过程中的哪些做法不妥？说明正确做法。

4. 事件 3 中，施工单位任命的项目经理应具备哪些条件？说明变更项目经理的具体程序。

【解题方略】

1. 本题考查的是施工项目招标的条件和程序。

（1）根据《中华人民共和国招标投标法》第十二条的规定，招标人具有编制招标文件和组织评定能力的，可以自行办理招标事宜。任何单位和个人不得强制其委托招标代理机构办理招标事宜。在根据《评标委员会和评标方法暂行规定》第三十条，经评审的最低投标价法一般适用于具有通用技术、性能标准或者招标人对其技术、性能没有特殊要求的招标项目。

（2）分析《中华人民共和国招标投标法》第二十三条，招标人对已经发出的招标文件进行必要的澄清或者修改的，应当在招标文件要求提交投标文件截止时间至少 15d 天前，以书面形式通知所有招标文件收受人。该澄清或者修改的内容为招标文件的组成部分。也就是说招标人在此规定的时期内会对自行发现或投标人对文件提出异议的问题进行回答，如确实需要改正，在此期间提出。

（3）根据《招标投标法》第二十一条的规定，招标人根据招标项目的具体情况，可以组织潜在投标人踏勘项目现场。此规定说明踏勘项目现场的行为不是必须进行的。

2. 本题考查的是施工索赔的内容。由于各种因素造成工程费用的增加，如果不是承包方的责任，原则上承包方都可以提出索赔。故事件 1 中产生问题的材料是由建设单位负责采购的，属于发包人工作不力违约，施工单位可以要求建设单位重新购置该部分材料并支付材料检验费。

3. 本题考查的是建筑工程承包单位的法律责任。根据《中华人民共和国建筑法》第二十九条，建筑工程总承包单位可以将承包工程中的部分工程发包给具有相应资质条件的分包单位；但是，除总承包合同中约定的分包外，必须经建设单位认可。施工总承包的，建筑工程主体结构的施工必须由总承包单位自行完成。建筑工程总承包单位按照总承包合同的约定对建设单位负责。

4. 本题考查的是项目经理更换的程序。根据《建设工程施工合同（示范文本）》第 3.2.3 条规定，承包人需要变更项目经理的，应提前 14d 书面通知发包人和监理人，并征得发包人同意。

【参考答案】

1. 招标文件中的内容是否妥当及理由：

（1）"项目评标办法采用经评审的最低投标价法"妥当。

理由：建设单位可在不违反招标投标相关规定的基础上，自行确定评标办法，且"经评审的最低投标价法"是较普遍的评标方法。

（2）"施工单位应对招标文件中工程量清单进行复核，有异议的，应当在招标文件发出 15d 内提出，否则招标人拒绝回复。"此条不妥。

理由：根据招标投标法的规定，投标人对招标文件有异议的，应在投标截止时间 15d 以内提出。

（3）"招标人不组织项目现场勘查"妥当。

理由：招标人无组织现场踏勘的义务。

2. 事件 1 中，施工单位的要求合理。

理由：该批材料是由建设单位负责采购的，质量检测不合格，材料应由建设单位重新采购，并支付材料检验费。

3. 事件 2 中，工程分包过程中的不妥之处：项目分包时，由施工单位 A 和建设单位共同确定中标单位不妥。

正确做法：工程分包时，应由施工单位 A 确定中标单位，并征得建设单位同意。

4. 事件 3 中，施工单位任命的项目经理应具备的条件：原项目经理离职后，施工单位 A 应该任命具备矿业工程注册建造师资格、具有安全资格证书、无在建工程项目并具有一定工作能力的人员担任项目经理。

程序：更换项目经理，经过监理单位与建设单位的同意，并到建设行政主管部门进行备案。

实务操作和案例分析题二 ［2018年真题］

【背景资料】

某矿业工程项目公开招标，有6家施工单位通过了资格预审。项目按程序开标，评标委员会由建设单位派出的2名代表和综合评标专家库抽取的5名技术经济专家组成。开标前，1位专家因突发原因无法参与评标，为确保评标工作正常进行，招标单位对评标委员进行了合理调整。

施工单位A开标后提交了一份补充文件，表示如果中标，可降低投标报价的5%。施工单位B开标时发现其投标价远低于其他单位，要求撤回投标文件。评标时发现：施工单位C的投标函有该企业及其法人代表的签章，但无项目负责人的签章；施工单位D投标文件中的计划工期超过招标文件要求工期10d。

建设单位接到评标报告5d后，确定第一中标候选人E中标，并于当天向施工单位E发出中标通知书，随后进行了2d公示，公示期结束后双方签订了施工合同。

【问题】

1. 针对评标专家未到场，为使项目评标正常进行，对评标委员会有哪些调整方法？

2. 分别说明施工单位A、C、D的投标文件是否有效？说明理由。

3. 招标单位应如何处理施工单位B撤回投标文件的要求？

4. 建设单位在定标、签订合同过程中的做法存在哪些问题？说明正确做法。

【解题方略】

1. 本题考查的是评标专家未到场的调整方法。作答本题需要清楚评标专家的相关规定。根据《招标投标法》的规定："评标由招标人依法组建的评标委员会负责。""依法必须进行招标的项目，其评标委员会由招标人的代表和有关技术、经济等方面的专家组成，成员人数为五人以上单数，其中技术、经济等方面的专家不得少于成员总数的三分之二"。这些规定，既明确专家评标是法律行为，具有相应的法律地位；又通过"三分之二"的规定，阐明了专家在评标中的重要作用，体现了评标的专业性、公正性。若评标专家未到场也应遵守上述的规定，因此可采取的方法有：及时抽取更换一名技术经济方面的专家；或减少一名建设单位代表，改为5名评标专家。

2. 本题考查的是投标文件的有效性。作答本题要知道投标文件在什么情况下是有效的什么情况下会失效。投标文件有下列情形之一的，招标人应当拒收：（1）逾期送达；（2）未按招标文件要求密封。

投标文件有下列情形之一的，评标委员会应当否决其投标：（1）投标文件未经投标单位盖章和单位负责人签字；（2）投标联合体没有提交共同投标协议；（3）投标人不符合国家或者招标文件规定的资格条件；（4）同一投标人提交两个以上不同的投标文件或者投标报价，但招标文件要求提交备选投标的除外；（5）投标报价低于成本或者高于招标文件设定的最高投标限价；（6）投标文件没有对招标文件的实质性要求和条件作出响应；（7）投标人有串通投标、弄虚作假、行贿等违法行为。

根据上述的相关规定再结合背景资料中投标单位，逐一进行分析，施工单位A的投标文件有效，补充文件无效。因为开标后不得再对投标文件进行修改。施工单位 C 的投标文件有效。因为按照招标投标相关规定，投标函上需有投标单位及法人代表的印章，无需项目负责人的签章。施工单位 D 的投标文件无效。因为施工单位 D 的计划工期不符合招标文件的规定。

3. 本题考查的是撤回投标文件的要求。作答此类题型时要清楚什么情况可以撤回投标文件什么情况不能撤回。投标人在招标文件要求提交投标文件的截止时间前，可以补充、修改、替代或者撤回已提交的投标文件，并书面通知招标人。补充、修改的内容为投标文件的组成部分。

在提交投标文件截止时间后到招标文件规定的投标有效期终止之前，投标人不得补充、修改、替代或者撤回其投标文件。投标人补充、修改、替代投标文件的，招标人不予接受；投标人撤回投标文件的，其投标保证金将被没收。

而施工单位 B 撤标时间为开标时，因此可以同意其撤回投标文件，没收投标保证金。

4. 本题考查的是定标、签订合同过程的内容。《中华人民共和国招标投标法实施条例》规定，依法必须进行招标的项目，招标人应当自收到评标报告之日起 3 日内公示中标候选人，公示期不得少于 3 日。

《中华人民共和国招标投标法》规定，中标人确定后，招标人应当向中标人发出中标通知书，并同时将中标结果通知所有未中标的投标人。中标通知书对招标人和中标人具有法律效力。中标通知书发出后，招标人改变中标结果的，或者中标人放弃中标项目的，应当依法承担法律责任。所以应该先公示再发中标通知书。

【参考答案】

1. 评标专家未到场，调整方法有：

及时抽取更换一名技术经济方面的专家；或减少一名建设单位代表，改为 5 名评标专家。

2. 施工单位 A 的投标文件有效，补充文件无效。

理由：开标后不得再对投标文件进行修改。

施工单位 C 的投标文件有效。

理由：按照招标投标相关规定，投标函上需有投标单位及法人代表的印章，无需项目负责人的签章。

施工单位 D 的投标文件无效。

理由：施工单位 D 的计划工期不符合招标文件的规定。

3. 招标单位可以同意其撤回投标文件（取消其投标资格），没收投标保证金。

4. 建设单位在定标、签订合同过程中的做法存在的问题：

（1）建设单位在接到评标报告 5d 后，确定中标候选人不妥。

纠正：依法必须进行招标的项目，招标人应当自收到评标报告之日起 3 日内确定中标候选人。

（2）建设单位向施工单位 E 发出中标通知书后进行公示不妥。

纠正：建设单位应在发出中标通知书前进行公示。

（3）公示期为 2d 不妥。

纠正：公示期不得少于 3 日。

实务操作和案例分析题三 [2017年真题]

【背景资料】

某矿业工程项目采用公开招标方式进行施工招标。A、B、C、D、E、F、G7家施工单位通过了资格预审并参与项目投标。投标文件编制过程中，施工单位A根据设计图纸复核工程量清单时发现，分部分项工程量清单中某清单项目的特征描述与设计图纸不符；施工单位B采用不平衡报价策略，在不提高总价的前提下，对前期工程和工程量可能减少的某些清单项目适度提高了综合单价。7家施工单位均在投标截止时间前按要求提交了投标文件。

开标评标时发现：施工单位C的投标文件有法定代表人授权书，投标函的单位印章上是被授权人的签字；施工单位D的投标工期比招标文件规定的工期长20d；施工单位E投标文件中的总价金额汇总有误。

经评标委员会评审，确定施工单位F、G为中标候选人。建设单位分别与中标候选人进行了谈判，要求重新报价，并表示将选择最终报价较低的单位为中标人。

经过谈判，施工单位F中标。双方按投标报价签订了建设工程施工合同后，又按照谈判后最终报价签订了实际履行协议。

【问题】

1. 施工单位A对投标文件编制过程中发现的问题，有哪些处理方法？
2. 施工单位B的不平衡报价策略哪些是合理的？说明理由。
3. 分别指出施工单位C、D、E的投标文件是否有效？说明理由。
4. 建设单位违反了招标投标有关法规的哪些具体规定？

【解题方略】

1. 本题主要考查对招标文件问题的处理方法。作为投标人，应明确招标文件的内容和要求，同时要注意国家对招标投标方面的规定。

工程项目招标投标过程中，投标人在研究招标文件时，如果发现工程量清单与图纸不相符等问题，可根据所发现问题对承包商的利弊，采用两种处理方式：（1）若发现的问题不利于承包商，可在标前答疑会中向招标人提出问题，由招标人做出澄清；（2）若发现的问题对投标人有利。可以选择规避此问题，按照招标文件规定编制投标文件。

2. 本题考查的是不平衡报价的策略。为了实现中标的目的，投标人应认真研究投标报价策略，并灵活运用。工程项目投标时，投标企业经营者可以在对工程项目实践经验的积累和对投标过程中突发情况的反应能力的基础上，发挥自己的决策能力制定投标策略。不平衡报价是投标时常用的技巧。

不平衡报价法是在工程项目的投标总价确定后，根据招标文件的付款条件，合理地调整投标文件中子项目的报价，在不抬高总价以免影响中标的前提下，实施项目时能够尽早、更多地结算工程款，并能够赢得更多利润的一种投标报价方法。应用不平衡报价策略时对工程前期完成的项目，可较快收回工程款，此类分部分项工程应适当提高报价；对工程中工程量可能会增加的项目，也可适当提高单价。

3. 本题考查的是投标文件的有效性。根据《中华人民共和国招标投标法实施条例》规定：有下列情形之一的，评标委员会应当否决其投标：

（1）投标文件未经投标单位盖章和单位负责人签字；

（2）投标联合体没有提交共同投标协议；

（3）投标人不符合国家或者招标文件规定的资格条件；

（4）同一投标人提交两个以上不同的投标文件或者投标报价，但招标文件要求提交备选投标的除外；

（5）投标报价低于成本或者高于招标文件设定的最高投标限价；

（6）投标文件没有对招标文件的实质性要求和条件作出响应；

（7）投标人有串通投标、弄虚作假、行贿等违法行为。

背景资料中，施工单位 C 的投标文件有法定代表人授权书，投标函的单位印章上是被授权人的签字。条例中规定投标文件应有投标单位盖章和单位负责人签字，单位负责人也可通过合法授权，在签署有效投标文件的基础上，由被授权人签字，此做法符合规定，为有效投标文件。

施工单位 D 的投标工期比招标文件规定的工期长 20d，不满足文件对工程的实质性要求，没有正确响应招标文件，属于无效投标文件。

施工单位 E 投标文件中的总价全额汇总有误，当投标文件的内容有含义不明确、不一致或明显打字（书写）错误或纯属计算上的错误的情形，评标委员会则应通知投标人作出澄清或说明，以确认其正确的内容。当投标价与单价汇总不一致时，以单价汇总金额为准，修正后的投标文件为有效投标文件。

4. 本题考查的是招标人在矿业工程招标程序中应注意的事项。根据《中华人民共和国招标投标法》第四十三条规定：在确定中标人前，招标人不得与投标人就投标价格、投标方案等实质性内容进行谈判。

第四十六条：招标人和中标人应当自中标通知书发出之日起 30 日内，按照招标文件和中标人的投标文件订立书面合同。招标人和中标人不得再行订立背离合同实质性内容的其他协议。

【参考答案】

1. 施工单位 A 可采取的处理方法有：

（1）在标前答疑会上向招标单位提出质疑；

（2）直接按照招标工程量清单报价。

2. 在不提高总价的前提下，前期工程提高报价合理。

理由：提高前期工程报价有利于施工单位尽早收回工程款。

3. 投标文件是否有效如下：

（1）施工单位 C 的投标文件有效。

理由：经法定代表人授权的被授权人有权在投标函上签字，具有被授权人签字和单位印章的投标文件有效。

（2）施工单位 D 的投标文件无效。

理由：没有响应招标文件的实质性要求，因为其工期比招标文件规定的工期时间久（或：附有招标人无法接受的条件）。

（3）施工单位 E 的投标文件有效。

理由：总价全额汇总有误属于细微偏差（或：明显的计算错误允许补正）。

4. 建设单位违反了招标投标有关法规的规定如下：

（1）确定中标人前，招标人不得与投标人就投标价格、投标方案等实质性内容进行谈判；

（2）招标人与中标人必须按照招标文件和中标人的投标文件订立合同，不得再行订立背离合同实质性内容的其他协议。

实务操作和案例分析题四［2016年真题］

【背景资料】

一大型企业购置了一矿产资源并获得该资源相关的地质勘探报告，准备筹建一大型矿井。该企业为了加快项目进程，在委托设计单位编制初步设计的同时，就开始办理各项采矿和建设许可等手续，并要求设计单位先完成井筒设计以便尽早开工建井。设计单位完成井筒设计后给出的资料为：主井深780m，直径6.5m；副井深730m，直径8.0m；回风立井深660m，直径5.0m。

井筒设计完成后，该企业委托招标代理机构对矿井的三个立井井筒分4个标段进行施工招标，其中副井、回风井各为一个标段，主井由于位于运输水平以下有装载硐室，其结构复杂，故决定以运输水平大巷标高为界分为上、下两个标段。四个标段分别交纳投标保证金，各标段工程概算及要求的投标保证金见表5-1。每家投标单位最多可选择2个标段投标。

各标段工程概算及投标保证金表　　　　　　　　　　　　　　　　表5-1

标段	A（主井运输大巷标高以上）	B（主井运输大巷标高以下）	C（副井）	D（回风井）
工程概算（万元）	3000.00	1200.00	3800.00	1800.00
投保保证金（万元）	55.00	30	80.00	36.00

施工单位甲根据招标文件确定对C、D标段进行投标，并由二级矿业工程专业注册建造师王某担任项目经理，组建项目经理部。

【问题】

1. 该矿井项目是否具备招标条件？说明理由。

2. 根据《工程建设项目施工招标投标办法》，分别说明本项目招标标段的划分、投标保证金要求是否合理？简述理由。

3. 施工单位甲的投标行为是否妥当？说明理由。

【解题方略】

1. 本题考查的是项目招标的条件。允许建设方进行施工招招标，必须符合以下要求：（1）建设工程立项批准，招标项目按照国家有关规定需要履行项目核准手续；（2）建设资金落实，招标人应当有进行招标项目的相应资金；（3）初步设计及概算应当审查批准；（4）有招标所需的设计图纸及技术资料。本题中，项目的各项采矿和建设许可等手续刚开始着手办理，并未通过立项批准。且设计单位只完成了井筒设计，未经审查。

2. 本题考查的是工程项目施工招标标段划分和投标保证金的内容。《工程建设项目施工招标投标办法》对工程建设项目施工招标投标活动进行了规范标段、确定工期，并在招标文件中载明。对工程技术上紧密相连、不可分割的单位工程不得分割标段。第二十七条规定：施工招标项目需要划分标段、确定工期的，招标人应当合理划分标段。本题背景中的主井工程是一个单位工程，不可进行分割，因此不能作为 A、B 两个标段进行招标。

《工程建设项目施工招标投标办法》第三十七条规定：招标人可以在招标文件中要求投标人提交投标保证金。投标保证金不得超过项目估算价的 2%，但最高不得超过 80 万元人民币。投标保证金有效期应当与投标有效期一致。投标人应当按照招标文件要求的方式和金额，将投标保证金随投标文件提交给招标人或其委托的招标代理机构。根据该条款的规定，B、C 标段的投标保证金均超过了工程概算价的 2%，是不合理的。

3. 本题主要考查工程招标投标的具体规定。背景资料中施工单位甲对项目的 C、D 标段进行投标，本身该行为是合法的且符合招标文件的规定。但在投标分标段招标项目时，应由两位项目经理分别组建项目组织机构。根据资料中给出的工程概算金额，该工程单项合同额超过 2000 万元，属于大型矿建工程项目，对照《注册建造师执业工程规模标准》矿山部分的内容，该工程应有一级矿业工程建造师担任项目经理。

【参考答案】

1. 项目不具备招标条件。

理由是：项目尚未完成初步设计及审查；尚未获得采矿等许可证；未通过立项批准。

2. 招标的标段划分不合理。

理由：标段一般按一个单项或一个（或几个）单位工程划分，工程技术上紧密相连、不可分割的单位工程不得分割标段分别招标，主井工程的 A、B 标段是一个单位工程，应作为一个标段招标。

A、D 标段的投标保证金是合理的。B、C 标段的投标保证金不合理。

理由：投标保证金不得超过投标总价的 2%，最高不得超过 80 万元。

3. 施工单位甲的投标行为不妥。

理由：（1）分标段投标时，应按标段分别组建项目组织机构。

（2）该工程为大型矿建工程；C、D 标段项目经理应由一级注册建造师担任。

实务操作和案例分析题五 ［2015 年真题］

【背景资料】

某矿业工程项目由建设单位 A 自行公开招标，5 家施工企业通过资格预审并购买了招标文件。招标文件中有如下规定：

（1）本项目不接受联合体投标。

（2）投标人须按规定缴纳投标保证金。投标人撤回或撤销投标文件，投标保证金概不予退还。

（3）本项目设招标控制价。投标人报价不得高于招标控制价或低于 70% 招标控制价，否则作为废标处理。

投标预备会上，招标人修改了原招标文件关于工程量清单的几处工程量，以补充文件形式发给每个投标人，并将投标截止时间延长 2 周。后经开标评审，施工单位 B 中标，双方签订了施工合同。

随后，施工单位 B 与劳务分包公司 C 订立了工程劳务分包合同。合同规定，施工用塔式起重机由施工单位 B 提供，其余施工机械设备由劳务分包公司 C 自备。施工准备会上，施工单位 B 与劳务分包公司 C 讨论并落实了分包的相关问题，包括：大型施工机械的调配、劳务分包公司的入场准备、施工机械设备保险和从事危险作业职工的保险等。

【问题】

1. 逐条说明招标文件的规定是否合理，并说明理由。

2. 招标人延长投标截止时间的做法是否妥当？说明理由。

3. 施工单位 B 在劳务分包公司 C 的施工前期，应为其完成哪些主要工作？

4. 具体说明施工准备会上提出的保险应由谁负责办理并支付保险费用。

【解题方略】

1. 本题考查的是工程项目的招标投标的内容。作答此类题目应该清楚在工程招标投标工作中，对投标人的要求。具体要求包括：

（1）招标人可以在招标文件中要求投标人提交投标保证金。投标保证金除现金外，可以是银行出具的银行保函、保兑支票、银行汇票或现金支票，并应从投标人的基本账户转出。

（2）投标保证金一般不得超过招标项目估算价的 2%，但最高不得超过 80 万元人民币。投标保证金有效期应当与投标有效期一致。

（3）投标人应当按照招标文件要求的方式和金额，将投标保证金随投标文件提交给招标人或其委托的代理机构。

（4）投标人应当在招标文件要求提交投标文件的截止时间前，将投标文件密封送达投标地点。招标人收到投标文件后，应当向投标人出具标明签收人和签收时间的凭证，在开标前任何单位和个人不得开启投标文件。

（5）在招标文件要求提交投标文件的截止时间后送达的投标文件，招标人应当拒收。

（6）依法必须进行施工招标的项目提交投标文件的投标人少于三个的，招标人在分析招标失败的原因并采取相应措施后，应当依法重新招标。重新招标后投标人仍少于三个的，属于必须审批、核准的工程建设项目，报经原审批、核准部门审批、核准后可以不再进行招标；其他工程建设项目，招标人可自行决定不再进行招标。

（7）投标人在招标文件要求提交投标文件的截止时间前，可以补充、修改、替代或者撤回已提交的投标文件，并书面通知招标人。补充、修改的内容为投标文件的组成部分。

（8）在提交投标文件截止时间后到招标文件规定的投标有效期终止之前，投标人不得补充、修改、替代或者撤回其投标文件。投标人补充、修改、替代投标文件的，招标人不予接受；投标人撤回投标文件的，其投标保证金将被没收。

（9）在开标前，招标人应妥善保管好已接收的投标文件、修改或撤回通知、备选投标方案等投标资料。

根据上述的要求再对背景资料的招标文件进行逐条分析：（1）不接受联合体投标可以由招标人根据工程实际情况自主决定，符合《中华人民共和国招标投标法》的相关规定；因此合理。（2）在提交投标文件截止时间后到招标文件规定的投标有效期终止之前，投标人不得补充、修改、替代或者撤回其投标文件；投标人撤回投标文件的，其投标保证金将被没收。投标截止日期前投标人撤回投标文件，招标人应退还投标保证金。因此不合理。（3）根据《招标投标法》的规定，招标人可以设定招标控制价，但不得规定最低投标限价。因此不合理。

2. 本题考查的是工程项目施工招标投标的程序。招标人应当确定投标人编制投标文件所需要的合理时间，依法必须进行招标的项目，自招标文件开始发出之日起至投标人递交投标文件截止之日止，最短不得少于 20 日。招标文件发出后，招标人需要修改招标文件内容，为使投标单位在编写投标文件时有充分的时间考虑招标人修改的内容，招标人可以延长投标截止时间。

3. 本题考查的是劳务分包合同中承包人的主要义务。承包人的主要义务包括：

（1）组建与工程相适应的项目管理班子，全面履行总（分）包合同，组织实施项目管理的各项工作，对工程的工期和质量向发包人负责。

（2）完成劳务分包人施工前期的下列工作：

1）向劳务分包人交付具备本合同项下劳务作业开工条件的施工场地；

2）满足劳务作业所需的能源供应、通信及施工道路畅通；

3）向劳务分包人提供相应的工程资料；

4）向劳务分包人提供生产、生活临时设施。

4. 本题考查的是工程保险的办理及支付的内容。劳务分包人施工开始前，工程承包人应获得发包人为施工场地内的自有人员及第三人人员生命财产办理的保险；且不需劳务分包人支付保险费用。运至施工场地用于劳务施工的材料和待安装设备，由工程承包人办理或获得保险，且不需劳务分包人支付保险费用。工程承包人必须为租赁或提供给劳务分包人使用的施工机械设备办理保险，并支付保险费用。劳务分包人必须为从事危险作业的职工办理意外伤害保险，并为施工场地内自有人员生命财产和施工机械设备办理保险，支付保险费用。

【参考答案】

1. 招标文件的规定是否合理如下：

（1）不接受联合体投标合理。

理由：符合《中华人民共和国招标投标法》中的相关规定。

（2）撤回或撤销投标文件概不退还投标保证金不合理。

理由：根据招标投标法，开标前投标人撤回投标文件，招标人应退还投标保证金。

（3）设置投标限制低价不合理。

理由：根据招标投标法，招标人不得规定最低投标限价。

2. 延长投标截止时间的做法妥当。

理由：标前会上招标人修改了招标文件内容，为使投标单位在编写投标文件时有充分的时间考虑招标人修改的内容，招标人可在标前会上确定延长投标截止时间。

3. 施工单位 B 应为劳务分包人完成的施工前期工作有：

（1）向劳务分包人交付具备作业开工条件的施工场地；

（2）保证能源供应、通信及施工道路畅通；

（3）提供相应的工程资料；

（4）提供生产、生活临时设施。

4. 塔式起重机由施工单位 B 提供，应由施工单位 B 办理保险并支付保险费。

其他机械设备由劳务分包单位 C 办理并支付保险费用。

从事危险作业职工意外伤害险由劳务分包公司 C 办理并支付保险费用。

实务操作和案例分析题六 ［2014 年真题］

【背景资料】

某矿山工程项目采用公开招标形式招标。招标文件中载明：投标截止时间为 5 月 19 日 11：00，开标时间为 5 月 20 日 14：00；资质等级要求为省外企业有一级以上资质，省内企业为二级以上资质；招标文件还附有最高投标限价和最低投标限价。六家施工企业 A、B、C、D、E 和 F 通过资格预审，并购买了招标文件。

项目的评标委员会原定 6 名成员，其中经济、技术专家 4 名，建设单位人员 1 名，公证员 1 名。在由当地招标主管部门领导主持的开标会议中，专家对委员会的组成等问题提出质疑；随后，会议按规定重新组建了评标委员会，并重新开始开标评标会议。委员会在工作中发现，A 企业的标书中另附有一份改进设计方案及其报价；D 联合体中一施工企业已退出；E 在投标截止时间前，递交了降价补充说明。评标委员会认定 D 的标书为废标。经评标，确定 B、C 为中标候选人。

5 月 22 日，建设单位与 B 施工企业就价格问题进行协商，要求 B 施工企业降低投标报价；当日，B 施工企业同意在原投标报价的基础上优惠 5％后，被确定为中标人。建设单位随即向 B 施工企业发出中标通知书，同时通知了其他投标企业。5 月 25 日，签订施工合同。

【问题】

1. 招标文件的内容有何不妥？说明理由。

2. 指出原评标委员会及开标过程中存在的问题，并说明理由。

3. A、E 企业分别采用了何种投标策略？

4. 确定 B 企业为中标候选人到中标人的过程中，建设单位的做法有何不妥？说明理由。

【解题方略】

1. 本题考查的是招标文件的编制。所谓招标文件的内容有不妥之处，就是指招标文件的内容违反国家法律的内容或是相关规定的内容。所以在分析背景资料时，就要将背景资料的内容与《中华人民共和国招标投标法》和国家有关规定进行比较，这样很容易将不符合规定及法律法规的部分找到。根据《中华人民共和国招标投标法》规定，工程项目招标可采用公开招标和邀请招标，采用公开招标方式的，应当发布招标公告。招标文件不得要求或者标明特定的生产供应者以及含有倾向或者排斥潜在投标人的其他内容。开标应当在招标文件确定的提交投标文件截止时间的同一时间公开进行；开标地点应当为招标文件中预先确定的地点。

结合背景资料，投标截止时间和开标时间不一致。对投标人的资质要求不统一，有排斥潜在投标人的内容，另外还附有最高投标限价和最低投标限价，隐含特定要求，因此属于不妥内容。

2. 本题考查的是评标委员会的人数规定。还是分析其工作是否违反招标投标法的相关规定。《招标投标法》规定，工程项目招标的开标由招标人主持，邀请所有投标人参加。评标由招标人依法组建的评标委员会负责。依法必须进行招标的项目，其评标委员会由招标人的代表和有关技术、经济等方面的专家组成，成员人数为 5 人以上单数，其中技术、经济等方面的专家不得少于成员总数的 2/3。因此，评标委员为 6 人不合适，公证员也不能作为评标委员，招标会议应由招标人主持。

3. 本题考查的是投标报价的一般技巧。投标标价是承包企业对招标工作的响应，在评标的份额中占有较大的比重。常见的投标策略有：提出改进技术方案或改进设计方案的新方案，或利用拥有的专利、工法显示企业实力；以较快的工程进度缩短建设工期，或有实现优质工程的保证条件。报价策略可采用的方法包括：不平衡报价法，计日工报价法，多方案报价法，增加建议方案报价，突然降价法，先亏后盈法，联合保标法等。

4. 本题考查的是招标投标中中标的基本内容。《中华人民共和国招标投标法实施条例》规定，依法必须进行招标的项目，招标人应当自收到评标报告之日起 3 日内公示中标候选人，公示期不得少于 3 日。另外，招标人和中标人应当依照招标投标法和本条例的规定签订书面合同，合同的标的、价款、质量、履行期限等主要条款应当与招标文件和中标人的投标文件的内容一致。招标人和中标人不得再行订立背离合同实质性内容的其他协议。建设单位在评标工作结束后，与施工企业协商价格，要求降价，是不正确的，另外确定 B 为中标候选人，公示时间不足 3d，也不妥。

【参考答案】

1. 投标文件中的不妥之处：

（1）投标文件截止时间和开标时间不符合规定；

（2）资质等级要求不一致；

（3）招标文件规定了最低投标限价。

理由：依据《中华人民共和国招标投标法》的要求：投标截止时间和开标时间应一致，招标人应平等对待潜在投标人，不得歧视外省施工企业，招标人不得规定最低投标限价。

2. 存在的问题：评标委员会成员人数不符合要求。

理由：依据《中华人民共和国招标投标法》，评标委员会成员人数应为 5 人及以上的单数。

存在的问题：公证员作为评标委会成员不妥。

理由：公证员只对评标过程进行监督，不能作为评标委员会成员。

存在的问题：当地招标主管部门领导主持开标会议不妥。

理由：开标会议应由招标人主持。

3. A 企业采用了多方案投标报价策略，E 企业采用了突然降价策略。

4. 不妥之处：中标候选人未公示或公示期太短。

理由是：中标候选人的公示期不得少于 3 日。

不妥之处：建设单位要求 B 降低投标报价不妥。

理由是：在确定中标人前，招标人不得与投标人就投标价格进行谈判。

实务操作和案例分析题七 [2012年10月真题]

【背景资料】

某已投产运营的矿业企业在矿区内新建一单层钢筋混凝土厂房。工程采用邀请招标，邀请了5家施工单位参加投标。发售招标文件时，招标人要求投标人签收后填写如下领取单（见表5-2）。

领取单 表5-2

序号	参加投标单位名称	联系电话	领取时间	联系人
1	××工程建设有限公司	130××××××××	2011.2.22	王××
2	××建筑工程总公司	131××××××××	2011.2.23	李××
…	……	……	……	……

标前答疑会上，有两家单位提出招标文件中土方工程的工程量计算有误，要求进行修正。会后，招标单位经核查，修改了原招标文件中的相应工程量并电话通知了提出疑义的两家施工单位。

投标截止日期前7d，招标人发现招标文件中缺少了一项附属工程，于是将相关图纸补发给了各投标单位。

工程如期开标，经评标，最终施工单位A中标。

工程施工过程中，发生了如下事件：

事件1：厂房基础混凝土浇筑前，施工单位考虑到基础工程质量的重要性，以及承担基础施工任务的劳务分包队对基础施工不熟悉，施工时将原设计文件中基础混凝土的强度等级由C25提高至C30，以确保工程质量，得到了监理工程师的认可。此项变更增加施工成本5万元。

事件2：厂房吊装作业前，施工单位的一台履带式起重机因其他工程使用无法按计划到场，为不影响工期，施工单位从租赁站租赁一台新型汽车式起重机，按原吊装方案进行了吊装作业。

【问题】

1. 指出工程招标过程中的错误做法。
2. 针对事件1，施工单位能否进行索赔？说明理由。
3. 针对事件2，施工单位的做法是否妥当？说明理由。

【解题方略】

1. 本题考查的是招标投标的程序。作答此类型题目，首先要清楚正确的招标投标的程序，还要结合背景资料进行作答。

根据《招标投标法》第二十二条［已获取招标文件者及标底的保密］的规定，招标人不得向他人透露已获取招标文件的潜在投标人的名称、数量以及可能影响公平竞争的有关招标投标的其他情况。

根据《招标投标法》第二十三条［招标文件的澄清或修改］的规定，招标人对已发出的招标文件进行必要的澄清或者修改的，应当在招标文件要求提交投标文件截止时间至少十五日前，以书面形式通知所有招标文件收受人。该澄清或者修改的内容为招标文件的组成部分。

2. 本题考查的是施工单位的索赔内容。作答索赔类的题型时，首先考虑责任在谁，谁是责任的主体。若是由于建设单位的责任造成的损失，施工单位的索赔要求应予支持。反之亦然。结合背景资料分析，施工单位提高混凝土的强度等级，属于施工单位自行提出的保证施工的技术方案措施，属于变更施工组织设计的范畴，不能进行索赔。

3. 本题考查的是调整施工方案的程序。根据《建设工程安全生产管理条例》第二十六条的规定，对起重吊装工程，达到一定规模的危险性较大的分部分项工程编制专项施工方案，并附具安全验算结果，经施工单位技术负责人、总监理工程师签字后实施，由专职安全生产管理人员进行现场监督。施工方案的调整不得随意变更，应重新计算、编制和报审。

【参考答案】

1. 工程招标过程中的错误做法如下：

（1）领取招标文件过程中，在领取单上填写参加投标单位相关信息的做法错误（不应泄露参加投标单位的相关信息）。

（2）标前答疑会后，将修改内容电话通知提出疑义的两家施工单位的做法错误（应将澄清的问题书面通知所有投标人）。

（3）在投标截止日期前7d补发图纸的做法错误（变更招标文件应至少在投标截止日期前15d）。

2. 不能进行索赔。

原因是：此项变更属于施工单位自行提出的保证质量措施，不能进行索赔。

3. 不妥。

厂房的吊装方案是厂房施工的关键。吊装机械不能任意变更。起重机型号改变，应重新计算、编制施工方案，报监理工程师审批通过后方可进行。

实务操作和案例分析题八 ［2011年真题］

【背景资料】

某施工单位承建了一斜巷工程，巷道断面 $20m^2$，倾角 $6°$，围岩为中等稳定的砂泥岩互层，无有害气体，无水。永久支护为锚喷支护，喷层厚度 120mm。施工组织设计采用普通钻爆法施工，气腿凿岩机打眼，炮眼深度 3.0m。施工中突然遇到断层破碎带，施工单位因无应急准备方案，仍按原方案施工，结果喷混凝土出现开裂、脱落，巷道变形等现象，且围岩破碎情况越来越严重，顶板稳定不冒落时间不足 2h。施工单位经设计和监理单位同意，为安全通过破碎带采取了减少周边眼装药量，增加锚杆和喷浆紧跟迎头的支护方法，但仍发生了掘进工作面后锚杆与顶板同时冒落的冒顶事故。

【问题】

1. 分析施工单位通过断层破碎带所采取措施的合理性及存在的不足。

2. 为安全通过断层破碎带，应采取哪些有效措施和施工方法？

3. 施工单位针对冒顶事故提出的索赔要求，需要准备哪些重要的索赔证据？

【解题方略】

1. 本题考查的是施工通过断裂破碎带时采取的安全措施。解决此题需要有一些现场工作的经验及基础。根据背景资料中的关键信息"为安全通过破碎带采取了减少周边眼装药量，增加锚杆和喷浆紧跟迎头的支护方法"，重点分析各项措施的合理性及不足性。

2. 本题考查的是施工通过断裂破碎带时应采取的措施及方法。结合背景材料中的施工工艺，应重点考虑如何加强围岩的稳定性。为安全通过断层破碎带，应采取的有效措施有：（1）做好人员撤离和设备的防护工作；（2）安排好避灾路线；（3）准备好排水设备；（4）加强工作面的支护；（5）进行防水设施（水闸门或水闸墙）的施工等；（6）为扩大控制破碎围岩的范围应增加锚杆长度。（7）在迎头拱部施工一定角度的超前锚杆，或架设金属支架，使用前探梁（或对断层破碎带进行管棚注浆加固后再掘进巷道），实现超前支护；（8）减少掘进炮眼深度，可改为1m左右，并采取多打眼，少装药的爆破措施。

3. 本题考查的是索赔的证据。任何索赔都是需要有正当理由的，索赔的证据应该包括全过程和事情的方方面面。索赔证据的搜集，并非属于索赔事件发生以后临时需要而去完成的工作，而是贯穿于整个项目的整体过程。

常用的索赔证据材料一般包括：

（1）双方法律关系的证明材料（招标投标文件、中标通知书、投标书、合同书）；

（2）索赔事由的证明；

1）规范、标准及其他技术资料，地质、工程地质与水文地质资料，设计施工图纸资料，工程量清单和工程预算书，进度计划任务书与施工进度安排资料。

2）设备、材料采购、订货、运输、进场、入库、使用记录和签单凭证等。

3）国家法律、法规、规章，国家公布的物价指数、工资指数等政府文件。

（3）索赔事情经过的证明；

1）各种会议纪要、协议和来往书信及工程师签单；各种现场记录（包括施工记录、现场气象资料、现场停电停水及道路通行记录或证明）、各种实物录像或照片，工程验收记录、各种技术鉴定报告，隐蔽工程签单记录。

2）受影响后的计划与措施，人、财、物的投入证明。

3）要注意事情经过的证明应包括承包商采取措施防止损失扩大的内容；否则，被扩大的损失将不予补偿。

（4）索赔要求所相关的依据和文件；

（5）其他类似情况的处理过程和结论；

（6）原始地质资料；

（7）巷道断层破碎带地质素描和实录；

（8）与监理、设计单位的会议记录；

（9）经批准的支护变更。

结合背景资料具体分析需要哪些索赔的证据。

【参考答案】

1. 施工单位通过断层破碎带所采取措施的合理性及不足如下：

（1）周边眼装药量的减少可减少爆破对围岩的破坏作用，但不能直接预防断层破碎带冒落。

（2）增加锚杆数量可提高破碎围岩稳定性，但难以控制深部围岩冒落，以及保证破碎围岩冒落前完成支护。

（3）喷浆紧跟迎头，能及时支护围岩，但顶板仍发生冒落，说明该措施支护强度不够。

2. 为安全通过断层破碎带，应采取的有效措施和施工方法如下：

（1）为扩大控制破碎围岩的范围应增加锚杆长度。

（2）在迎头拱部施工一定角度的超前锚杆，或架设金属支架，使用前探梁（或对断层破碎带进行管棚注浆加固后再掘进巷道），实现超前支护。

（3）减少掘进炮眼深度，可改为 1m 左右，并采取多打眼，少装药的爆破措施。

3. 重要的索赔证据包括：

（1）原始地质资料；

（2）巷道断层破碎带地质素描和实录；

（3）与监理、设计单位的会议记录；

（4）经批准的支护变更。

典 型 习 题

实务操作和案例分析题一

【背景资料】

某煤矿立井井筒工程，井筒净直径 6.0m，深 860m。经初步勘探，该井筒的工程地质及水文地质条件复杂。为尽快开工建设，建设单位未进行井检孔施工，以距离井筒中心 50m 处的地质钻孔资料为参考进行了项目招标。某施工单位中标，合同谈判中，建设单位拟与施工单位订立固定总价合同。

工程开工前，施工单位编制了施工准备计划，并完成了各项开工准备工作。开工后，建设单位发现施工单位未及时填制工程进度交换图，为加强该井筒工程技术档案资料管理，要求施工单位进行整改。

工程实施过程中，探到地质资料中未标明的含水层并进行处理，增加费用 40 万元，工期延误 10d。后又因全国性突发公共卫生事件导致工程停工 35d，期间看管施工现场等费用共计 15 万元。复工后，建设单位要求施工单位加快施工速度，按原合同工期完工。施工单位根据要求调整了施工进度计划，并采取了多项加快进度的措施，由此增加相关费用共计 280 万元。

【问题】

1. 该工程是否适用固定总价合同？说明理由。

2. 施工单位编制的施工准备计划应包括哪些主要工程计划？

3. 井筒工程的施工进度交换图主要包括哪些内容？

4. 施工单位可以向建设单位提出哪些合理索赔？说明理由。

【参考答案】

1. 该工程不适用固定总价合同。

理由：本工程建设单位未进行详细勘察，井筒地质条件复杂，项目的风险不确定性因素多。因此不适合采用固定总价合同。

2. 施工单位应编制的施工准备计划包括：资源供应计划（劳动力需要量计划、材料需要量计划、施工机械需要量计划），施工图供应计划。

3. 井筒工程施工进度交换图主要内容：井筒掘进进度、工程地质与水文地质条件及变化情况、施工方案的重大变化以及安全、质量事故记录等。

4. 施工单位可以向建设单位提出的合理索赔有：

（1）处理涌水导致延误的 10d 工期和额外增加的 40 万元费用。

理由：出现未探明含水层涌水而额外增加费用和延误工期是因建设单位提供的地质资料不详细而导致的，属于建设单位的责任。

（2）因全国性突发公共卫生事件导致延误的 35d 工期和停工期间照管施工现场等费用15 万元。

理由：全国性突发公共卫生事件属于不可抗力，应由建设单位承担。

（3）赶工增加的相关费用 280 万元。

理由：建设单位要求施工单位加快施工速度，应承担相关费用。

实务操作和案例分析题二

【背景资料】

某单位施工一段围岩破碎且有淋水的巷道工程，设计采用混凝土砌碹（衬砌）支护，混凝土强度等级 C15，厚度 30cm。施工单位在技术措施获得批准后，考虑到淋水影响决定在原配合比的基础上每立方米混凝土增加 50kg 水泥用量。施工中，巷道掘进断面经监理工程师认可后，施工单位据此开始浇筑混凝土。一个月后检查巷道规格符合要求，混凝土强度检测报告合格；但 2 个月后混凝土碹出现顶部变尖、断裂现象，造成返工。施工单位为增加水泥用量和巷道返工费用向业主提出索赔。业主认为碹顶断裂的一个可能原因是碹厚度不够，属施工单位的责任。施工单位认为砌碹厚度、强度均达设计要求，双方因此发生纠纷。

【问题】

1. 业主不愿意赔付因水泥用量增加的全部费用是否合理？说明理由。

2. 说明施工单位改变混凝土配合比并能得到费用补偿的正确做法。

3. 指出施工单位在混凝土碹施工管理工作中的不妥之处。

4. 分析可能造成混凝土碹顶变尖、断裂的原因，针对这些原因提出合理措施。

5. 对巷道碹顶断裂纠纷该如何处理？

【参考答案】

1. 业主不愿意赔付因水泥用量增加的全部费用的做法合理。

理由：（1）施工单位添加水泥的做法未取得建设单位或监理工程师的同意，因此属于单方改变已经过批准的混凝土配比，是违约行为，违反了技术方案变更审批的程序。

（2）单纯增加水泥用量不是提高或保证混凝土标号的最佳（经济）方法。增加水泥用量只是施工单位的保证质量可靠性的措施。

2. 正确的做法是：取得工程师（业主）的认可和支持，要按照合同约定的程序进行，使其合法化，同时应结合工程现场的实际情况进行配比设计，而不能随意进行。具体做法：

（1）首先要根据施工现场有淋水的情况，采取相应防治水措施；

（2）在此基础上进行混凝土配比试验，并依据试验结果提出适合现场情况的施工配合比；

（3）将施工配合比书面报告监理工程师（业主）批准后，再组织实施。

3. 施工单位的不妥之处为：浇筑混凝土前未办理浇筑申请，擅自浇筑混凝土。

4. 造成混凝土碹顶变尖、断裂的原因是：（1）巷道两帮变形较大，即巷道两帮在水平应力作用下向巷道内部空间移动，致使碹顶变尖，并断裂。其根本原因是混凝土碹所受围岩压力严重不均，两帮压力远大于碹顶压力。（2）碹顶浇筑、充填不饱满，不符合质量要求。

合理措施：（1）可提出如增加锚杆支护的加强措施，并经业主或设计方同意。（2）使碹后充填饱满，并符合相关质量要求。

5. 应在监理工程师组织下，采用无损（超声波）或微损（钻孔）检测碹顶部混凝土强度、厚度及充填密实情况，在此基础上区分责任。

实务操作和案例分析题三

【背景资料】

某立井井筒工程施工采用公开招标，井筒设计净直径 8m，深度 920m，其中表土段 600m，冻结法施工，工程估算价 1.5 亿元人民币。招标文件规定，本工程投标保证金为 60 万元。

A、B、C、D、E 五家施工单位通过了资格预审，并购买了招标文件。五家施工单位均按要求在规定时间提交了投标文件。工程开标后，施工单位 A 因对工程风险因素估计不足，决定放弃投标。于是，主动向评标委员会提出书面澄清文件，要求撤销投标文件，并申请退还投标保证金。

经过综合评标，施工单位 B 中标，随后与建设单位签订了施工承包合同。为加强施工成本控制，施工单位项目部成立了施工成本管理小组，对该工程施工成本进行认真估算，编制了成本计划并制定了成本控制措施。成本管理小组对工程存在的各种风险因素进行了分析识别，列出了风险清单，并根据风险特征确定了风险应对措施，其中针对工伤事故风险，采取了 3 项防范措施：（1）强化安全和规程教育；（2）增加临时支护措施投入；（3）为作业人员购买安全保险。

施工过程中，由于设计变更，井筒深度增加了 50m。建设单位决定按施工单位投标书中井筒单价，增加 50m 的费用对该设计变更进行补偿。

工程施工中，当地突发 5.0 级地震，造成现场道路和施工用房经济损失 32 万元，施工单位的一台价值 36 万元的施工设备损坏报废，建设单位采购的工程材料损毁损失 23 万元，现场清理及恢复施工条件花费 16 万元，施工人员窝工及设备闲置费用 18 万元。

【问题】

1. 本工程的投标保证金为 60 万元是否合理？说明理由。

2. 评标委员会是否应受理施工单位 A 的书面澄清文件？招标人是否应退还施工单位 A 的投标保证金？分别说明理由。

3. 施工成本控制的主要依据包括哪些内容？

4. 施工单位 B 制定的工伤事故风险防范措施各属于哪种风险管理策略?

5. 建设单位对设计变更的费用补偿是否合理? 说明理由。

6. 针对地震灾害, 施工单位和建设单位各应承担多少损失? 列出明细。

【参考答案】

1. 本工程的投标保证金为 60 万元合理。

理由: 因为投标保证金符合不得超过招标项目估算价的 2‰且不超过 80 万元的规定。

2. 评标委员会不应受理施工单位 A 的书面澄清文件。

理由: 因为开标后评标委员会不得接受投标人主动提出的澄清文件。

招标人不应退还施工单位 A 的投标保证金。

理由: 因为投标截止开标后投标人撤销投标文件的, 招标人可以不退还投标保证金。

3. 施工成本控制的主要依据包括:

(1) 工程承包合同;

(2) 施工成本计划;

(3) 进度报告;

(4) 工程变更。

4. 各事故风险防范措施属于的风险管理策略如下:

(1) "强化安全和规程教育" 属于风险规避;

(2) "增加临时支护措施投入" 属于风险自留;

(3) "为作业人员购买安全保险" 属于风险转移。

5. 建设单位对设计变更的费用补偿不合理。

理由: 因为井筒加深后的提升、吊挂等设施需要进行调整或更换, 所发生的费用均应由建设单位承担。

6. 施工单位应承担 54 万元。

明细如下: 施工设备损坏 36 万元; 施工人员窝工及设备闲置损失 18 万元。

建设单位应承担 71 万元。

明细如下: 现场道路和施工用房损失 32 万元; 工程材料损失 23 万元; 现场清理及恢复施工条件损失 16 万元。

实务操作和案例分析题四

【背景资料】

某建设单位投资建设冶金矿山工程项目, 委托招标机构对项目进行公开招标。该招标机构于 6 月 5 日发布招标公告, 公告通知 6 月 10 日至 12 日在建设大厦发售项目投标资格预审文件, 并要求拟投标人在 6 月 15 日 24 点前交回资格预审申请文件。

6 月 20 日, 招标机构向通过预审资格的 A、C、D、E、F、G 六家施工企业发售了招标文件, 要求投标人提交 60 万元投标保证金, 并在购买招标文件时一并缴付。据招标方估算, 投标保证金金额为工程估价的 3‰左右。

招标机构从当地专家库中抽取了 3 名技术、经济专家, 外加 2 名建设单位代表以及招标机构负责人共 6 人组成评标委员会, 对投标文件进行审查评定。

7 月 14 日, A、C、D、E、F、G 六家施工企业均向招标机构报送了密封的投标文件。7月15日上午9：30，G企业向招标机构提交退出投标的书面通知，C企业递交了一份密封的投标补充材料。7月15日上午10：00，项目在建设大厦会议厅开标，最终C企业中标。

7月25日，中标的C企业与建设单位签订了施工总承包合同。为转移风险，经建设单位同意，C企业将井筒预注浆工程进行了专业分包。

2个月后，招标机构退还了G企业的投标保证金。

【问题】

1. 招标公告和招标文件中的要求有哪些不妥？说明理由。

2. 组建的评标委员会存在什么问题？招标投标法对其组建有哪些要求？

3. C、G企业的做法是否合理？招标机构针对G企业退出投标的处理有何不妥？应该如何处理？

4. C企业的分包行为是否合理？说明理由。

【参考答案】

1. 招标公告和招标文件中的要求，不妥之处：

（1）资格预审文件发售，延续时间不妥。

理由：根据《招标投标法》的规定，资格预审文件发售期不得少于5日。

（2）提交资格预审申请文件与发售截止时间间隔不妥。

理由：销售截止日到资格预审申请文件提交日不少于5日。

（3）投标保证金金额为工程估价的3%不妥。

理由：投标保证金不得超过招标项目估算价的2%。

（4）投标保证金缴付时间不妥。

理由是：投标保证金缴付可在提交投标文件时一并提交。

2. 存在问题：本项目评标委员会的人员构成不妥；评标委员会的人员人数不合适。

正确做法：评标委员会应由招标人代表和有关技术、经济等方面的专家组成，成员人数为5人以上单数，其中技术、经济方面专家不得少于成员总数的三分之二。专家为相关领域工作8年以上具有高级职称或同等专业水平。

3. C、G企业的做法合理。

招标机构退还投标保证金时间不妥。

处理方法：应该在5日内退还。

4. C企业的分包行为合理。

理由：井筒预注浆工程不是主体工程，主体工程未进行分包。

总承包合同中未约定的，已经建设单位同意，可以分包。

实务操作和案例分析题五

【背景资料】

某施工单位承建一主井井筒工程，井筒设计深度500m。合同约定分项工程量增减10%以内时，按已有类似工程综合单价调整。建设单位提供了距离该主井井筒40m的普通地质钻孔资料作为井筒检查孔资料，施工单位据此编制了施工组织设计，并通过监理审批后组织施工。项目实施过程中，发生如下事件：

事件1：在井筒施工到450m深度时发现了井筒地质资料没有揭示的断层，围岩破碎严重，施工过程中出现有局部岩帮冒落的情况，原锚杆支护井壁的设计方案达不到支护效果，施工单位口头提出要求变更支护方案。

事件2：在继续掘进前，施工单位对断层进行了探水作业，发现含水层涌水量远远大于地质资料提供的井筒涌水量，造成井筒排水费用大幅度增加，井筒施工速度降低，施工单位采取了注浆和更有力的排水措施。同时，设计单位根据断层涌水的影响，决定延深井筒深度，并出具了井筒延深40m的设计变更。

根据事件1和事件2，建设单位同意就井筒涌水量大及设计变更调增合同价款，施工单位提出了相应的索赔和调增价款报告。

【问题】

1. 事件1中，施工单位要求变更支护方案，监理单位应如何处理？针对该井筒条件和围岩破碎的情况，施工单位可采用哪些加强支护的措施？说明这些措施的作用。

2. 事件1中，施工单位可以进行工程索赔的理由是什么？如何确定相关索赔费用？

3. 事件2中，施工单位接到设计变更后，进行索赔的程序是什么？

4. 事件2中，井筒延深40m，施工单位应如何进行价款调增？

【参考答案】

1. 监理单位应要求施工单位提出详细的书面变更请求报告，收到报告后与建设单位、设计单位商定变更方案并要求，设计单位出具新的设计变更后，签发正式的变更通知单。

可采用的加强措施是增加钢筋网和喷混凝土，采用锚网喷支护，局部增设锚索。

这些加强支护的作用是封闭岩面，避免碎石脱落，提高围岩整体性及其稳定性。

2. 理由是：实际地质情况与地质资料不符合，井壁支护形式改变，费用增加。

施工单位可根据新的支护方法，计算该新的支护工程的分部分项工程量，并给出相应分部分项的综合单价，进行索赔。

3. 施工单位应在建设单位设计变更后的14d内，提交合同价款调增报告，并附上相关资料，提交给建设单位确认。

4. 井筒延深40m，工程量增加在10%以内，执行原合同已有类似工程的综合单价；延深井筒，需要改装提升悬吊设施，应补偿相关的费用。

实务操作和案例分析题六

【背景资料】

某建设单位拟建一矿井井筒，该井筒设计净直径4.5m，井深682m。招标文件提供的井筒检查孔地质资料表明：井筒基岩段614m有两个含水层：井深342～422m段有断层破碎带，涌水量较大；井深436～447m段为砂岩裂隙含水层。井筒围岩以泥岩和胶结不好的破碎砂岩等弱稳定岩层为主，部分为中等稳定的砂岩、泥质砂岩。整个项目工期安排紧。

招标文件发出后，建设单位考虑到井筒涌水的风险，开标前12d发出补充函，要求：(1) 井筒验收的漏水量不得超过6m³/h；(2) 在无其他质量问题的条件下，如井筒漏水量每增加1m³/h，罚款50万元；每减少1m³/h则奖励20万元；延迟3d开标，以便投标单位完成补充说明。

该井筒项目有3家投标单位提交了投标文件，开标时发现各投标文件对井筒涌水和补充函的处理各有不同：

（1）关于井筒治水方案，A单位采用工作面预注浆；B单位对破碎带采用地面注浆，砂岩含水层采用工作面预注浆方案；C单位则采用单一的地面预注浆。

（2）关于排水方案，A单位采用风动潜水泵排水方案；B单位采用吊泵排水的方案；C单位采用吊桶加风动潜水泵排水，另配卧泵及相应排水系统方案。

（3）对于建设单位提高井筒漏水量质量标准和加强处罚的规定，A单位因无法承受建设单位的奖罚要求，采取了"本项目存在风险，决定以项目总价增加5％作为风险费"的办法；B单位在工程费中增加了"为避免涌水引起的风险，增加措施费80万元"；C单位则提高了原井筒排水设备风险费（10万元），并要求将地面预注浆工程分包给专业注浆单位，另增加壁后注浆风险处理费（20万元），总计30万元作为井筒涌水的风险费用。

最终评标委员会在指正了各投标单位不合理做法的基础上，确定C单位中标。

C单位修正了投标文件中不合理的内容，与建设单位签订了合同，并经建设单位同意，对井筒注浆施工分包，要求注浆后的井筒漏水量不得超过 $5m^3/h$ 。

在项目实施中，井筒施工到破碎带附近时，抓岩机的抓斗在转向吊桶时突然甩落一块较大的岩块，砸伤一名工作面工人。检查发现抓岩机及抓斗设备均完好。

【问题】

1. 分析比较三家投标单位的注浆堵水、排水施工与组织措施的合理性，并说明理由。

2. 该井筒施工项目中，存在哪些风险内容？风险费的计价有何规定？说明各投标单位考虑风险费用内容合理与不合理的地方。

3. 指出A单位应怎样正确应对招标补充函的要求。对于建设单位提高井筒漏水量标准的要求，C单位还应采取哪些合理的措施？

4. 分析井筒施工中发生的安全事故，说明施工单位可能有哪些安全工作没有做好？可以采取什么风险转移策略来减少事故发生后的经济损失？

【参考答案】

1. 合理的堵水方案是采用地面预注浆不宜采用工作面预注浆；其合理性在于：

（1）不占工期，易于满足项目工期紧张的条件；

（2）作业条件好；

（3）井筒含水层不深，且厚度较大；

（4）破碎带的涌水量较大；

（5）便于对注浆工作进行分包。

关于排水设施方案：合理的排水方案是吊桶加风动潜水泵进行工作面排水，另配卧泵及相应排水系统；其合理性在于考虑了井筒涌水风险。井筒断面较小，吊泵排水占井筒面积。

关于组织措施：C单位采用分包的措施，其合理性是可以转移风险；且有利于提高注浆堵水效果。

2. 存在的风险有：

（1）存在有地质资料（井筒涌水量大小）不准的风险；

（2）存在有注浆效果的不可靠的风险；

（3）合同规定的井筒漏水量质量要求高于国家规范质量要求存在的技术风险。

风险费计算应以材料、设备台班的单价为依据进行计算。

施工单位提出的不合理风险费项目有：

（1）A单位以"所有风险"作为风险计价的范围；

（2）B单位的风险费用的规定范围不清；

（3）C单位的排水设备风险费内容有重复。

合理的风险费用项目有：C单位壁后注浆的费用计算风险费。

3.A单位正确的应对方法和做法是：采用规避风险的方法，撤销标书。

C单位还应采取的措施有：（1）提高井壁混凝土防水施工质量；（2）采取井壁壁后注浆的措施，以保证井筒漏水量满足甲方要求。

4.施工单位可能没有做好的安全工作有：

（1）安全教育工作没有做到位；

（2）抓岩机施工操作规程没有交代清楚与落实；

（3）没有注意操作人员身体、精神状态是否正常。

企业减少事故发生后经济损失的方法是预先给工人购买安全保险。

实务操作和案例分析题七

【背景资料】

某矿建施工单位通过招投标承担了一井筒的施工任务，根据业主提供的地质资料，表土无流沙，厚度不到30m，基岩部分最大涌水量不到30m³/h。因此，施工单位决定采用普通井圈背板施工法进行表土施工，基岩采用钻眼爆破法施工，采用吊泵进行排水。

在井筒表土施工时，施工单位发现有3.5m厚的流沙层，采用普通井圈背板施工法无法通过，只得采用化学注浆的方法通过，造成工期延误1个月，费用增加120万元。井筒基岩施工中，井筒实际涌水量大于50m³/h，必须采用工作面预注浆法堵水，造成工程延误2个月，费用增加200万元。

井筒施工结束进行验收时，发现井筒总的涌水量为15m³/h，不符合规范要求，业主要求进行壁后注浆堵水，施工单位为此增加费用130万元，工期延长1个月。

【问题】

1.矿业工程施工合同变更的基本要求有哪些？

2.施工单位在哪些情况下可以进行工程的变更？

3.针对本井筒的施工实际情况，施工单位应如何进行索赔？

4.本工程施工单位索赔的费用和工期分别是多少？

【参考答案】

1.矿业工程施工合同变更的基本要求包括：

（1）合同变更的期限为合同订立之后到合同没有完全履行之前。

（2）合同变更依据合同的存在而存在。

（3）合同变更是对原合同部分内容的变更或修改。

（4）合同变更一般需要有双方当事人的一致同意。

（5）合同变更属于合法行为。合同变更不得具有违法行为，违法协商变更的合同属于无效变更，不具有法律约束力。

（6）合同变更须遵守法定的程序和形式。《合同法》规定，经过当事人协商一致，可以变更合同。按照行政法规要求，变更合同还应依据法律、行政法规的规定办理手续。

（7）合同变更并没有完全取消原来的债权债务关系，合同变更涉及的未履行的义务没有消失，没有履行义务的一方仍须承担不履行义务的责任。

2. 施工单位在下列情况下可以进行工程的变更：

（1）合同中任何工作工程量的改变；

（2）工作质量或其他特性的变更；

（3）工程任何部分标高、位置和尺寸的改变；

（4）删减任何合同约定的工作内容；

（5）进行永久工程所必需的任何附加工作、永久设备、材料供应或其他服务的变更；

（6）改变原定的施工顺序或时间安排；

（7）施工中提出的合理化建议；

（8）其他变更，如暂停施工、工期延长、不可抗力发生等也可进行变更。

3. 针对本井筒的施工实际情况，施工单位可针对工程条件发生变化而导致的工程变更进行索赔，具体程序是：

（1）承包人必须在索赔事件发生后的28d内向工程师递交索赔意向通知，声明将对此事件索赔。

（2）提交索赔报告和有关资料，索赔意向通知提交后的28d内，或业主（监理工程师）同意的其他合理时间，承包人应递送正式的索赔报告。

（3）索赔报告评审，接到承包人的索赔意向通知后，业主（监理工程师）应认真研究、审核承包人报送的索赔资料，以判定索赔是否成立，并在28d内予以答复。

（4）确定合理的补偿额。本工程对表土采用化学注浆和基岩采用工作面预注浆所发生的工期延长及费用增加均可进行索赔；而对井筒验收的涌水量超过规定进行壁后注浆不可以进行索赔，因为这是施工单位井壁施工质量欠佳造成渗漏水严重的结果，是施工单位自己的责任。

4. 本工程施工单位可索赔到的费用＝120＋200＝320万元，工期＝1＋2＝3个月。

实务操作和案例分析题八

【背景资料】

某矿山地面工程招标，招标人发布的招标公告中，领取招标文件的时间为2010年5月31日—2010年6月5日。招标文件中部分内容如下：

（1）递交投标文件截止时间：2010年6月15日上午11：00。

（2）开标时间：2010年6月15日下午2：00。

（3）投标人应具有一级及以上施工总承包资质。

（4）工期：2010年7月30日开工，2011年5月30日完工，工期10个月。

（5）投标保证金：100万元人民币。

经过评标，A单位中标。2010年6月20日，招标人向A单位发出中标通知书。双方于2010年7月22日签订了施工合同协议书。

A单位在开工前，为爆破工、起重工等工人购买了建筑职工意外伤害保险。

施工过程中发生了以下事件：

事件1：建设单位未完成"三通一平"，使开工时间推迟5d。

事件2：2010年9月5日至2010年9月7日，出现季节性大雨，造成施工无法进行，并导致该地区供电线路损坏，9月8日、9日停电2d，致使某关键工作停工。

事件3：2010年10月3日当地降特大暴雨，引发山体滑坡，正在轮休的两名爆破工避险不及时受重伤。受山体滑坡影响，工程停工10d。

【问题】

1. 指出招标文件内容中不合理之处，并说明理由。

2. 双方签订合同协议书的时间是否合理？说明理由。

3. 针对施工过程中发生的三个事件，A单位可以向建设单位提出哪些工期索赔？说明理由。

4. A单位购买保险属于哪种风险应对策略？针对事件3，A单位能否向保险公司要求赔偿？说明理由。

【参考答案】

1. 不合理之处及原因：

（1）投标截止时间不符合要求。自招标文件开始发出之日起至投标人提交投标文件截止之日止，最短不得少于20日；

（2）投标截止时间与开标时间不一致。因为开标应当在招标文件确定的提交投标文件截止时间同一时间公开进行；

（3）投标保证金不符合要求，投标保证金不得超过80万元人民币。

2. 不合理。因为招标人和中标人应当自中标通知书发出之日起30日内，按招标文件和中标人的投标文件订立书面合同。

3. 事件1中，A单位可以要求5d的工期索赔，造成事件的原因是建设单位未完成"三通一平"，责任由建设单位负责，工期顺延。

事件2中，A单位可以要求2d的工期索赔，季节性大雨是一个有经验的承包商预先能够合理估计到的，由此造成的工期延误不能顺延。而工地停电2d不是施工单位的责任，工期延误可以顺延。

事件3中，A单位可以要求10d的工期索赔，山体滑坡属不可抗力，是一个有经验的承包商无法合理预计的，由此产生的工期延误，工期可以相应顺延。

4. 购买保险属风险转移策略。A单位无权向保险公司提出赔偿。因为建筑职工意外伤害保险用于"被保险人在施工作业中发生意外伤害事故"中，轮休的爆破工甲在山体滑坡中而非施工中受伤，不予赔偿。

实务操作和案例分析题九

【背景资料】

某矿山公司为扩大产能，在原矿井基础上增建一风井及相关巷道等工程。该项目技术资料已满足要求并具备了其他招标必备条件，建设单位委托招标代理机构组织招标。招标过程中发生如下事件：

事件1：该项目的招标公告在全国指定媒体公开发布。招标文件出售时间为2011年7月7日—7月9日，投标截止日期为8月20日。有8家单位通过资格预审后准备投标文件。由于有3家潜在投标人要求考察现场，建设单位于7月20日组织了这3家单位现场踏勘。

事件2：8家单位均于8月20日前提交标书。评标过程中，评标专家发现A、C两单位的投标保证金从同一账户转出；B、F两单位的技术标书中的工程技术负责人为同一人；D单位投标报价远低于其他单位报价。

事件3：经过综合评标，G单位得分最高，被确定为第一中标候选人，建设单位与G单位签订了合同并到相关部门备案。10日后，建设单位退还了投标保证金。事后，建设单位又与G单位就主要工期及清单项目的综合单价进行协商，对此内容进行修改后，签订了新合同。

【问题】

1. 该项目招标应具备哪些技术资料？

2. 事件1中存在哪些不妥之处？说明正确做法。

3. 如何正确处理事件2中评标专家发现的问题？

4. 指出事件3中的不妥之处，并说明理由。

【参考答案】

1. 该项目招标应具备的技术资料有：

（1）满足施工要求的地质资料；

（2）相应的设计和图纸；

（3）符合要求的井筒钻孔资料。

2. 购买标书的时间只有3d不妥，有排斥外地潜在投标人的嫌疑。自招标文件出售之日起至停止出售之日最短不得少于5个工作日。

只组织3家单位现场踏勘不妥。根据信息公开公平原则，应组织所有通过资格预审的潜在投标人都参加现场踏勘。

3. A、C两家单位属于串标行为，应作为废标处理。

B、F两家单位属于串标行为，应作为废标处理。

应要求D单位就低报价问题进行澄清说明，但澄清不得超过投标文件的范围，改变投标文件的实质性内容。

4. 合同签订10日后退还投标保证金不妥。建设单位应在与中标人签订合同后5个工作日内退还投标保证金。

建设单位与G单位签订新合同不妥。签订合同且备案后，双方不应再签订与备案合同实质性内容（标的、工期、质量和价格等）不一致的合同。

实务操作和案例分析题十

【背景资料】

国有资金投资依法必须公开招标的某矿山工程建设项目，采用工程量清单计价方式进行施工招标，招标控制价为3568万元，其中暂列金额280万元。招标文件中规定：

（1）投标有效期90d，投标保证金有效期与其一致。

（2）投标报价不得低于企业平均成本。

（3）近三年施工完成或在建的合同价超过 2000 万元的类似工程项目不少于 3 个。

（4）合同履行期间，综合单价在任何市场波动和政策变化下均不得调整。

（5）缺陷责任期为 3 年，期满后退还预留的质量保证金。

投标过程中，投标人 F 在开标前 1h 口头告知招标人，撤回了已提交的投标文件，要求招标人 3 日内退还其投标保证金。

除 F 外还有 A、B、C、D、E 五个投标人参加了投标，其总报价分别为：3489 万元、3470 万元、3358 万元、3209 万元、3542 万元。评标过程中，评标委员会发现投标人 B 的暂列金额按 260 万元计取，且对招标清单中的材料暂估单价均下调 5% 后计入报价；发现投标人 E 报价中混凝土梁的综合单价为 700 元/m³，招标清单工程量为 520m³，合价为 36400 元。其他投标人的投标文件均符合要求。

【问题】

1. 请逐一分析招标文件中规定的（1）～（5）项内容是否妥当，并对不妥之处分别说明理由。

2. 请指出投标人 F 行为的不妥之处，并说明理由。

3. 针对投标人 B、E 的报价，评标委员会应分别如何处理？并说明理由。

【参考答案】

1. 招标文件中规定的（1）～（5）项内容是否妥当的判断及不妥之处的理由：

招标文件中第（1）项规定：妥当。

招标文件中第（2）项规定：不妥。

理由：投标报价不得低于企业个别成本。

招标文件中第（3）项规定：妥当。

招标文件中第（4）项规定：不妥。

理由：对于主要由市场价格波动导致的价格风险，如工程造价中的建筑材料、燃料等价格风险，发承包双方应当在招标文件中或在合同中对此类风险的范围和幅度予以明确约定，进行合理分摊。因国家法律、法规、规章和政策发生变化影响合同价款的风险，发承包双方应在合同中约定由发包人承担，承包人不应承担此类风险。

投标文件中第（5）项规定：不妥。

理由：缺陷责任期最长不超过 24 个月。

2. 出投标人 F 行为的不妥之处及理由：

（1）不妥之处一：投标人 F 在开标前 1h 口头告知招标人。

理由：投标人撤回已提交的投标文件，应当在投标截止时间前书面通知招标人。

（2）不妥之处二：要求招标人 3 日内退还其投标保证金。

理由：投标人已收取投标保证金的，应当自收到投标人书面撤回通知之日起 5 日内退还。

3. 评标委员会应作如下处理：

（1）针对投标人 B 的报价，评委应将其按照废标处理。

理由：投标人应按照招标人提供的暂列金额、材料暂估价进行投标报价，不得变动和更改。而投标人 B 的投标报价中，暂列金额、材料暂估价没有按照招标文件的要求填写，未在实质上响应招标文件，故投标人 B 的报价应作为废标处理。

（2）针对投标人 E 的报价，评委应将其按照废标处理。

理由：投标人 E 的报价计算有误，评委应将投标人 E 的投标报价以单价为准修正总价，即混凝土梁按 $520×700÷10000=36.4$ 万元修正，修正的价格经投标人书面确认后具有约束力；投标人不接受修正价格的，其投标无效。但是，E 投标人原报价 3542 万元，混凝土梁的价格修改后为 36.4 万元，则投标人 E 经修正后的报价 $=3542+(36.4-36400÷10000)=3574.76$ 万元，超过招标控制价 3568 万元，故应按照废标处理。

实务操作和案例分析题十一

【背景资料】

某矿建施工单位以 1240 万元的中标价格，总承包一矿山工业广场 8 层框架结构办公楼工程。开工前，总承包单位通过招标将桩基及土方开挖工程发包给某专业分包单位；通过与建设单位共同考察，确定了预拌混凝土供应商，并与之签订了采购合同。工程实施过程中发生了以下事件：

事件 1：基坑工程施工前，专业分包单位编制了土方开挖和基坑支护专项施工方案，包括土方开挖的顺序和方法、土钉支护方案等内容。分包单位技术负责人将专项施工方案上报监理单位审查，并安排施工现场技术负责人兼任专职安全管理人员负责现场监督。方案经总监理工程师审核通过后，分包单位组织召开了论证会，专家组成员包括符合相关专业要求的专家及参建各方技术负责人。方案论证会最终形成论证意见：基坑采用的土钉支护体系基本可行，但基坑监测方案中未明确具体的监测项目，需完善。

事件 2：桩基验收时，监理单位发现部分桩基混凝土强度未达到设计要求，经调查是由于预拌混凝土质量不合格所致。桩基处理方案确定后，专业分包单位提出因预拌混凝土由总承包单位采购，要求总承包单位承担相应桩基处理费用。总承包单位提出建设单位也参与了预拌混凝土供应商考察，要求建设单位共同承担该费用。

事件 3：主体结构施工期间，由于特大龙卷风造成配电箱破坏引发现场火灾。火灾扑灭后 24h 内，总承包单位通报了火灾损失情况：工程本身损失 250 万元；总价值 200 万元的待安装设备彻底报废；总承包单位有 3 名工人烧伤所需医疗费及补偿费预计 45 万元；租赁的施工设备损坏赔偿 10 万元。另外，大火扑灭后总承包单位停工 5d，造成施工机械闲置损失 2 万元，预计工程所需清理、修复费用 200 万元。

【问题】

1. 事件 1 中，本项目基坑支护专项施工方案从编制到专家论证的过程存在哪些不妥？说明正确的做法。

2. 基坑土方开挖顺序和方法的确定原则是什么？根据论证意见，基坑监测方案中应补充的监测项目有哪些？

3. 针对事件 2，分别指出专业分包单位和施工总承包单位提出的要求是否妥当？并说明理由。

4. 事件 3 中，针对施工过程中发生的火灾，建设单位和总承包单位应各自承担哪些损失或费用（不考虑保险因素）？

【参考答案】

1. 事件 1 中，基坑支护专项施工方案从编制到专家论证的过程中存在的不妥之处及正确做法：

（1）分包单位技术负责人将专项施工方案直接上报监理单位审查不妥。

正确做法：专项方案应当在通过论证后由施工总承包单位上报监理单位审核签字。

（2）安排施工现场技术负责人兼任专职安全管理人员负责现场监督不妥。

正确做法：应派专职安全管理人员进行现场监督管理。

（3）方案经总监理工程师审核通过后，分包单位组织召开了论证会不妥。

正确做法：专项方案应当由施工总承包单位组织召开专家论证会。

（4）专家论证会专家组由符合相关专业要求的专家及参建各方技术负责人组成不妥。

正确做法：方案论证专家组成员应当由符合相关专业要求的专家组成。参建各方的技术负责人不得以专家身份参加专家论证会。

2. 基坑土方开挖顺序和方法的确定原则是：开槽支撑、先撑后挖、分层开挖、严禁超挖。

根据论证意见，基坑监测方案中应补充的监测项目有：基坑顶部水平位移和垂直位移、地表裂缝、基坑顶部分建（构）筑物变形、支护结构内力及变形等。

3. 针对事件 2，指出专业分包单位和施工总承包单位提出的要求是否妥当及理由：

（1）专业分包单位提出因预拌混凝土由总承包单位采购，要求总承包单位承担相应桩基处理费用妥当。

理由：因为预拌混凝土是由施工总承包单位负责采购，所以应由施工总承包单位对其质量负责。

（2）施工总承包单位提出建设单位也参与了预拌混凝土供应商考察，要求建设单位共同承担该费用不妥当。

理由：施工单位不能因建设单位共同参与预拌混凝土供应商考察为由，减轻自己应承担的责任，建设单位不承担该材料不合格的责任。

4. 事件 3 中，针对施工过程中发生的火灾，建设单位应承担的损失或费用有：

（1）工程本身损失 250 万元；

（2）待安装设备的损失 200 万元；

（3）工程所需清理、修复费用 200 万元。

总承包单位应承担的损失或费用有：

（1）总承包单位的 3 名工人烧伤所需医疗费及补偿费预计 45 万元；

（2）租赁的施工设备损坏赔偿 10 万元；

（3）大火扑灭后施工单位停工 5d，造成其他施工机械闲置损失 2 万元。

实务操作和案例分析题十二

【背景资料】

某矿业工程，由于技术特别复杂，对施工单位的施工设备及同类工程的施工经验要求较高，经省有关部门批准后决定采取邀请招标方式。招标人于 2012 年 3 月 8 日向通过资格预审的 A、B、C、D、E 五家施工承包企业发出了投标邀请书，五家企业接受了邀请并于规定时间内购买了招标文件，招标文件规定：2012年4月20日下午4时为投标截止时间，2012年5月10日发出中标通知书日。

在2012年4月20日上午A、B、D、E四家企业提交了投标文件，但C企业于2012年4月20日下午5时才送达。2012年4月23日由当地投标监督办公室主持进行了公开开标。

评标委员会共有7人组成，其中当地招标监督办公室1人，公证处1人，招标人1人，技术、经济专家4人。评标时发现B企业投标文件有项目经理签字并盖了公章，但无法定代表人签字和授权委托书；D企业投标报价的大写金额与小写金额不一致；E企业对某分项工程报价有漏项。招标人于2012年5月10日向A企业发出了中标通知书，双方于2012年6月12日签订了书面合同。

【问题】

1. 该项目采取的招标方式是否妥当？说明理由。

2. 分别指出对B企业、C企业、D企业和E企业的投标文件应如何处理？并说明理由。

3. 指出评标委员会人员组成的不妥之处。

4. 指出招标人与中标企业6月12日签订合同是否妥当，并说明理由。

【参考答案】

1. 该项目采取的招标方式妥当。

理由：因为工程技术特别复杂，对施工单位的施工设备及同类工程的施工经验要求较高，潜在的投标企业相对较少，而且又经省有关部门批准，符合《工程建设项目施工招标投标办法》的规定。采用公开招标会花费大而效果差。采用邀请招标比较有针对性，比较经济，效果也相对较好。所以采取邀请招标方式。

2. B企业的投标文件应按废标处理。

理由：无法定代表人签字和授权委托书。

C企业的投标文件应不予处理。

理由：C企业的投标文件未按招标文件要求的提交投标文件的时间提交。

D企业的投标文件应进行修正处理。

理由：投标报价的大写金额与小写金额不一致，以大写为准。不可作为废标处理。

E企业的投标文件应按有效标书处理。

理由：对某分项工程报价有漏项情况不影响标书的有效性。

3. 评标委员会人员组成的不妥之处：

(1) 评标委员会人员组成不应包括当地招标监督办公室和公证处人员；

(2) 评标委员会的技术、经济专家人数少于成员总数的三分之二。

4. 招标人与中标企业6月12日签订合同不妥当。

理由：根据《中华人民共和国招标投标法》的规定，招标人与中标人应当自中标通知书发出之日起30日内，按照招标文件和中标人的投标文件订立书面合同。

实务操作和案例分析题十三

【背景资料】

某立井井筒工程，井筒设计净直径7m，深度760m，表土段320m采用冻结法施工，风化基岩段有两层含水层，采用地面预注浆法施工。某承包商通过资格预审后，对招标文件进行了仔细分析，发现业主所提出的工期要求过于苛刻，且合同条款中规定每拖延1d工期罚合同价的1‰。若要保证实现该工期要求，必须采取特殊措施，从而大大增加成本；另外还发现原方案风化基岩段采用地面预注浆法施工治水效果及工期均无法保障，费用并不节省。因此，该承包商在投标文件中说明业主的工期要求难以实现，因而按自己认为的合理工期（比业主要求的工期增加6个月）编制施工进度计划并据此报价，同时还建议将风化基岩段施工方案改为冻结法施工并对这两种施工方案进行了技术经济分析和比较，证明冻结法施工经济、安全、可靠。该承包商将技术标和商务标分别封装，在封口处加盖本单位公章和项目经理签字后，在投标截止日期前1h上午将投标文件报送业主。次日（即投标截止日当天）下午在规定的开标前1d，该承包商又递交了一份补充材料，其中声明将原报价降低4%。但是，招标单位的有关工作人员认为，根据国际上"一标一投"的惯例，一个承包商不得递交两份投标文件，因而拒收承包商的补充材料。

开标会由市招标办的工作人员主持，市公证处有关人员到会，各投标单位代表均到场。开标前，市公证处人员对各投标单位的资质进行审查，并对所有投标文件进行审查，确认所有投标文件均有效后，正式开标。主持人宣读投标单位名称、投标价格、投标工期和有关投标文件的重要说明。

该项目在施工过程中，由于设计变更，井筒深度增加了50m，建设单位同意按类似支护厚度的井筒单价计算增加50m井筒费用。

【问题】

1. 在项目招标程序中存在哪些问题？简单说明理由。
2. 承包商运用了哪几种报价技巧？是否得当？理由是什么？
3. 在合同变更事件中，建设单位做法合理吗？为什么？
4. 简述编制投标文件的步骤。

【参考答案】

1. 在项目招标程序中存在的问题：

（1）招标单位的有关工作人员不应拒收承包商的补充文件；

理由：承包商在投标截止时间之前递交的任何正式书面文件都是有效文件，是投标文件的有效组成部分。

（2）不应由市招标办工作人员主持宣读；

理由：根据《中华人民共和国招标投标法》，应由招标人主持开标会，并宣读投标单位名称、投标价格等内容。

（3）资格审查应在投标之前进行；

理由：公证处人员无权对承包商资格进行审查，到场的作用在于确定开标的公正性和合法性。

（4）公证处人员确认所有投标文件均为有效标书是错误的。

理由：承包商的投标文件仅有单位公章和项目经理的签字，而无法定代表人或其代理人的印鉴，应作为废标处理。

2. 承包商运用了三种报价技巧为：多方案报价法、增加建议方案法和突然降价法。

是否得当及理由：

（1）多方案报价法运用不当，因为运用该报价技巧时，必须对原方案报价，而该承包商在投标时仅说明了该工期要求难以实现，却并未报出相应的投标价。

（2）增加建议方案法运用得当，因为通过对两个结构体系方案的技术经济分析和比较，论证了建议方案（框架体系）的技术可行性和经济合理性，对业主有很强的说服力。

（3）突然降价法也运用得当，因为原投标文件的递交时间比规定的投标截止时间仅提前1d多，这既是符合常理的，又为竞争对手调整确定最终报价留有一定时间，起到了迷惑竞争对手的作用。

3. 在合同变更事件中建设单位的做法不合理；

原因：因为井筒深度增加50m，井筒内的所有提升吊挂设施都应进行调整，特别是各种提升、悬吊钢丝绳要进行更换，而不是简单地增加50m，给施工单位造成的巨大的措施费支出，这种支出必须由建设单位承担。

4. 编制投标文件的步骤包括：

（1）组织投标班子，确定投标文件编制的人员；

（2）仔细阅读投标须知、投标书附件等各个招标文件；

（3）结合现场踏勘和投标预备会的结果，进一步分析招标文件；

（4）校核招标文件中的工程量清单；

（5）根据工程类型编制施工规划或施工组织设计；

（6）根据工程价格构成进行工程预算造价，确定利润方针，计算和确定报价；

（7）形成投标文件，进行投标担保。

实务操作和案例分析题十四

【背景资料】

某施工单位（乙方）与某建设单位（甲方）签订了某矿业建筑的地基强夯处理与基础工程施工合同。由于工程量无法准确确定，根据施工合同专用条款的规定，按施工图预算方式计价，乙方必须严格按照施工图及施工合同规定的内容及技术要求施工。乙方的分项工程首先向监理工程师申请质量认证，取得质量认证后，向造价工程师提出计量申请和支付工程款。工程开工前，乙方提交了施工组织设计并得到批准。

在施工过程中发生以下事件：

事件1：当进行到施工图所规定的处理范围边缘时，乙方在取得在场的监理工程师认可的情况下，为了使夯击质量得到保证，将夯击范围适当扩大。施工完成后，乙方将扩大范围内的施工工程量向造价工程师提出计量付款的要求，但遭到拒绝。

事件2：乙方根据监理工程师指示就部分工程进行了变更施工。

事件3：在开挖土方过程中，有两项重大事件使工期发生较大的拖延，一是土方开挖时遇到了一些工程地质勘探没有探明的孤石，为排除孤石拖延了一定的时间；二是施工过程中遇到数天季节性大雨后又转为特大暴雨引起山洪暴发，造成现场临时道路、管网和施工用房等设施以及已施工的部分基础被损坏，施工设备损坏，运进现场的部分材料被冲走，乙方数名施工人员受伤，雨后乙方用了很多工时清理现场和恢复施工条件。为此，乙方按照索赔程序提出了延长工期和费用补偿要求。

【问题】

1. 事件 1 中造价工程师拒绝承包商的要求正确吗？为什么？

2. 事件 2 中变更部分合同价款根据什么原则确定？

3. 事件 3 中造价工程师对索赔事件应如何处理？

4. 合同变更计价的正确程序是什么？

【参考答案】

1. 事件 1 中造价工程师拒绝乙方扩大施工范围的付款要求是正确的。

理由：该部分的工程量超出了施工图的要求，即超出了工程合同约定的工程范围。

2. 事件 2 中变更合同价款的原则：

（1）合同中已有适用于变更工程的价格，按合同已有的价格计算、变更合同价款。

（2）合同中只有类似于变更工程的价格，可以参照类似价格变更合同价款。

（3）合同中没有适用或类似于变更工程的价格，由承包商提出适当的变更价格，造价工程师批准执行，这一批准的变更价格，应与承包商达成一致，否则按合同争议的处理方法解决。

3. 事件 3 中造价工程师对索赔事件的处理如下：

（1）对处理孤石引起的索赔，这是预先无法估计的地质条件变化，属于甲方应承担的风险，应给予乙方工期顺延和费用补偿。

（2）对于天气条件变化引起的索赔应分两种情况处理：一是对于前期的季节性大雨这是一个有经验的承包商预先能够合理估计的因素，应在合同工期内考虑，由此造成的时间和费用损失不能给予补偿；二是对于后期特大暴雨引起的山洪暴发不能视为一个有经验的承包商预先能够合理估计的因素，应按不可抗力处理由此引起的索赔问题。

4. 合同变更计价的正确程序是：首先在工程变更确定后 14d 内，提出变更工程价款的报告，经工程师确认后调整合同价款，在双方确定变更后 14d 内承包人不向工程师提出报告的，视为该项变更不涉及合同价款的变更。工程师应在收到报告之日起 14d 内予以响应，无正当理由不响应的，自报告送达之日起 14d 后视为报告已被确认。工程师不同意变更价款的，按合同规定的有关争议解决的约定处理。

实务操作和案例分析题十五

【背景资料】

某矿副井井筒工程项目，井筒净径 6.5m，井深 726m，井筒穿越地层为第四系、白垩系和侏罗系。其中，第四系冲积层厚 102m，基岩段岩层多为泥岩、砂质泥岩及中粗砂岩，普氏系数 $f=2\sim3$。第四系及白垩系地层设计为双层钢筋混凝土井壁，侏罗系地层设计为素混凝土井壁。此工程具体实施情况如下：

（1）未做井筒检查孔，由临近矿井揭露地层水文地质情况看，井筒将穿越三个主要含水层，预计井筒最大涌水量小于 30m³/h。

（2）业主为缩减投资，将冻结法施工改为普通法施工。

（3）采用工程量清单报价，某施工单位采用普通法施工、月平均成井 80m、总工期 12.5 个月、总造价 3126 万元中标。

（4）白垩系地层施工中，因围岩不稳定，易片帮，设计变更要求增加锚网喷临时支护。

（5）施工至井深 320.5m 时，遇到 3.6m 厚粉细流沙层，采用井圈、背板法及工作面预注浆法等方法，分区短段掘砌方式艰难通过。

（6）施工至井深 602m 时，工作面出现 $80m^3/h$ 涌水，采用工作面预注浆失败后，重新采用冻结法施工。

【问题】

1. 本项目的投标报价中应包括哪些分部、分项工程？

2. 针对本案例，说明项目施工准备阶段有哪些准备工作做得不充分。

3. 本案例中出现了哪些需要进行工程变更的事项？

4. 施工单位在改用冻结法施工剩余工程前，可向业主索赔的事项有哪些？

【参考答案】

1. 本项目的投标报价中应包括的分部工程：井颈、井身（表土段、基岩段）、井底水窝、马头门及相关硐室。

本项目的投标报价中应包括的分部工程：掘进、模板、钢筋、混凝土支护工程、锚杆、网片、喷射混凝土工程。

2. 项目施工准备存在的失误：

（1）未做井筒检查孔，造成地质水文资料不清楚。

（2）采用普通法凿井（将冻结法施工改为普通法施工），不合理。

3. 本工程需要进行工程变更的事项：

（1）因围岩不稳定，出现片帮、塌陷而增加掘进、回填、支护工程量。

（2）因设计变更增加的锚网喷临时支护工程量。

（3）因地质资料不准遇到粉细流砂，由于改变施工工艺而增加的工程量（用冻结法替代工作面预注浆）。

（4）因施工中井筒涌水量变大增加的排水工程量。

4. 施工单位可以向业主进行索赔的事项：白垩系地层施工中，因围岩不稳定，易片帮，设计变更要求增加锚网喷临时支护的事项。

第六章 矿业工程施工安全管理

2011—2020 年度实务操作和案例分析题考点分布

年份　考点	2011年	2012年6月	2012年10月	2013年	2014年	2015年	2016年	2017年	2018年	2019年	2020年
安全事故等级的划分		●	●	●	●				●		
安全生产事故的处理措施			●								
巷道施工安全技术措施的内容和审批			●								
巷道爆破作业安全管理			●								
施工过程中安全作业的基本常识		●									
施工过断裂破碎带时应采取的措施及方法	●						●		●		
炮眼利用率的计算								●			
井筒掘砌施工中的安全管理工作			●								
工作面进行爆破后的安全技术措施					●						
解决井筒破碎带片帮的技术原则			●								
井下爆破的安全管理								●			
加固围岩的安全技术措施			●								
防跑车装置的设置要求							●				
防治矿井水害及控制措施			●								●
矿业工程工伤事故的处理程序									●		
井巷爆破的施工安全管理要求						●					●
巷道的维修									●		

专家指导：

通过历年考试的考核情况可以看出对于安全管理的内容考核比较分散，主要考查了有关矿山防治水、矿山凿岩爆破的相关知识。通过近几年的考试得知，现在的考试已经不单单是只考教材的原文，更多的是要联系施工现场的经验及相关法规的结合，重点测试考生解决实际问题与理论知识相结合的能力。

要 点 归 纳

1. 施工安全管理基本要求【一般内容】

（1）组织职工认真学习、贯彻执行国家安全生产方针和有关法规，树立遵章守纪、自觉反对"三违"（即违章指挥、违章操作、违反劳动纪律）的好风气。

（2）建立健全以安全生产责任制为核心的各项安全生产规章制度，落实各部门、各岗位在安全生产中的责任和奖惩办法。

（3）编制和督促实施安全技术措施计划，结合实际情况采用科学技术和安全装备，落实隐患整改措施，改善劳动条件，不断提高矿业的抗灾能力。

（4）制定防尘措施，定期对井下作业环境进行检测，对接触粉尘人员进行健康检查，做好职工的健康管理工作。

（5）有计划地组织职工进行技术培训和安全教育，提高职工的技术素质和安全意识。特殊工种要经过专门的技术培训、经主管部门考试合格发证后，持证上岗。

（6）定期组织全矿安全生产检查，开展群众性的安全生产竞赛活动。

（7）在实行任期目标责任制或签订经济承包合同中应有矿业安全生产的近期规划，以及实现目标、规划的措施和检查办法。

（8）对本矿业企业发生的伤亡事故应按规定及时统计、上报，及时组织调查、分析和处理，坚持"四不放过"原则。

（9）建立健全有关安全生产的记录和档案资料。

2. 施工安全管理基本制度【高频考点】

施工安全管理基本制度主要包括：

（1）安全生产责任制度：建筑生产中最基本的安全管理制度，是所有安全规章制度的核心。

（2）群防群治制度：职工群众进行预防和治理安全的一种制度。这一制度也是"安全第一、预防为主、综合治理"的具体体现，是企业进行民主管理的重要内容。

（3）安全教育与培训制度：其主要内容包括：安全思想教育、安全法制教育、劳动纪律教育、安全知识教育和技术培训、典型事故案例分析等。

（4）安全监督检查制度：上级管理部门或企业自身对安全生产状况进行定期或不定期检查的制度。

（5）事故处理报告制度。施工中发生事故时，建筑企业应当采取紧急措施减少人员伤亡和事故损失，并按照国家有关规定及时向有关部门报告的制度。

（6）安全责任追究制度：建设单位、设计单位、施工单位、监理单位，由于没有履行职责造成人员伤亡和事故损失的，视情节给予相应处理；情节严重的，责令停业整顿，降低资质等级或吊销资质证书；构成犯罪的，依法追究刑事责任。

3. 安全事故等级的划分【高频考点】

（1）特别重大事故是指造成30人以上死亡，或者100人以上重伤（包括急性工业中毒，下同），或者1亿元以上直接经济损失的事故。

（2）重大事故是指造成 10 人以上 30 人以下死亡，或者 50 人以上 100 人以下重伤，或者 5000 万元以上 1 亿元以下直接经济损失的事故。

（3）较大事故是指造成 3 人以上 10 人以下死亡，或者 10 人以上 50 人以下重伤，或者 1000 万元以上 5000 万元以下直接经济损失的事故。

（4）一般事故是指造成 3 人以下死亡，或者 10 人以下重伤，或者 1000 万元以下直接经济损失的事故。

4．工程安全事故应急处理要求【重要考点】

（1）发生事故后，事故现场有关人员应当立即报告本单位负责人；负责人接到报告后，应当于 1h 内报告事故发生地县级以上人民政府应急管理部门和负有安全生产监督管理职责的有关部门报告。

情况紧急时，事故现场有关人员可以直接向事故发生地县级以上人民政府应急管理部门和负有安全生产监督管理职责的有关部门报告。

（2）事故发生单位负责人接到事故报告后，应立即启动事故相应应急预案，或者采取有效措施，组织抢救，防止事故扩大，减少人员伤亡和财产损失。

（3）事故发生后，有关单位和人员应当妥善保护事故现场以及相关证据，任何单位和个人不得破坏事故现场、毁灭证据。因事故抢险救援必须改变事故现场状况的，应当绘制现场简图并做出书面记录，妥善保存现场重要痕迹、物证。

5．人员乘坐人车时安全规程的相关条款【一般规定】

人员乘坐人车时，必须遵守下列规定：

（1）听从司机及跟车工的指挥，开车前必须关闭车门或者挂上防护链。

（2）人体及所携带的工具、零部件，严禁露出车外。

（3）列车行驶中及尚未停稳时，严禁上、下车和在车内站立。

（4）严禁在机车上或者任何两车厢之间搭乘。

（5）严禁扒车、跳车和超员乘坐。

6．井巷工程施工通风要求【重要考点】

（1）采掘工作面的进风流中，氧气浓度不低于 20%，二氧化碳浓度不超过 0.5%。

（2）高瓦斯矿井、有煤（岩）与瓦斯（二氧化碳）突出危险的矿井的每个采区和开采容易自燃煤层的采区，必须设置至少 1 条专用回风巷。

（3）压入式局部通风机和启动装置，必须安装在进风巷道中，距掘进巷道回风口不得小于 10m。

（4）使用局部通风机通风的掘进工作面，不得停风；因检修、停电、故障等原因停风时，必须人员全部撤至新鲜风流中，并切断电源。井下局部通风机恢复通风前，必须由专职瓦斯检查员检查瓦斯。只有在局部通风机及其开关附近 10m 以内风流中的瓦斯浓度都不超过 0.5% 时，方可由指定人员开启局部通风机。

（5）岩石巷道掘进时，较长的独头巷道不宜采用压入式通风机。混合式通风适用于瓦斯涌出量很低的独头长巷道通风，或者断面较大而且通风要求较高的巷道。设备布置时要注意，压入式通风机的吸风口与抽出风筒吸入口之间的距离应大于 15m。

（6）掘进的工作面每次爆破前，必须派专人和瓦斯检查员共同到停掘的工作面检查工作面及其回风流中的瓦斯浓度，瓦斯浓度超限时，必须先停止在掘进工作面的工作，然后处理瓦斯，只有在两个工作面及其回风流中的瓦斯浓度都在 1.0％ 以下时，掘进的工作面方可爆破。

（7）煤巷、半煤岩巷和有瓦斯涌出的岩巷的掘进通风方式应采用压入式。

（8）因检修、停电或其他原因停止建井风机运转时，必须制定停风措施。

（9）掘进工作面应实行独立通风。

（10）必须建立测风制度，对掘进工作面和其他用风地点，应根据实际需要随时测风。井筒施工进入基岩段后，每 10d 进行 1 次全面测风。

（11）掘进巷道贯通前，综合机械化掘进巷道相距 50m 前、其他巷道相距 20m 前，必须停止一个工作面的作业，做好调整通风系统的工作。

（12）进风井口必须布置在粉尘、有害和高温气体不能侵入的地方。已布置在粉尘、有害和高温气体能侵入的地点的，应制定安全措施。

7. 井巷工程作业场所空气风尘含量限制规定【重要考点】

综合防尘的具体要求是作业场所空气中的粉尘（总粉尘、呼吸性粉尘）浓度应符合表 6-1 的规定。

作业场所空气中粉尘浓度标准　　　　　　　　　　　　　表 6-1

粉尘种类	游离 SiO_2 含量（％）	时间加权平均容许浓度（mg/m³）	
		总尘	呼尘
煤尘	<10	4	2.5
矽尘	10≤～≤50	1	0.7
	50<～<80	0.7	0.3
	≥80	0.5	0.2
水泥尘	<10	4	1.5

注：1. 总粉尘：是指用一般敞口采样器采集到一定时间内悬浮在空气中的全部固体微粒。

2. 呼吸性粉尘：能被吸入人体肺部并滞留于肺泡区的浮游粉尘。其空气动力直径小于 $7.07\mu m$ 的极细微粉尘，是引起尘肺病的主要粉尘。

3. 时间加权平均容许浓度是以时间加权数规定的 8h 工作日、40h 工作周的平均容许接触浓度。

8. 矿井地下水探放【重要考点】

采掘工作面遇有下列情况之一时，应当立即停止施工，进行探放水：

（1）接近水淹或可能积水的井巷、老空或相邻煤矿时；

（2）接近含水层、导水断层、溶洞和导水陷落柱时；

（3）打开隔离煤柱进行放水前；

（4）接近可能与河流、湖泊、水库、蓄水池、水井等相通的断层破碎带时；

（5）接近有出水可能的钻孔时；

（6）接近水文地质条件复杂的区域时；

（7）接近有积水的灌浆区时；

（8）接近其他可能突水的地区时。

探水前，应当确定探水线并绘制在采掘工程平面图上，编制探放水设计，并有相应的安全技术措施。探放水设计应经审定批准。矿井采掘工作面探放水应由专业人员和专职探放水队伍使用专用探放水钻机进行施工。

9. 防止瓦斯积聚【一般考点】

用适当的风量将井下涌出的瓦斯及时冲淡并排到地面，是预防瓦斯积聚的基本措施。为此应该做到：

（1）合理选择通风系统，正确确定矿井风量，并进行合理分配，使井下所有工作地点都有足够的风量。

（2）施工组织设计和作业规程中必须有通风设计，进行风量计算，明确通风方式、风机选型、风筒直径及通风机安装位置；建井二期工程的通风设计由项目技术负责人组织编制，报工程处总工程师审批；建井三期工程的通风设计由工程处总工程师组织编制，报集团公司总工程师审批。

煤巷、半煤岩巷和有瓦斯涌出的岩巷的掘进通风方式应采用压入式，如采用混合式，必须制定安全措施。不得采用抽出式（压气、水力引射器不受此限）。

瓦斯喷出区域和煤（岩）和瓦斯（二氧化碳）突出煤层的掘进通风方式必须采用压入式。

（3）生产水平和采（盘）区必须实行分区通风。准备采区，必须在采区构成通风系统后，方可开掘其他巷道；采用倾斜长壁布置的，大巷必须至少超前2个区段，并构成通风系统后，方可开掘其他巷道。采煤工作面必须在采（盘）区构成完整的通风、排水系统后，方可回采。

（4）采、掘工作面应当实行独立通风。

（5）掘进巷道必须采用矿井全风压通风或者局部通风机通风。

10. 生产安全事故应急预案主要内容【重要考点】

安全事故应急预案是针对可能发生的重大事故所需要的应急准备和响应行动而制定的指导性文件。根据《生产经营单位生产安全事故应急预案编制导则》GB/T 2936—2013的要求，生产经营单位应根据经营单位情况建立应急预案体系。预案体系由综合应急预案、专项应急预案、现场处置预案三级预案体系组成。

根据《生产经营单位生产安全事故应急预案编制导则》GB/T 29639—2013 要求内容：

（1）综合应急预案

① 应急预案编制的目的，应急预案编制所依据的法律、法规、规章、标准和规范性文件以及相关应急预案等，应急预案适用的工作范围和事故类型、级别，生产经营单位应急预案体系的构成情况，应急预案工作原则。

② 生产经营单位存在或可能发生的事故风险种类、发生的可能性以及严重程度及影响范围等。

③ 应急组织机构及职责，生产经营单位的应急组织形式及组成单位或人员，构成部门的职责。

④ 根据生产经营单位检测监控系统数据变化状况、事故险情紧急程度和发展态势或有关部门提供的预警信息进行预警，明确预警的条件、方式、方法和信息发布的程序，明确信息报告程序。

⑤ 针对事故危害程度、影响范围和生产经营单位控制事态的能力，对事故应急响应进行分级，明确分级响应的基本原则。根据事故级别的发展态势，描述应急指挥机构启动、应急资源调配、应急救援、扩大应急等响应程序。针对可能发生的事故风险、事故危

害程度和影响范围，制定相应的应急处置措施，明确处置原则和具体要求。明确现场应急响应结束的基本条件和要求。

⑥ 信息公开范围、程序以及通报原则，后期处置相关内容，有关保障措施，以及应急预案管理、应急预案演练、应急预案修订、备案和具体实施要求。

（2）专项应急预案

① 事故风险分析。分析事故发生的可能性以及严重程度、影响范围等。

② 应急指挥机构及职责。根据事故类型，明确应急指挥机构总指挥、副总指挥以及各成员单位或人员的具体职责。

③ 处置程序。明确事故及事故险情信息报告程序和内容、报告方式和责任等内容。

④ 处置措施。针对可能发生的事故风险、事故危害程度和影响范围，制定相应的应急处置措施，明确处置原则和具体要求。

（3）现场处置方案

① 事故风险分析。主要包括：事故类型，事故发生的区域、地点或装置的名称，事故发生的可能时间、事故的危害严重程度及其影响范围，事故前可能出现的征兆，事故可能引发的次生、衍生事故。

② 应急工作职责。根据现场工作岗位、组织形式及人员构成，明确各岗位人员的应急工作分工和职责。

③ 应急处置。包括事故应急处置程序、现场应急处置措施以及应急报警要求等。

④ 主要注意事项。包括：佩戴个人防护器具方面的注意事项，使用抢险救援器材方面的注意事项，采取救援对策或措施方面的注意事项，现场自救和互救注意事项，现场应急处置能力确认和人员安全防护等事项，应急救援结束后的注意事项，其他需要特别警示的事项等。

11. 《煤矿安全规程》规定的有关立井安全施工的内容（表 6-2）【重要考点】

《煤矿安全规程》规定的有关立井安全施工的内容　　　　　　　　表 6-2

项目	内　容
采用注浆法防治井壁漏水时的规定	（1）最大注浆压力必须小于井壁承载强度。 （2）位于流沙层的井筒段，注浆孔深度必须小于井壁厚度 200mm。井筒采用双层井壁支护时，注浆孔应当穿过内壁进入外壁 100mm。当井壁破裂必须采用破壁注浆时，必须制定专门措施。 （3）注浆管必须固结在井壁中，并装有阀门。钻孔可能发生涌沙时，应当采取套管法或者其他安全措施。采取套管法注浆时，必须对套管与孔壁的固结强度进行耐压试验，只有达到注浆终压后才可使用
采用冻结法开凿立井井筒时的规定	（1）冻结深度应当穿过风化带延深至稳定的基岩 10m 以上。基岩段涌水较大时，应当加深冻结深度。 （2）第一个冻结孔应当全孔取芯，以验证井筒检查孔资料的可靠性。 （3）钻进冻结孔时，必须测定钻孔的方向和偏斜度，测斜的最大间隔不得超 30m，并绘制冻结孔实际偏斜平面位置图。偏斜度超过规定时，必须及时纠正。因钻孔偏斜影响冻结效果时，必须补孔。 （4）冻结管应当采用无缝钢管，并采用焊接或者螺纹连接。冻结管下入钻孔后应当进行试压，发现异常时，必须及时处理。 （5）冻结深度小于 300m 时，在永久井壁施工全部完成后方可停止冻结；冻结深度大于 300m 时，停止冻结的时间由建设、冻结、掘砌和监理单位根据冻结温度场观测资料共同研究确定

项目	内　容
井下输送混凝土时的规定	向井下输送混凝土时，必须制定安全技术措施。混凝土强度等级大于 C40 或者输送深度大于 400m 时，严禁采用溜灰管输送

12. 立井防坠的安全管理要求【重要考点】

（1）立井施工时，应采取防止物件下坠的措施。井口应设置临时封口盘，封口盘上设井盖门，井盖门两端应安设栅栏。封口盘和井盖门的结构应坚固严密。卸矸设施应严密，不允许漏渣、漏水。井下作业人员携带的工具、材料，必须拴绑牢固或置于工具袋内，不应向（或在）井筒内投掷物料或工具。

（2）立井与各中段的连接处，应有足够的照明和设置高度不小于 1.5m 的栅栏或金属网，并应设置阻车器，进出口设栅栏门。栅栏门只准在通过人员或车辆时打开。井筒与水平大巷连接处，应设绕道，人员不得通过提升间。

（3）在立井上方作业，以及在相对于坠落基准面 2m 及以上的其他地点作业，作业人员应系安全带，或者在作业点下方设防坠保护平台或安全网。作业时，应设专人监护。

历　年　真　题

实务操作和案例分析题一 ［2020 年真题］

【背景资料】

某施工单位中标一煤矿井下轨道运输大巷工程，巷道总长度 1200m，掘进断面 22.5m²，直墙半圆拱形断面。地质资料显示，该运输大巷围岩以中等稳定的砂岩为主，在 540～560m 左右将穿过一断层破碎带，断层可能导水。巷道设计采用锚喷支护，每米巷道锚杆数量 13 根，喷射混凝土厚度 120mm，强度等级 C15；断层破碎带地段采用锚网喷＋U 形钢支护。

施工单位编制了该轨道运输大巷的作业规程，工作面采用凿岩台车打眼，炮眼深度 2.5m，炮眼施工要求"平、直、齐、准"，以确保光面爆破效果；选用侧卸式装载机配合胶带转载机出矸，电机车牵引矿车排矸；锚喷支护紧跟工作面，二次复喷混凝土在工作面后方 20m 左右进行。

施工过程中，发生了以下事件：

事件 1：施工单位注意加强工序质量控制，每施工 40m 进行一次检测，随机抽检 5 根锚杆的抗拔力，要求抗拔力达到设计值的 90% 以上；随机钻取混凝土芯样 5 块进行抗压强度试验，要求混凝土强度最小值不小于设计值的 95%。监理单位实际抽查发现，锚杆抗拔力不足，要求施工单位进行整改。

事件 2：巷道施工至 530m 时，发现巷道围岩逐渐破碎，岩帮有少量出水。施工单位技术负责人根据施工经验判断，巷道施工即将到达断层破碎带，要求立即进行短掘短喷作业，配合超前锚杆，并按设计要求增加 U 形钢支护。监理单位认为施工单位的处理方案存在失误。

【问题】

1. 说明工作面炮眼施工要求"平、直、齐、准"的具体含义。

2. 分别说明该巷道锚杆抗拔力和喷混凝土强度检测方案是否正确，并说明理由。

3. 锚杆抗拔力不足的主要原因是什么？

4. 巷道施工接近断层破碎带前，施工单位应提前做好哪项工作？说明理由及该项工作的具体内容。

【解题方略】

1. 本题考查的是光面爆破对钻孔的要求。

对钻孔的要求是"平、直、齐、准"，即：

（1）周边眼相互平行；

（2）各炮孔均垂直于工作面；

（3）炮孔底部要落在同一平面上；

（4）开孔位置要准确，都位于巷道断面轮廓线上，实际施工中偏斜一般不超过5°。

2. 本题考查的是锚杆抗拔力及喷射混凝土强度检测规定。根据《建材矿山工程施工与验收规范》GB 50842—2013 规定，施工中预留试块或施工后钻取芯样数量：竖井及天井、溜井每 20～25m，巷道每 30～50m，不得少于 1 组；1000m³ 以上的硐室不得少于 5组，500～1000m³ 的硐室不得少于 3 组；500m³ 以下硐室不得少于 2 组；设备基础应为 1～2 组。材料或配比变更时，应另作 1 组。试块每组 3 块，芯样每组 5 个。试块应在井巷同等条件下养护。锚杆的试验数量：巷道每 30～50m，锚杆在 300 根以下时，抽样不应少于1 组；300 根以上时，每增 1 根～300 根，应相应多抽 1 组。设计或材料变更时应另抽 1组。每组锚杆不得少于 3 根。

本案例中，该巷道每施工 40m，有锚杆 520 根，所以应抽查 2 组至少 6 根锚杆。喷射混凝土取样每 30～50m 不应小于 1 组。该巷道每施工 40m，取 1 组，每组 5 块，符合要求。

3. 本题考查的是锚杆抗拔力不足的主要原因。解答这一问题应根据事件 2 分析，事件 2 中给出了"发现巷道围岩逐渐破碎，岩帮有少量出水"这就是其中的两个原因。事件 2 中还提到了配合超前锚杆，那还有可能出现的原因有：锚固药卷存在质量问题；锚杆安装存在问题。

考生在回答这类型题目时，切记要仔细阅读背景资料，除极少数情况外，大多数案例题都是与背景资料息息相关的。

4. 本题考查的是地下水探放及防治水原则。煤矿防治水工作应当坚持预测预报、有疑必探、先探后掘 先治采的原则，根据不同水文地质条件，采取探、防、堵、疏、排、截、监等综合防治措施。采掘工作面遇有下列情况之一时，应当立即停止施工，进行探放水：

（1）接近水淹或可能积水的井巷、老空或相邻煤矿时；

（2）接近含水层、导水断层、溶洞和导水陷落柱时；

（3）打开隔离煤柱进行放水前；

（4）接近可能与河流、湖泊、水库、蓄水池、水井等相通的断层破碎带时；

（5）接近有出水可能的钻孔时；

（6）接近水文地质条件复杂的区域时；

（7）接近有积水的灌浆区时；

（8）接近其他可能突水的地区时

本案例中，穿越断层破碎带时，施工单位应提前做好探放水工作。

探水前，应当确定探水线并给制在采掘工程平面图上，编制探放水设计，并有相应的安全技术措施。探放水设计应经审定批准。矿井采掘工作面探放水应由专业人员和专职探放水队伍使用专用探放水钻机进行施工。

【参考答案】

1. 工作面炮眼施工要求"平、直、齐、准"的具体含义是：

"平"：周边眼相互平行；

"直"：炮孔均垂直于工作面；

"齐"：孔底部要落在同一平面上；

"准"：开孔位置准确。

2. 锚杆抗拔力检测方案不正确，喷射混凝土强度检测方案正确。

根据规范规定，锚杆抗拔力试验取样每20～30m，锚杆在300根以内，取样不应少于1组，每组不得小于3根。该巷道每施工40m，有锚杆520根，应抽查2组至少6根锚杆。

喷射混凝土取样每30～50m不应小于1组。40m取1组，每组5块，符合要求。

3. 锚杆抗拔力不足的主要原因是：

（1）锚固药卷存在质量问题；

（2）巷道围岩破碎；

（3）围岩含水；

（4）锚杆安装存在问题。

4. 施工单位应提前做好穿越断层破碎带的探放水工作。

根据矿井防治水规定，采掘工作面接近含水层或导水断层，应当坚持"有疑必探，先探后掘"的原则，进行探放水。

探放水工作应：（1）编制探放水设计（措施）；（2）确定探水警戒线；（3）按设计进行探放水。

实务操作和案例分析题二 ［2018 年真题］

【背景资料】

某施工单位承担一矿井大巷施工任务。大巷设计长度 2500m，半圆拱断面，净宽4500mm，净高 4000mm，采用锚喷支护。矿井地质报告表明：大巷穿越地层为中等稳定岩层，属Ⅲ～Ⅳ类围岩，但在 1200m 处有一长度 30m 的断层破碎带。施工单位根据地质、设计资料编制了大巷施工组织设计，其中正常施工段的内容如下：采用钻爆法施工，两臂凿岩台车钻眼，耙斗装岩机装岩，炮眼深度 1200mm，为楔形掏槽，周边眼开口布置在轮廓线内 100mm，采用反向装药。

大巷施工到断层破碎带时，发现围岩破坏严重，稳定性极差，边掘边冒落。施工单位针对断层破碎带，提出了缩小锚杆间排距的加固措施。掘进过程中，工作面顶板出现有冒落碎块的情况，一段时间后在工作面后方 10m 处喷层破坏、岩块掉落，锚杆与围岩松脱，并形成半悬空的虚设状态，顶板出现浮矸。施工队为不影响进度，在维持工作面正常掘进的同时，对工作面后方 10m 处破坏巷道采取了复喷并加厚混凝土喷层的维修措施，其中 2 人在维修段前方控制混凝土喷枪，2 人在后方备料。最终，维修段发生了冒顶事故，造成多名人员被埋压，经及时抢险，仍有 2 人遇难、1 人重伤。

【问题】

1. 背景资料给出的正常段施工组织设计内容存在哪些不妥之处？说明正确做法。

2. 针对过断层破碎带的围岩地质条件和破坏状态，指出断层破碎带加固措施存在的问题，并给出可采取的合理技术措施。

3. 根据巷道发生冒顶的背景，说明维修该巷道的正确做法。

4. 发生事故后施工单位负责人应采取哪些应急措施？根据《生产安全事故报告和调查处理条例》，该事故应由谁负责调查处理？

【解题方略】

1. 本题考查的是施工组织设计的内容。作答此类题目，一定要结合背景资料进行分析。背景材料中给出正常施工段的内容如下：采用钻爆法施工，两臂凿岩台车钻眼，耙斗装岩机装岩，炮眼深度 1200mm，为楔形掏槽，周边眼开口布置在轮廓线内 100mm，采用反向装药。通过上述资料发现，采用凿岩台车进行施工，炮眼深度应综合考虑钻眼设备、岩石性质、施工组织形式来合理确定。通常气腿式凿岩机炮眼深度为 1.6～2.5m，凿岩台车为 1.8～3m。题中炮眼深度过小，炮眼深度应在 2000mm 以上。根据相关规定，周边孔一般布置在断面轮廓线上，因此周边眼开口布置在轮廓线内 100mm 不合适。因凿岩台车不能实现钻眼与装岩工作的平行作业，凿岩台车频繁进出工作面较为困难，周边眼定位难度较大，因此采用斜眼掏槽方式不合适。

2. 本题考查的是断层破碎带的加固措施。作答本题首先要考虑怎样过断层破碎带，过断层破碎带需要什么加固措施。其次再考虑教材中的加固措施，哪些适合使用在断层破碎带中。通过分析背景资料，施工单位针对断层破碎带，提出了缩小锚杆间排距的加固措施。这种措施造成巷道支护强度减弱。而且在发现有冒落碎块的情况时，没有积极进行支护工作，而是与施工队同时进行作业。

针对本题的问题，可以采取使用超前支护，以及增加金属网，增设锚索或加长锚杆，加钢拱架喷混凝土联合支护等提高支护强度的措施。具体施工工艺及方法教材都有相关讲解和描述。

3. 本题考查的是维修巷道。通过分析背景资料中的地质资料及其相关资料得知，此巷道为独头巷道。因此作答时要结合"在巷道发生冒顶的背景"和"独头巷道"两方面进行分析作答。独头巷道维修时应停止前方掘进工作面施工并撤出人员，维修工作由外向里进行，维修巷道应制定安全措施预防顶板冒落伤人，维修应先清除浮矸。

4. 本题考查的是矿业工程工伤事故的处理程序。本题题设虽然是两个问题，实际上考核的知识点是三个，即安全事故发生后的处理措施、安全事故等级的划分及事故调查处理人员。考生应切记项目经理无权组织事故调查小组。

事故发生后，事故发生单位必须以最快方式（一般 2h 之内），将事故的简要情况向上级主管部门和事故发生地的市、县级建设行政主管部门及检察、劳动（如有人身伤亡）部门报告；事故发生单位属于国务院部委的，应同时向国务院有关主管部门报告。同时，事故发生单位应当在24h内写出书面报告，按上述程序和部门逐级上报。事故发生后，首先要迅速抢救伤员，并保护事故现场。

发生人员轻伤、重伤事故，由企业负责人或指定的人员组织施工生产、技术、安全、劳资和工会等有关人员组成事故调查组，进行调查。

死亡事故由企业主管部门会同事故发生地的市（或区）劳动部门、公安部门、人民检察院、工会组成事故调查组进行调查。

较大伤亡事故应按照企业的隶属关系，由省、自治区、直辖市企业主管部门或国务院有关主管部门，公安、监察、检察部门、工会组成事故调查组进行调查。也可邀请有关专家和技术人员参加。

特大事故发生后，按照事故发生单位的隶属关系，由省、自治区、直辖市人民政府或者国务院归口管理部门组织特大事故调查组，负责事故的调查工作。特大事故调查组应当根据所发生事故的具体情况，由事故发生单位归口管理部门、公安部门、监察部门、计划综合部门、劳动部门等单位派员组成，并应邀请人民检察机关和工会派员参加。必要时，调查组可以聘请有关方面的专家协助进行技术鉴定、事故分析和财产损失的评估工作。

背景资料中提到"仍有2人遇难、1人重伤"所以此事故属于一般事故，应由县级人民政府负责调查处理。

【参考答案】

1. 正常段施工组织设计内容的不妥之处：

炮眼深度太小、斜眼掏槽方式不妥，不能发挥凿岩台车效率；周边眼布置不妥。

正确做法：为发挥台车效率，炮眼深度应在2000mm以上，采用直眼掏槽，周边眼布置在轮廓线上。

2. 加固措施存在问题：支护不及时，缩小锚杆间排距导致支护强度不足。

可采取的措施有：使用超前支护，以及增加金属网，增设锚索或加长锚杆，加钢拱架喷混凝土联合支护等提高支护强度的措施。

3. 维修巷道的正确方法：独头巷道维修时应停止前方掘进工作面施工并撤出人员，维修工作由外向里进行，维修巷道应制定安全措施预防顶板冒落伤人，维修应先清除浮矸。

4. 单位负责人立即启动应急救援预案；组织救援（抢救伤员）；同时向上级报告事故。

事故造成死亡2人、重伤1人属于一般事故，应由县级人民政府负责调查处理。

实务操作和案例分析题三 ［2013年真题］

【背景资料】

某新建矿井设计年生产能力为120万t，采用立井开拓方式。该矿井主井井深700m，建设单位在招标文件中提供的地质资料预测：在井深300～310m需穿过K含水岩层，预计涌水量35m³/h左右。某施工单位中标该工程，与建设单位签订了固定总价合同。由二级矿业工程注册建造师王某担任项目经理。

2013年2月10日，井筒施工至305m，未揭露到K含水岩层，施工单位认为建设单位提供的地质资料有误，继续组织施工。2月14日，当井筒施工至312m时，工作面发生突水事故（后证实揭露到K含水岩层），涌水量达40m³/h，事故造成3名工人重伤，井筒被淹40m。事故发生后，施工单位按照施工组织设计要求紧急安装排水设施进行排水。经建设单位同意，该段采用了工作面注浆治水措施，安全通过了K含水岩层。经统计：突水事故造成直接经济损失30万元，影响工期10d；工作面注浆发生费用50万元，影响工期25d。施工单位对此向建设单位提出工期和费用索赔。

【问题】

1. 王某是否有资格担任该工程的项目经理？说明理由。

2. 根据《生产安全事故报告和调查处理条例》规定，该安全事故属于哪一等级？该突水事故主要责任由谁承担？

3. 指出施工单位在井筒施工中存在的问题，并说明正确的做法？

4. 施工单位向建设单位提出工期和费用索赔，是否合理？说明理由。

【解题方略】

1. 本题考查的是矿业工程注册建造师执业工程规模的标准。根据建设部《关于印发〈注册建造师执业管理办法〉（试行）的通知》（建市［2008］48号）第五条"大中型工程施工项目负责人必须由本专业注册建造师担任。一级注册建造师可担任大、中、小型工程施工项目负责人，二级注册建造师可以承担中、小型工程施工项目负责人。各专业大、中、小型工程分类标准按《关于印发〈注册建造师执业工程规模标准〉（试行）的通知》（建市［2007］171号）执行。"的规定，矿业工程的注册建造师的执业工程规模标准应符合"注册建造师执业工程规模标准（矿山工程）"的规定。

根据"注册建造师执业工程规模标准"的规定，矿山工程规模标准包括了煤炭、冶金、建材、化工、有色、铀矿、黄金矿山等7个行业的矿山工程规模标准。也就是规定了7个行业矿山工程所包含的具体的专业工程和其大型、中型、小型规模的具体指标。

相应的大型矿建工程包括：

（1）年产＞90万t/年；

（2）单项工程合同额≥2000万元；

（3）45万～90万t/年矿井，相对瓦斯涌出量＞10m³/t或绝对瓦斯涌出量＞40m³/min的井下巷道工程。

中型矿建工程包括：

（1）年产45万～90万t/年；

（2）单项工程合同额1000万～2000万元。

小型矿建工程包括：

（1）年产≤30万t/年；

（2）单项工程合同额＜1000万元。

背景资料中提到该矿井设计年生产能力为120万t的矿井，超过规定中"年产＞90万t/年"。因此该矿井属于大型矿建工程，需要一级建造师担任项目经理，而题中的王某不具备资格。

2. 本题考查的是安全事故的划分。作答此类试题需要从三方面考虑：（1）死亡人数；

（2）重伤人数（包括急性工业中毒）；（3）直接经济损失。

根据《生产安全事故报告和调查处理条例》的规定，根据生产安全事故（以下简称事故）造成的人员伤亡或者直接经济损失，事故一般分为以下等级：

（1）特别重大事故是指造成30人以上死亡，或者100人以上重伤（包括急性工业中毒，下同），或者1亿元以上直接经济损失的事故；

（2）重大事故是指造成10人以上30人以下死亡，或者50人以上100人以下重伤，或者5000万元以上1亿元以下直接经济损失的事故；

（3）较大事故是指造成3人以上10人以下死亡，或者10人以上50人以下重伤，或者1000万元以上5000万元以下直接经济损失的事故；

（4）一般事故是指造成3人以下死亡，或者10人以下重伤，或者1000万元以下直接经济损失的事故。

而背景资料中提到"事故造成3名工人重伤和突水事故造成直接经济损失30万元"，属于一般事故的判别标准。此次事故是由于施工单位判断失误造成的，未能认真处理建设单位提供的资料，因当承担此次事故的主要责任。

3. 本题考查的是矿山井巷防治水的内容。作答此类题目，需要将知识点与背景资料相结合进行分析才能找到问题的所在。根据《矿山安全条例》（2018年版）第二十三条的规定，井下采掘作业遇到下列情况时，必须探水前进：

（1）接近含水的断层、流沙层、砾石层、溶洞或陷落柱时；

（2）接近与地表水体或与钻孔相通的地质破碎带时；

（3）接近积水的老窑、旧巷或灌过泥浆的采空区时；

（4）发现有出水征兆时；

（5）掘开隔离矿柱或岩柱放水时。

背景资料中提到"建设单位在招标文件中提供的地质资料预测：在井深300～310m需穿过K含水岩层，预计涌水量35m³/h左右。"说明井筒施工所要穿越的含水层有出水的情况。按照相关的施工规程，施工单位应当进行超前探水，在此过程中，也要制定相关的防排水措施。进行探放水施工时，必须施工至到达含水层地点10m处停止施工，进行探放水工作和安装相关的排水设备。但背景资料中提到"井筒施工至305m，未揭露到K含水岩层"很显然不符合相关的规定。

4. 本题考查的是工程施工索赔中费用索赔的处理。针对施工索赔的问题，首先要判断责任是由谁进行承担。根据建设工程索赔管理的规定，对于施工引起的索赔，一般包括下列两个方面的内容：

（1）工期索赔。矿业工程施工中，常常会发生一些未能预见的干扰事件使施工不能顺利进行，或使预定的施工计划受到干扰，最终造成工期延长，这样，对合同双方都会造成损失。由此可以提出工期索赔。施工单位提出工期索赔的目的通常有两个：1）免去或推卸自己对已产生的工期延长的合同责任，使自己不支付或尽可能不支付工期延长的罚款；2）进行因工期延长而造成的费用损失的索赔。对已经产生的工期延长，建设单位一般采用两种解决办法：一是不采取加速措施，工程仍按原方案和计划实施，但将合同期顺延；二是指施工单位采取加速措施，以全部或部分弥补已经损失的工期。

（2）费用索赔。矿业工程施工中，费用索赔的目的是承包方为了弥补自己在承包工程中所发生的损失，或者是为了弥补已经为工程项目所支出的额外费用，还有可能是承包方为取得已付出的劳动的报酬。费用索赔必须是已经发生且已垫付的工程各种款项，对于承包方利润索赔必须根据相关的规定进行。矿业工程施工费用索赔的具体内容涉及费用的类别和具体的计算两个方面。由于各种因素造成工程费用的增加，如果不是承包方的责任，原则上承包方都可以提出索赔。

根据背景资料所得的实际情况是施工单位揭露含水层所发生的突水事故，进而造成施工工期的延误和额外支付的相关费用。从背景资料中分析来看，建设单位在招标文件中提供的地质资料预测标明了施工队伍将来会穿越含水层，只是没有明确标注具体的位置，面对这种情况，施工单位应当坚持"预测预报、有疑必探、先探后掘、先治后采"的原则进行探放水工作。然而施工单位在井筒施工至305m，未揭露到K含水岩层，施工单位认为建设单位提供的地质资料有误，继续组织施工。未按照相关规定进行探放水工作。因此，此次的突水事故的责任在于施工单位，施工单位应当为此次事故负全部责任，故而对建设单位提出的相关索赔不合理。

【参考答案】

1. 王某没有资格担任项目经理。

理由：该矿井年生产能力超过90万t，属于大型矿建工程，须由一级建造师担任项目经理。

2. 该事故属于一般事故。施工单位对此突水事故承担主要责任。

3. 存在的问题是：直接施工至305m，没及时安装排水设施。

应先探后掘，掘至300m前10m处，提前探水，并按要求及时安装好排水设施。

4. 不合理。

理由：地质资料已预测井筒需穿过K含水岩层，实际揭露含水岩层位置及涌水量大小与地质资料基本符合，施工单位没采取防治水措施，且工程采用固定总价合同。

实务操作和案例分析题四 ［2012年10月真题］

【背景资料】

某施工单位承接了一煤矿的岩石大巷工程，该巷道长度800m，设计净断面积18m²。巷道所穿过的岩层普氏系数 $f=2\sim4$，属于Ⅳ类围岩；巷道距煤层较近，偶有瓦斯涌出。巷道采用锚网喷联合支护。

施工单位项目部技术员结合工程实际条件编制了该巷道的施工安全技术措施，确定该巷道施工采用多台气腿式凿岩机打眼，直眼掏槽，岩石水胶炸药，秒延期电雷管，煤矿专用发爆器起爆，蓄电池电机车牵引1t矿车运输。该技术措施经项目部技术经理修改后审批并付诸实施。

在巷道施工过程中，由于运输系统出现故障，连续5个循环不能正常排矸，导致大量矸石堆积在工作面后15m左右的位置，工人只能弯腰从矸石堆上进入工作面。在一次爆破工作中，装药联线完成后，班长安排在距离工作面50m的一处直角岔巷内设置警戒线，全部人员躲入岔巷中。然而，爆破后发生大量矸石飞落，造成2人死亡、2人重伤、3人轻伤。

【问题】

1. 巷道施工安全技术措施的内容和审批存在哪些问题？

2. 巷道爆破作业发生事故的原因是什么？

3. 根据《生产安全事故报告和调查处理条例》，巷道爆破作业发生的安全事故属于哪一等级？

4. 发生安全事故后，施工单位项目部应如何处理？

【解题方略】

1. 本题考查的是巷道施工安全技术措施的内容和审批。作答此题需要从巷道施工安全技术措施的内容和审批两个方面进行作答。要通过分析背景资料结合上述两个方面来分析可能存在的问题。

在有瓦斯和煤尘爆炸危险的煤层进行爆破作业时，应当符合《煤矿安全规程》（2016年版）相关规定进行作业。采掘工作面，使用煤矿许用毫秒延期电雷管时，最后一段的延期时间不得超过130ms。只有在放炮地点附近20m以内风流中瓦斯浓度低于1％时，才允许装药放炮。严禁明火，使用普通导爆索或非导爆管放炮和放糊炮时，装药前和放炮前，必须检查瓦斯。

施工技术措施或作业规程由承担施工的工区或工程队负责编制，报工程处审批；对其中一些重要工程，应报公司（局）审查、备案。

2. 本题考查的是巷道爆破作业安全管理。作答此题需要结合背景资料，依次进行分析。通过对事故的描述，应当从"导致大量矸石堆积在工作面后15m左右的位置""班长安排在距离工作面50m的一处直角岔巷内设置警戒线，全部人员躲入岔巷中""爆破后发生大量矸石飞落"等方面查找事故原因。

实施爆破作业，应当遵守国家有关标准和规范，在安全距离以外设置警示标志并安排警戒人员，防止无关人员进入。爆破作业结束后应当及时检查、排除未引爆的民用爆炸物品。

3. 本题考查的是安全事故等级的划分。作答关于安全事故划分的题型，应当从以下三方面考虑：（1）死亡人数；（2）重伤包括急性工业中毒人数；（3）造成的直接经济损失。通过这三个方面考虑再判断安全事故等级。

而背景资料中发生的安全事故为爆破作业爆破后发生大量矸石飞落，造成2人死亡，2人重伤，3人轻伤。因此安全事故的划分应依照人数进行划分。安全事故等级为一般事故。

4. 本题考查的是事故发生后项目部的处理措施。事故发生后，项目部应重点作好上报、抢救和保护现场等工作。

本题主要考察按照《生产安全事故报告和调查处理条例》的规定，安全事故发生后，项目部应及时做的工作。

事故发生后，事故现场有关人员应当立即向本单位负责人报告；单位负责人接到报告后，应当于1日内向事故发生地县级以上人民政府安全生产监督管理部门和负有安全生产监督管理职责的有关部门报告。

事故发生单位负责人接到事故报告后，应当立即启动事故相应应急预案，或者采取有效措施，组织抢救，防止事故扩大，减少人员伤亡和财产损失。

事故发生后，有关单位和人员应当妥善保护事故现场以及相关证据，任何单位和个人不得破坏事故现场、毁灭相关证据。

因抢救人员、防止事故扩大以及疏通交通等原因，需要移动事故现场物件的，应当做出标志，绘制现场简图并做出书面记录，妥善保存现场重要痕迹、物证。

【参考答案】

1. 该巷道施工安全技术措施的内容和审批存在的问题有：

(1) 采用岩石水胶炸药不妥，该炸药不适应于有瓦斯的工作面（或应采取煤矿许用炸药）；

(2) 采用秒延期电雷管不妥，应采用延期时间不大于130ms的毫秒延期电雷管；

(3) 安全技术措施的审批程序不符合规定。

2. 巷道爆破作业发生事故的原因主要有：

(1) 巷道积矸较多（或超过2/3或堵塞），造成大量矸石飞落；

(2) 警戒线设置不当；

(3) 人员躲避距离不够。

3. 发生的安全事故属于一般事故。

4. 发生安全事故后，施工项目部应：

(1) 立即上报有关部门；

(2) 抢救伤员和排除险情，防止事故扩大；

(3) 保护好事故现场。

实务操作和案例分析题五 [2012年10月真题]

【背景资料】

某立井井筒井深815m，净直径7.5m，井筒基岩段井壁厚度600mm，混凝土强度等级C40。一施工单位承担了该井筒的施工，所采用的砌壁模板为金属整体液压下移式伸缩模板，高度4.0m，且可拆解均分为两段。

施工中，受断层和岩层倾角变化的影响，井筒提前进入了泥岩破碎带段。因工期紧张和材料准备不足，项目经理仍按原施工方案继续组织施工。在爆破后出渣时，发现井帮岩石风化现象严重，暴露高度1.0m时即出现多处片帮。强行出渣至一个浇筑段高4.0m后，工作面立即绑扎钢筋，绑扎过程中，发生了更严重的片帮垮落，致使一工人腿部骨折。工作面经简单处理后，继续绑扎钢筋至完成，然后下放模板并浇筑混凝土。在浇筑混凝土过程中，施工作业人员发现模板后面有声响，井帮继续有片帮垮落，但混凝土浇筑工作未停止，直至结束。后经拆模检查，井壁多处出现蜂窝麻面和孔洞，该段井壁验收时被认定为不合格。

【问题】

1. 该井筒掘砌施工中存在哪些问题？

2. 解决井筒破碎带片帮问题，应考虑哪些技术原则？

3. 针对该井筒的工程条件，通过破碎带可以采取哪些具体措施？

4. 该井筒不合格段井壁应如何处理？

【解题方略】

1. 本题考查的是井筒掘砌施工中的安全管理工作。作答此类题型时，不能一味地用理论知识进行作答，还要结合背景资料与实际工作经验进行作答。针对本题，应从施工方案、施工质量和安全管理方面，结合背景材料分析井筒掘砌施工中的问题即可。除在施工方法中有保证质量与安全的技术组织措施外，对于矿建工程应结合工程具体特点，考虑采取灾害预防措施和综合防尘措施，包括顶板管理、放炮通风、提升或运输安全、水患预防、瓦斯管理以及放射性防护等。

2. 本题考查的是解决井筒破碎带片帮的技术原则。本题的题设具有一定的代表性。在井筒施工过程中，解决井筒破碎带片帮的问题，一般从减少暴露时间，以降低片帮发生的可能性和加强护帮，以提高抗片帮的能力两个方面入手进行分析解答。

井筒向下掘进一定深度后，应及时进行井筒的支护工作，以支承地压、固定井筒装备、封堵涌水以及防止岩石风化破坏等作用。根据岩石的条件和井筒掘砌的方法，可掘进1～2个循环即进行永久支护工作，也可以往下掘进一定的深度后再进行永久支护工作，这时为保证掘进工作的安全，必须及时进行临时支护。

3. 本题考查的是加固围岩的措施。本题的题设具有一定的现场操作和代表性。作答此类型题时，应遵从减少围岩暴露时间和加强护帮的原则进行分析。分析问题也应从上述原则入手，分析可采取的措施。

注浆加固围岩、进行临时支护（或打锚杆、挂网、喷浆、架井圈）是加强护帮的原则要求，缩短模板段高是减少围岩暴露时间的原则要求。

4. 本题考查的是施工工程质量验收的要求，对不合格工程的处理措施。如果是重要的检验项目不合格，会影响到工程的结构安全，则应推倒重来，拆除重做。即使经济上受到一些损失，但工程质量不会再出现问题。且这种对工程认真负责的态度也会得到业主的肯定，在质量问题上会更信任我们的施工单位。如果不是重要的检验项目质量不合格，且不会影响到工程的结构安全，可进行必要的工程修复达到合格，满足使用要求。

从本题的背景资料分析，该段井筒不合格必然会影响到整个井筒的结构安全和后期使用，因而应拆除该段混凝土井壁，重新进行施工。

【参考答案】

1. 该井筒掘砌施工中存在以下问题：

（1）地质条件发生变化时，未及时变更施工方案；

（2）出渣时围岩暴露出现片帮，未采取相关措施；

（3）绑扎钢筋时出现片帮伤人事故，未进行处理，继续施工；

（4）浇筑混凝土时，继续发生片帮垮落，未采取措施。

2. 解决井筒破碎带片帮问题应考虑的技术原则有：（1）减少围岩暴露时间；（2）加强护帮。

3. 可以采用的具体措施有：（1）注浆加固围岩；（2）缩短模板段高；（3）进行临时支护（或打锚杆、挂网、喷浆、架井圈）。

4. 拆除该段混凝土井壁，重新进行施工。

实务操作和案例分析题六 [2012年6月真题]

【背景资料】

某施工单位承担一煤矿的立井井筒施工，该井筒净直径5.5m，井深386m，井筒检查孔所提供的地质和水文资料比较简单，预测井筒最大涌水量不大于5m³/h。

该施工单位根据井筒的特点进行施工组织设计，采用立井机械化作业线配套施工方案，主提为JKZ 2.8/15.5型提升机配4m³吊桶，副提为JK2.5/20型提升机配3m³吊桶，井架为V型凿井井架，采用FJD-9型伞钻打眼，2台HZ-4型中心回转抓岩机出矸，段高3.6m金属伸缩式模板砌壁。

在井筒施工至井深293.6m时，井壁总漏水量为1.2m³/h，工作面继续下一循环作业，爆破通风后下井检查发现工作面出水，实测涌水量为15m³/h。施工单位及时报告监理和业主，并提出采用工作面打止浆垫进行注浆的施工方案。业主认为涌水量不大，坚持要求强行通过。于是，施工单位采用导管把明显出水点的涌水导出，然后进行混凝土的浇筑；同时，为避免水泥浆流失减少了对混凝土的振捣。最终，施工单位所施工的296.1～315.2m井段共计6模井壁较正常作业时间多增加工期13d，各种人工及机械费用额外增加86.5万元，且井壁局部出现蜂窝麻面现象。

井筒掘砌至马头门附近时，井底信号工因病请假，班长临时指定一名工人担任信号工。在一次吊桶下放通过吊盘时，信号工未及时发送停止信号，吊桶未减速直接下放冲撞抓斗，使抓斗坠落造成井底作业人员1人死亡、1人重伤的安全事故。

【问题】

1. 施工单位采用的立井井筒施工机械化作业线配套方案存在哪些不妥之处？

2. 井筒井壁出现蜂窝麻面质量问题的主要原因是什么？

3. 因井筒涌水量突然增大，导致的工期延长及费用增加应由谁来承担？说明理由。

4. 井筒施工发生抓斗坠落是由哪些违章行为造成的？

5. 抓斗坠落事件属于哪一级安全事故？

【解题方略】

1. 本题考查的是立井施工机械化作业线配套方面的内容。从题目的设置上分析，此题目最少有三处不合理的配套。因此，分析问题答案时，应从凿井设备的规格、数量、井筒的直径、井筒的断面大小和井筒深度等的适应性来着手进行分析。

从背景资料中我们可以发现该井的凿井设备配套方案为：主提为JKZ 2.8/15.5型提升机配4m³吊桶，副提为JK2.5/20型提升机配3m³吊桶，井架为V型凿井井架，采用FJD-9型伞钻打眼，2台HZ-4型中心回转抓岩机出矸，段高3.6m金属伸缩式模板砌壁。再通过凿井设备的规格、数量、井筒的直径、井筒的断面大小和井筒深度等的适应性进行分析。不过在分析过程中还需要了解立井机械化作业线配套的原则。配套原则具体如下：

（1）应结合井筒直径、深度等工程条件，施工队伍的素质和已有设备条件等因素，综合考虑选定设备的配套类型。

（2）各设备之间的能力要匹配，包括：提升能力与装岩能力、一次爆破矸石量与装岩能力、地面排矸与提升能力、支护能力与掘进能力、辅助设备与掘进能力的匹配。

（3）配套方式与作业方式相适应。如采用综合机械化作业线配套时，一般采用短段单行作业或混合作业。

（4）配套方式应与设备技术性能相适应，选用寿命长、性能可靠的设备。

（5）配套方式应与施工队伍的素质相适应。

显然，本题重点考察设备配套原则的第（1）条，即所选设备与工程条件的适应性问题。

2. 本题考查的是混凝土工程出现蜂窝麻面的原因。蜂窝麻面属于混凝土浇筑过程中的质量通病，无论是地面混凝土浇筑还是井下混凝土浇筑施工，常常都会出现这种现象。它与混凝土施工浇捣不充分、没有严格执行分层振捣或振捣操作不当（不密实），以及混凝土含水量过大、模板封堵不严密引起跑浆等有关。需要结合问题的背景材料，具体分析案例中产生蜂窝麻面的原因。

背景资料中已经出现了本题的 3 个方面的原因，分别是：（1）井壁实测涌水量 15m³/h，说明涌水量太大，对混凝土井壁质量易造成影响。（2）业主认为涌水量不大，坚持要求强行通过。施工单位采用导管把明显出水点的涌水导出，即进行混凝土浇筑，再未采取其他治水措施，说明治水措施不力。（3）为避免水泥浆流失，施工单位减少了对混凝土的振捣，说明振捣不密实。从这三个方面分析，答案就自然得到。

3. 本题考查的是合同管理关于责任划分的相关内容。解答本题需要清楚造成工期延误和费用增加的原因。通过这些原因再逐次划分责任归属问题。总体来说，造成工期延误以及费用增加的原因一般有包括以下几点：

（1）由于业主或工程师错误指挥造成，此时由业主承担相应的损失。

（2）由于地质条件突变引起的，如果地质条件的突变在勘察报告中已经说明，此时引发的损失应由施工单位承担。因为是施工单位应依据勘察报告对高突变提出应对措施；如果是地质勘查报告中未曾探明或提及的突变，此时的损失由建设单位承担。

（3）第三种情形是不可抗力引起的工期延误和费用增加。因此造成损害的责任划分原则是：在正常履约状态下，双方各自承担自己的损失，即甲方承担已完工程以及运抵工地材料、设备的损失、人员伤亡的赔偿，承担场地清理、恢复的损失，工期顺延；施工单位承担己方设备损失、人员赔偿和设备、人工的停工损失。但是如果是在施工单位迟延履行合同义务过程中遇到不可抗力事件时，所有损失由施工单位承担，工期不顺延。

根据上述思路进行责任划分，就能更加直接地找到事故责任主体。

回归背景资料进行分析，首先，井筒涌水量突然增大，超过业主提供的井筒检查孔所反映的涌水量，属于业主应当承担的风险；其次，在涌水突然增大，施工单位及时报告监理和业主，并提出采用工作面打止浆垫进行注浆的施工方案的情况下，业主坚持要求强行通过，属于错误指挥。因此，该事件引起的工期延长、费用增加应由建设单位（业主）承担。

4. 本题考查的是施工过程中安全作业的基本常识。通过背景资料的分析，具体违章行为表现在：

（1）信号工因病请假，班长临时指定一名工人担任信号工。由于信号工属于关键岗位，需要培训并持证上岗，显然其他岗位的工人不具备担任信号工的资格。所以，班长的行为属于违章用工。

（2）作为这名被要求临时担任信号工的工人，在明知自己不能胜任、也无资格上岗的情况下上岗作业，属于无证上岗。或者是未经培训合格，无证上岗。

（3）信号工未及时发出停止信号。如果是一个经过培训的合格的信号工，应该在吊桶到达井底时及时发出信号，通知绞车司机停止下放吊桶。即信号工未履行职责，属违章。

（4）吊桶下放靠近吊盘时，按规定应减速通过。而背景材料显示，吊桶未减速直接下放冲撞抓斗。显然未按相关规程进行作业，属于违章作业。

5. 本题考查的是安全事故等级的划分。根据《生产安全事故报告和调查处理条例》中关于安全事故等级划分的规定，规定内容如下：（1）特别重大事故是指造成30人以上死亡，或者100人以上重伤（包括急性工业中毒，下同），或者1亿元以上直接经济损失的事故；（2）重大事故是指造成10人以上30人以下死亡，或者50人以上100人以下重伤，或者5000万元以上1亿元以下直接经济损失的事故；（3）较大事故是指造成3人以上10人以下死亡，或者10人以上50人以下重伤，或者1000万元以上5000万元以下直接经济损失的事故；（4）一般事故是指造成3人以下死亡，或者10人以下重伤，或者1000万元以下直接经济损失的事故。

而背景资料中发生的安全事故为抓斗坠落造成井底作业人员1人死亡、1人重伤，因此安全事故的划分应依照人数进行划分。

【参考答案】

1. 由于本井筒净直径仅5.5m，深度只有386m，施工单位采用的立井井筒施工机械化作业线配套方案不合理：

（1）布置两套提升不妥，与井筒大小不匹配；

（2）选择2台中心回转抓岩机不妥，井筒内没有足够的断面布置；

（3）采用V型凿井井架不妥，偏大，不合适；

（4）选用伞钻（钻眼设备）不妥，与井筒大小不适应。

2. 井壁出现蜂窝麻面质量问题的主要原因是：

（1）井筒水太大；

（2）没有采取可靠的治水措施；

（3）混凝土浇灌时振捣不密实。

3. 因井筒涌水量突然增大，导致的工期延长及费用增加应由业主（建设单位）承担，因为业主（建设单位）提供的井筒检查孔资料与实际揭露的情况不符。

4. 违章行为：

（1）班长违章安排无证人员担任信号工；

（2）信号工违章上岗（未经培训，无证上岗）；

（3）信号工未及时发出停车信号；

（4）吊桶到达吊盘时未减速慢行。

5. 抓斗坠落事件为一般事故。

典　型　习　题

实务操作和案例分析题一

【背景资料】

某工程公司低价中标了一矿区工业广场的改造工程，其中要在广场内修建一条 100m 长的地下双孔钢筋混凝土排水暗渠。暗渠外断面尺寸为宽 12m、高 4.8m，渠底标高 -5.8m，渠顶需覆土回填 1m，并恢复广场绿化。暗渠东段 50m 的北面是一栋已建成的 6 层楼房，与暗渠净距 5m。暗渠两侧无空地。该区域常年地下水位在 -2.5m 左右。

经批准的施工组织设计采用的施工方法为：暗渠西段采用双排钢板桩加横向支撑系统，双排轻型井点降水；东段 50m 采用双排水泥搅拌土重力式挡土墙兼挡水；机械挖土，土方外运。

项目实施前，项目经理为节省费用将水泥搅拌桩挡土墙改为悬臂式钢板桩，不设横向支撑，采用单排轻型井点降水；回填用的土方堆放在楼房北侧的狭长空地上，约需堆高 5m。因工期紧迫，立即组织实施。

土方开挖至 -3.5m 时，发现钢板桩缝隙有渗水渗砂现象。挖至 -4.5m 时，楼房墙体出现裂缝。挖至 -5.5m 后，部分钢板桩倾覆，楼房墙体出现倾斜倾向，工程紧急停工。

【问题】

1. 分析钢板桩缝隙出现渗水渗砂的原因。
2. 项目经理更改施工方案的做法有何不妥？说明正确做法。
3. 在楼房北侧堆土的做法会造成哪些安全隐患？
4. 工程紧急停工后，现场应如何进行应急处理？

【参考答案】

1. 钢板桩出现渗水渗砂是单排降水方案不妥所造成的。因双孔暗渠宽 12m，基坑宽度要在 14m 左右，单排轻型井点降水达不到此要求，故另一侧钢板桩会渗漏水及泥砂。

2. 项目经理未经计算，擅自修改方案，且未经原施工组织设计审批部门批准就付诸实施的做法完全错误。

正确的做法是：先设计计算，制定新的施工方案，报原方案审批单位批准，并送监理工程师审查后，才可以进行施工。

3. 堆土会大大增加地面荷载（加速土体滑动、堆土塌方），造成钢板桩倾覆，楼房裂缝（倾斜）。

4. 应该立即停止施工，作必要的记录（文字、照片等），向上级部门报告，同时立即组织将办公楼北侧的堆土进行卸载（清理运土），回填基坑（采取加固等措施）防止事态扩大。

实务操作和案例分析题二

【背景资料】

某新建矿井，设计年产量 1000 万 t，立井开拓，主、副、风井深度分别为 600m、

630m、595m，均布置在工业广场内。相关地质资料表明：井田内第四、第三系地层缺失；井筒穿过的水文地质条件简单，煤层无瓦斯显现；开采水平以下200m有奥陶系灰岩，但没有更详细的资料。开采水平的等高线图显示，井底车场以外井田构造复杂，断层较多。井筒施工期间涌水量很小，三个井筒快速到底后，顺利转入二、三期工程。为尽早建成矿井，建设单位引进多个单位同时施工。某日，一主要运输巷道工作面的施工人员汇报，该工作面底板有出水，并有明显鼓起现象，但没有引起相关部门重视，未采取探水措施。隔天，工作面放炮后突发重大涌水事故，造成淹井。

【问题】

1. 建设单位提供的该矿井地质资料有何重要缺陷？

2. 从已有的地质资料分析，该矿井存在什么主要风险？为满足施工和安全要求，施工单位还应要求建设单位提供哪些地质资料和重要水文地质参数？

3. 采掘工作面突水前的主要征兆有哪些？

4. 简单叙述在安装钻机探水前应做的工作。

5. 针对本案例，简要说明建设单位在安全管理方面的主要工作内容。

【参考答案】

1. 建设单位提供的该矿井地质资料没有关于奥陶系灰岩岩层的详细水文地质资料，以及断层性质、产状和含水层与断层联系状态的相关资料。

2. 该矿井存在断层沟通奥陶系灰岩含水层的突水风险。

施工单位应向建设单位要求提供奥陶系灰岩详细水文地质资料，包括补给水源、水量、水头压力等以及断层构造产状、性质、渗水情况以及水源与其导通关系、导通性质等。

3. 采掘工作面突水前的主要征兆：

（1）工作面压力增大，底板鼓起，底鼓量有时可达500mm以上。

（2）工作面底板产生裂隙，并逐渐增大。

（3）沿裂隙或岩帮向外渗水，随着裂隙的增大，水量增加，当底板渗水量增大到一定程度时，煤（岩）帮渗水可能停止，此时水色时清时浊，底板活动时水变浑浊，底板稳定时水色变清。

（4）底板破裂，沿裂缝有高压水喷出，并伴有"嘶嘶"声或刺耳水声。

（5）底板发生"底爆"，伴有巨响，地下水大量涌出。

4. 安装钻机探水前，应首先清楚经总工程师批准的探水工作的施工设计内容和要求，按规定实施探水准备工作，包括：（1）探水施工场地准备：检查和加固钻机所在巷道的支护，设立牢靠的立柱和栏板；（2）巷道和排水畅通：配备好相应的排水设备，清理巷道和水沟，保证巷道和水沟通畅；（3）专门的安全准备：安装好专门电话，安排好临近巷道的作业安全工作，标明并使相关人员清楚避灾线路；（4）探水作业和安全工作准备：下好孔口管、安装好相应的安全阀及其他孔口防喷装置并落实防止孔口管和岩壁突然鼓出的措施，准备探放水。

5. 建设单位在安全管理方面的主要工作内容：

（1）贯彻执行国家安全生产方针和有关法规；

（2）建立健全并落实各项安全生产规章制度；

（3）编制和督促实施安全技术措施计划；

（4）组织职工技术培训和安全教育，提高职工的技术素质和安全意识；

（5）定期组织全矿安全生产检查，开展群众性的安全生产竞赛活动；

（6）建立健全有关安全生产的记录和档案资料。

实务操作和案例分析题三

【背景资料】

某施工单位承担一高瓦斯矿井的运输大巷和回风大巷的施工任务。其中，B队施工回风巷，该巷断面 20m²，穿过一层厚 0.5m 的煤层；巷道采用锚、网、喷和 U 形钢支架，然后复喷混凝土的联合支护形式。在巷道即将穿过煤层前，B队队长认为煤层很薄，没有采取专门的措施，结果在穿煤时，发生了煤与瓦斯突出，造成尚未进行复喷混凝土的 10 余棚支架崩倒，顶板冒落，引起 3 人死亡。发生事故后项目经理立即组织事故调查工作，汇报施工单位领导，同时迅速作出了恢复施工的决定。

【问题】

1. 在巷道推进到煤层前的掘进工作中存在什么隐患？B队队长在穿透煤层前的考虑为什么不对？

2. 大巷在揭穿煤与瓦斯突出煤层前应采取什么措施？

3. 从倒棚事故分析，该巷道在揭穿煤层前应怎样做好支护工作？

4. 项目经理对本次事故处理有哪些不正确的做法？说明正确的做法。

【参考答案】

1. 在巷道推进到煤层前的掘进工作中存在的隐患：支架倒塌、瓦斯突出和爆炸。

B队队长在穿透煤层前认为煤层很薄，没有采取专门的措施，很可能会在掘进过程中点燃煤层，发生瓦斯爆炸。

2. 大巷在揭穿煤与瓦斯突出煤层前应采取的措施：应设置固定式集中瓦斯连续监测系统，应接入矿井安全监测系统，并配备便携式个体检测设备；井口棚及井下各种机电设备必须防爆；井下应采用不延燃橡胶电缆和抗静电、阻燃风筒。

3. 根据揭穿煤层前应加强巷道支护工作的原则，至少需做好 U 形钢支架稳定性的相关工作，要求支架用背板背紧，并安置好支架间的拉钩（杆），且锚杆与复喷混凝土应紧跟工作面，视情况还可以采取其他加强措施（如设点柱等）。

4. 项目经理对本次事故处理的不正确的做法及改正。

不正确的做法：项目经理立即组织事故调查工作。

正确的做法：项目经理应立即向有关部门报告，应严格保护事故现场，采取有效措施防止事故扩大。

不正确的做法：迅速作出了恢复施工的决定。

正确的做法：在质量缺陷处理完毕后，由监理工程师作出恢复施工的决定。

实务操作和案例分析题四

【背景资料】

某在建矿井，设计生产规模较大。该矿井附近有开采多年的小煤矿，且开采情况不清。在矿井施工转入二期、三期工程（即井底车场、巷道和采区工程）开拓期间，由于工期安排较紧，建设单位引入了多个施工队伍同时施工。在某工作面施工过程中，施工人员汇报该工作面渗水增大，局部有顶板片落的情况，但没引起有关人员的重视，未进行探水工作。隔天，工作面放炮后发生了重大突水事故，并造成矿井淹井。

【问题】

1. 针对该矿井附近有小煤矿的情况，建设单位应做好哪些工作？

2. 根据该矿井附近有已采矿井的情况，施工单位应要求建设单位提供哪些必要条件？应考虑到哪些风险？针对这些风险，施工中应遵循哪些原则？

3. 巷道掘进工作面突水前有什么征兆？

4. 巷道掘进工作面探水应采取哪些安全措施？

5. 针对本案例，简要说明建设单位在安全管理方面的主要工作内容。

【参考答案】

1. 建设单位应高度重视老窑隐患和对矿井生产的重大威胁危害，并查清附近老窑的空间位置及开采充水排水状况、积水量和水压、老窑停采原因等情况。察看地形，圈出采空区并计算出积水量及瓦斯状况，编制相关的资料和图纸，并将必要的资料与图纸提供给施工单位。在临近老窑探水施工前，检查施工单位的施工安全工作，并协调和调度施工区域附近的各施工单位的相关安全生产工作。

2. 施工单位应向建设单位要求提供老窑的水文地质和瓦斯状况的资料。应考虑老窑采空区积水的风险及老窑采空区瓦斯积聚的风险。应遵循"有疑必探，先探后掘"的原则制定相应的防治措施，以保安全。

3. 采掘工作面突水前的主要征兆有：岩壁挂汗、挂红（铁锈色）；空气变冷、出现雾气；水叫、岩壁淋水加大；顶底板来压，底鼓，底板产生裂隙、破裂；出水异样、渗水、水色发浑。

4. 巷道掘进工作面探水应采取的措施包括：

（1）首先是施工钻机硐室并进行加固，保障硐室的工作安全，并做好必要的安全器材准备，例如联络电话等。

（2）钻机安设牢固，探水钻进前，必须先安装好孔口管、水压表并通过耐压试验，正式施工前，安装好三通、安全阀门等。揭露含水层时，要考虑采用反压和防喷装置钻进。

（3）按照设计内容施工，严格安全措施，包括有采取防止孔口管和岩壁、矿石突然鼓出的措施。

（4）探放水施工前，必须考虑临近施工巷道的作业安全，并布置好避灾路线。

5. 建设单位的主要安全管理工作有：

（1）加强各施工单位的协调、沟通信息，统一指挥。

（2）明确各施工单位的安全生产责任，检查各施工单位关于安全生产责任制度和安全生产管理机制的建立。

（3）向各施工单位提供与施工内容有关的施工和安全所需的各种资料，并保证资料的准确性、完整性。

（4）落实监理工作及其相应的安全监理的责任。

（5）做好应急预案制订工作和应急准备工作。

实务操作和案例分析题五

【背景资料】

某岩石巷道掘进断面 $8m^2$ ，计划循环进尺 2.2m。由施工队提出的原爆破作业措施采用锥形掏槽，炮眼深度 2.5m，炮眼直径 42mm，药卷直径 25mm。项目部审核纠正了该措施的不当之处。在一次放炮后工作面崩落岩石甚少，班长观察发现在近顶板处有两处雷管脚线折断出现拒爆事故。为不影响正常循环，班长立即安排爆破员和一名装岩工人处理该雷管断线问题，其余人员参加连接母线和准备打眼工作。此安排遭多名工人拒绝，引起纠纷，致使该班全体人员（包括班长）未完成瞎炮处理就离岗升井。结果施工队对拒绝班长安排工作的人员予以扣发当班工资、扣发当月奖金的处罚。

【问题】

1. 请纠正原爆破作业措施的不妥之处。

2. 分析可能发生拒爆的主要原因。应怎样正确处理案例中的拒爆事故？

3. 施工队扣发工人工资和奖金的处置是否合适？说明理由。

4. 指出施工队（包括当班班长）在爆破安全管理工作中存在的问题。

【参考答案】

1. 主要应纠正以下两点：（1）采用锥形掏槽不合适，根据设计进尺、巷道断面条件，宜采用直眼掏槽；（2）炮眼直径和药卷直径不匹配，造成不耦合装药结构，影响炸药破岩效果，宜采用直径为 35mm 的药卷。

2. 可能产生拒爆事故的主要原因有：

（1）装药捣实时用力不当，折断脚线；

（2）因连线不良，或错连、漏连等原因造成拒爆；

（3）因雷管问题造成拒爆，如电阻过大，无效、批号不一致等。

处理拒爆事故前，首先要全面、仔细检查，确定拒爆原因。因连线不良、脚线折断的原因，可重新连线起爆；因其他原因的拒爆则应在距瞎炮 0.3m 以外的地方重新钻与瞎炮炮眼平行的炮眼，重新起爆；重新起爆后，爆破工应仔细检查矸石，收集所有未爆的雷管、炸药。

3. 不合适。

根据矿山安全条例，爆破事故未妥善处理之前，其他人员不得进入现场进行其他作业。施工班长强令与处理拒爆事故无关人员进入现场属违章作业，危及生命安全，因此施工人员有权拒绝。同时根据国家安全生产法规定，单位不得以这些行为为理由对职工扣发工资和奖金。因此，施工队的做法不合适。

4. 存在问题有：

（1）提出的爆破作业措施不合理，说明施工队对凿眼爆破安全技术知识掌握不够。

（2）施工班长随意安排非爆破专业人员参与处理拒爆和连线等工作，并强令无关人员进入现场作业，违反安全规程。

（3）根据工作面崩落岩石甚少的情况判断，可能有不止 2 处雷管脚线折断的拒爆情况，施工班长急于赶进度，对事故现场未详细检查，对事故状况判断失误，考虑不周。

（4）施工班长和放炮员没有处理好瞎炮事故离岗，没有执行在工作面进行交接班工作的要求，违反规程要求。

实务操作和案例分析题六

【背景资料】

某施工单位中标承建一矿井的风井井筒及井下相关巷道工程，井筒净直径5.5m，全深450m。根据该井筒地质检查钻孔所提供的地质资料表明：井筒穿越的岩层多数为厚层泥岩，其中夹杂少量薄层砂质泥岩；井筒在深205～230m穿过两条落差小于5m的断层，断层的水文地质条件比较复杂，预计涌水量4m^3/h。

该风井井筒工业广场地面较平坦，资料表明该地区历史最高洪水位为＋501.5m，最近10年最高洪水位为＋500.5m。

施工单位根据上述资料，编制了井筒的施工组织设计，其中井筒的防治水方案如下：

（1）考虑到预计涌水量较小，井筒施工采用了风动潜水泵加吊桶排水。

（2）为防止地面洪水，井筒临时锁口标高按高于近10年的最高洪水位考虑，确定为＋500.6m。

施工期间发生了如下事件：

事件1：井筒施工到井深160m时突遇断层出水，涌水量达40m^3/h，发生了淹井事故。

事件2：巷道施工期间钻孔探水时，由于钻孔设施问题和操作使用不当，发生了突水事故，影响了工期。

事件3：在工程即将完工时，恰逢雨季连续暴雨，加之附近山洪暴发，导致工业广场积水，水位高度达到＋500.8m，致使积水迅速超过井口灌入矿井，发生了淹井事故，所幸井下人员及时撤离，未造成伤亡。

【问题】

1. 施工单位井筒施工组织设计防治水方案存在哪些问题？说明正确的做法。

2. 井筒施工期间突遇断层发生淹井事故的主要原因有哪些？

3. 巷道探水钻孔钻进前，该钻孔应安装哪些设施？如遇钻孔内水压过大，应采取哪些安全技术措施？

4. 矿井工业广场积水灌入矿井，所发生的淹井事故是否可定为不可抗力的自然灾害事故？说明理由。

【参考答案】

1. 存在问题：井筒防治水方案缺少穿过断层的探水措施。

正确做法：按相关规定，穿过导水断层应先探后掘。

存在问题：井筒施工排水采用潜水泵加吊桶排水不合理。

正确做法：井筒施工应有预防井筒涌水的措施，应按规定布置排水系统（配齐排水供电电源、排水泵、排水管路等）。

存在问题：井筒施工地面防洪标高设计不合理，临时锁口标高小于煤矿建设安全的规定。

正确做法：按规定井筒临时锁口标高，应高于当地历年最高洪水位，若低于最高洪水位时，必须采取防洪安全措施，在山区还必须避开可能发生泥石流、滑坡的地段。

2. 井筒施工期间突遇断层发生淹井事故的主要原因包括：

（1）地质资料不准确（断层位置、涌水量大小）；

（2）没有遵循有疑必探、先探后掘的原则进行探水、治水；

（3）井筒施工组织设计排水设施的排水能力不足。

3. 根据施工规范：探水钻孔钻进前，应安装孔口管、三通、阀门、压力表等设施。

如遇钻孔内水压过大，应采取反压和防喷装置进行钻进，并应采取防止孔口管和煤岩壁突然鼓出的技术措施。

4. 所发生的淹井事故不可定为不可抗力的自然灾害事故。

理由：因为该洪水位没有超过当地历年最高洪水位，且施工单位未做好应有的防水措施。

实务操作和案例分析题七

【背景资料】

某施工单位承包一项井底车场二期工程。该矿井采用主、副井开拓方式，此时，主井已采用临时罐笼提升，副井临时管路系统尚未拆除，拟在副井空、重车线完工后，进行副井永久装备。

建设单位参考已竣工井筒和马头门地质资料，认定井底车场围岩为砂泥岩互层，岩层稳定，无大的断层；车场水平以下有一奥陶系灰岩含水层，距车场底板较远，且有泥岩隔水层；奥陶系灰岩含水层水压、水量等水文地质条件不祥，预计车场总涌水量 20m³/h 左右。建设单位将上述情况以书面形式发给施工单位。

施工单位根据地质资料，在主井马头门附近安装两台排水能力为 100m³/h 的卧泵，其中一台备用（主井底再无设备安装空间），利用井底水窝作水仓。施工中发现有岩层错动，并有断续的出水现象。这些现象没有引起重视，结果在副井重车线掘进放炮后，距副井井筒 65m 处，发生了迎头突水，涌水达到 220m³/h，经抢险未造成淹井事故，但生产受到严重影响。

【问题】

1. 分析突水事故中，施工单位的认识和做法存在哪些问题？

2. 施工单位在突水后应采取哪些紧急措施？

3. 施工单位在施工井底车场前应如何做好防突水工作？

4. 工作面底板发生含水层突水的主要预兆有哪些？

【参考答案】

1. 施工单位的认识和做法错误的是：

（1）对建设单位的地质资料的可靠性没有认真分析；

（2）没有认识或充分重视突水预兆和工作面异常现象；

（3）发现岩层错动并有出水现象，对地层构造沟通含水层的风险认识不足，没有采取探水措施。

2. 施工单位采取的紧急措施有:

(1) 停止井底车场所有掘进工作 (掘砌工作);

(2) 副井马头门附近,安装卧泵 (水泵),增大排水能力,满足现场需要;

(3) 清理副井水窝,作临时水仓 (水仓)。

3. 施工单位在施工井底车场前应做好防突水工作如下:

(1) 坚持"有疑必探,先探后掘"的原则;

(2) 进行突水风险分析;

(3) 制定详细的防治水施工措施;

(4) 预备充足的排水能力;

(5) 加固底板。

4. 工作面底板发生含水层突水的主要预兆包括:

(1) 压力增大底板鼓起,变形增大;

(2) 工作面底板产生裂缝,并逐渐增大;

(3) 沿裂隙或岩帮向外渗水,并有增大趋势;

(4) 底板破裂,沿裂缝有高压水喷出并伴有响声。

实务操作和案例分析题八

【背景资料】

某年产量 500 万 t 的矿井采用斜井开拓方式。施工单位承担了其中的一个斜井施工任务。该斜井的井筒断面为 20m²,倾角 15°,长度 1200m,采用矿车出矸。根据工程勘察报告,井筒涌水量约 20m³/h。为防止跑车事故的发生,项目部在斜井入口前设置了阻车器,在变坡点下方设置了挡车栏,在下部装车点上方设置了一套挡车栏。在施工过程中发生了以下事件:

事件 1:因井下工人数量不足,施工单位招收了一批新工人,并立即送到项目部。项目经理直接将新工人分到各班组并要求各班组长在地面完成新工人安全教育后,即可安排下井作业。

事件 2:某日上午 10 点,一矿车脱钩直接冲撞至工作面,致工人 2 死 3 重伤。施工班组长立即向项目经理汇报,项目经理要求迅速抢救伤员并安排立即将该矿车提升至地面。然后,当日下午 2 点向公司负责人作了汇报。经初步估算,该事故的直接经济损失约 450 万元。

【问题】

1. 该斜井施工可选用哪些装岩设备?

2. 该斜井在施工过程中,应采用几级排水方式? 确定各级排水站的位置和水泵流量,并说明其确定原则。

3. 施工现场采取的防跑车设施是否妥当? 为什么?

4. 事件 1 中对新工人的安全教育做法有何不妥?

5. 根据现行的《生产安全事故报告和调查处理条例》,确定事件 2 的事故等级。并说明该等级事故的具体判定标准。

6. 请纠正事件 2 中项目经理的不妥做法。

【参考答案】

1. 该矿井施工断面较大，装岩设备可选用耙斗装岩机、挖掘机、蟹爪式装岩机、立爪式装岩机。

2. 根据该矿井的涌水量和斜井长度，应采用三级排水方式。

一级排水安排在工作面，根据工作面涌水量的大小选用水泵流量。

二级排水安排在工作面后面适当位置，随工作面的进展需要前移。排水泵至少一台工作一台备用，每台水泵的流量应为总涌水量的2～3倍。

三级排水应能将二级排水站排上来的水排至地面，且移动次数不宜过多，排水泵的流量配备原则按二级排水站配备。

3. 不妥当。

除采取"一坡三挡"措施外，还必须安设防跑车防护装置。

4. 企业新员工没有进行"三级安全教育"和实际操作训练，不符合经考核合格后方可上岗的要求。

5. 该事故属于一般事故。

按2007年6月份开始实施的《生产安全事故报告和调查处理条例》，一般事故是指造成3人以下死亡，或者10人以下重伤，或者1000万元以下直接经济损失的事故。

6. 事故发生后，项目经理应做好事故现场保护工作。

事故发生后，项目经理应立即向公司负责人报告。

实务操作和案例分析题九

【背景资料】

某矿业工程公司中标承包某矿主、副立井井筒及井底车场相关工程。该矿主井净直径5.0m，井深450m，副井净直径7.2m，井深460m。主副井井筒施工到底后，随即进行两井之间的短路贯通。贯通结束后，主井进行了1t单层罐笼的临时改绞。

某日，承包单位的机电人员按项目部的安排，在井口拆换排水管。虽经把钩工提醒要注意安全，但施工人员仍不慎将一根短钢管坠落井下，此时恰逢井下罐笼提升，罐内共有15人（其中一名放炮员）和一个炸药箱（内装30卷炸药，10发雷管），急速下落的短钢管在距井底80m处与罐笼相撞，致使罐笼剧烈震荡、偏斜，最终造成罐内部分人员轻伤，三人坠落井下遇难。

【问题】

1. 在这起安全事故中，存在哪些主要的违章行为？
2. 该安全事故的直接责任人有哪些？
3. 根据《安全生产事故报告和调查处理条例》，该安全事故属于什么等级？
4. 从安全管理角度分析该事故发生的主要原因。

【参考答案】

1. 存在的主要违章行为有：

（1）上井口拆换排水管与人员升井平行作业；

（2）乘罐笼人员超载；

（3）施工人员和火工品混合乘罐升井；

（4）炸药和雷管混装。

2. 直接责任人有：信号工、把钩工、机电安装工、放炮员。

3. 属于较大事故。

4. 从安全管理分析，该事故发生的主要原因是：井口管理制度不健全，管理制度执行不严。安全教育不到位，工作安排不当，违章指挥。

实务操作和案例分析题十

【背景资料】

某施工单位承担一矿山立井井筒的施工任务，该立井井筒净直径 6.5m，深度 560m。其中表土段深度 30m，井壁厚度 650mm，采用井圈背板普通法施工。基岩段深度 530m，井壁厚度 500mm，混凝土强度等级为 C30，采用普通钻眼爆破法施工。施工单位编制了该井筒的施工组织设计，主要内容如下：

1. 井筒施工方案：井筒表土段采用短掘短砌单行作业。基岩段采用短段掘砌混合作业，伞钻打眼，炮眼深度 4.0m，中心回转抓岩机出渣，两套单钩吊桶提升，金属整体伸缩式模板砌壁，段高 3.5m。

2. 井内施工设备：主提升为 3m^3 吊桶，副提升为 2m^3 吊桶；1 台 FJD-6 伞钻和 2 台 HZ-6 中心回转抓岩机均悬挂在三层吊盘上；金属伸缩式模板采用 4 根钢丝绳地面凿井绞车悬吊；混凝土溜灰管采用 2 根钢丝绳地面凿井绞车悬吊；压风管、供水管、玻璃钢风筒采用井壁固定；凿井吊盘采用 6 根钢丝绳悬吊；各种电缆按相关规定悬吊。

3. 井筒施工组织：井筒安排专业施工队伍实施滚班作业，掘进循环时间约 24h，月进尺不低于 80m。

4. 主要技术要求：井筒基岩施工必须采用光面爆破，装岩提升全面实行机械化作业，采用溜灰管下放混凝土，脱模时混凝土强度不低于 0.5MPa，井壁厚度偏差符合设计要求，建成后的井筒总漏水量不大于 10.0m^3/h，且不得有 1.0m^3/h 以上的集中出水孔。井筒施工期间采用激光指向仪定向。

该立井井筒施工组织设计编制完成后，上报相关部门进行审批，相关部门要求进行修改。施工单位及时进行了修改，最终获得批准执行。

在井筒施工到深度 520m 时，吊盘工发现吊盘紧靠井筒一侧且下放困难，于是报告项目经理。经检查发现激光指向仪投点偏移井筒中心 300mm，井筒偏斜 100～400mm，高度约 15m。

【问题】

1. 该井筒基岩段施工方案是否可行？井内施工设备布置存在哪些问题？

2. 从安全方面考虑，该井筒井内施工设备还缺少哪些？说明理由。

3. 该井筒施工的主要技术要求存在哪些问题？说明正确的技术要求。

4. 采用溜灰管输送混凝土时，对混凝土有何基本要求？

5. 立井井筒施工现浇混凝土井壁施工质量检查的主要内容是什么？

6. 造成该井筒发生偏斜的可能原因有哪些？

【参考答案】

1. 基岩段施工方案可行。

井内施工设备选择及布置存在的问题有：

（1）伞钻吊挂在吊盘上。

（2）抓岩机布置了2台。

2.从安全方面考虑，该井筒施工设备布置还缺少排水设施、安全梯。

因为井筒施工地质条件具有不确定性，应当布置排水设施备用；为防止井筒提升设备发生故障，井内必须布置安全梯用于撤离井下施工人员。

3.井筒施工的主要技术要求存在以下问题：

（1）脱模时混凝土强度不低于0.5MPa。

正确要求是：强度应为0.7～1.0MPa。

（2）建成后的井筒总漏水量不大于10.0m³/h，且不得有1.0m³/h以上的集中出水孔。

正确要求是：深度600m以内的井筒总漏水量不大于6.0m³/h，且不得有0.5m³/h以上的集中出水孔。

4.采用溜灰管输送混凝土时，对混凝土的基本要求是：石子粒径不得大于40mm，坍落度不宜小于150mm，强度不大于C40。

5.立井井筒施工现浇混凝土井壁施工质量检查的主要内容是：井壁外观及厚度，以及井壁混凝土强度。

6.造成该井筒发生偏斜的主要原因有：

（1）激光指向仪未校核，投点不准，光斑太大；

（2）边垂线设置不准或未及时检测；

（3）模板没操平找正；

（4）模板支撑不稳定；

（5）混凝土没有对称浇筑。

实务操作和案例分析题十一

【背景资料】

某施工企业承包施工某矿山井下轨道运输大巷，大巷布置在底板岩层中，穿越岩层 $R_b=40\sim60$MPa，属中等稳定。已探明地质构造在《地质报告》说明书及所附图中作了叙述并标注。巷道设计为半圆拱形断面，采用锚喷支护。

施工单位根据建设方提供的设计、地质资料编制了施工方案。采用多台风动凿岩机打眼，爆破破岩，耙斗装岩机装岩，专用锚杆钻机打眼并安装锚杆，湿式混凝土喷射机喷混凝土；两掘一喷，临时支护采用锚杆支护。正常施工期间工作面作业人员18人，主要设备耙斗装岩机1台，湿式混凝土喷射机1台，凿岩机6台，锚杆钻机2台等设备。该施工方案经监理单位批准后实施。

施工单位在巷道施工至370m时，放炮通风后，出矸人员直接进入作业面准备出矸，在准备过程中发生冒顶事故，导致作业面上固定耙斗机前端滑轮、锚桩的2名工人被埋，后经抢救无效死亡；同时造成作业面停工和部分施工机械、工器具损坏、工程材料损失，共延误工期15d。

冒顶事故抢险结束后，通过事故调查确认，发生事故的主要原因是突遇陷落柱。通过地质探查该陷落柱呈椭圆形，长轴沿巷道轴线10m左右，短轴垂直巷道轴线8m左右，柱内岩石破坏严重且呈碎块状。

施工单位向建设单位提出索赔，索赔的内容包括：事故造成的施工机械、工器具、工程材料损失费，停工期间设备台班费及租赁费，停工期间人工窝工费用，工期顺延。

【问题】

1. 该轨道运输大巷施工单位作业人员违反了哪些顶板管理规定？

2. 冒顶事故发生后施工单位应做好哪些工作？

3. 巷道穿越背景中严重破碎岩层陷落柱应采取哪些施工措施？

4. 本次冒顶事故属于哪一安全事故等级？事故调查组应由哪些人员组成？

5. 施工单位应以何理由提出索赔？施工单位应如何计算各项索赔费用？说明申请工期索赔的条件。

【参考答案】

1. 该轨道运输大巷施工单位作业人员违反的顶板管理规定：

(1) 班组长全面安全检查；

(2) 严禁空顶作业；

(3) 敲帮问顶。

2. 冒顶事故发生后施工单位应做好的工作如下：

(1) 立即报告；

(2) 启动应急预案；

(3) 积极救援遇险人员；

(4) 加固巷道。

3. 巷道穿越背景中严重破碎岩层陷落柱应采取的以下的施工措施：

(1) 注浆加固措施；

(2) 超前注浆锚杆支护措施；

(3) 超前注浆管棚支护措施。

4. 本次冒顶事故属于一般事故。

根据事故的具体情况，事故调查组由县以上人民政府、安全生产监督管理部门、负有安全生产监督管理职责的有关部门、监察机关、公安机关以及工会派人组成，并应当邀请人民检察院派人参加，同时可邀请相关专家参与。

5. 施工单位可以用建设单位提供的地质资料不准确为由提出相应的索赔。

施工单位计算各项索赔费用的内容包括：

(1) 施工机械、工器具、工程材料损失费应按实际损失计算；

(2) 停工期间设备台班费及租赁费、人工窝工费按合同约定计算；

(3) 专项施工措施相关费用按合同中确定相关综合单价计算。

申请工期索赔的条件是：工期索赔应考虑延误工期确实影响项目总工期（在关键线路上）。

实务操作和案例分析题十二

【背景资料】

某矿的斜井深度为 1500m，断面为 25m²，坡度为 15°。需采用矿车提升装置。据地质资料显示，井筒涌水量为 25m³/h。施工单位在井口安装了阻车器，并在井口下方安设了一道挡车栏，在下部装矸地点的上方安设了一道挡车栏。在 7 月 8 日 9：00 左右，发生一起矿车跑车事故，造成井下工作人员 2 人死亡，3 人重伤。得知消息后，施工单位的负责人立即组织人员进行抢救，并安排专人将矿车提升至地面，同时恢复生产。7 月 8 日 14 时许，施工单位负责人将事故报告县级安全生产监督管理部门，事后经调查，造成直接经济损失 450 万元。

【问题】

1. 用于斜井的装岩设备有哪些？

2. 防跑车装置的设置是否合理？说明理由。

3. 在本案例中，应该设置几级排水？如何确定水泵流量？

4. 发生的安全事故等级属于什么等级，事故等级的划分依据是什么？

5. 施工单位的负责人做法是否合理？说明理由。

【参考答案】

1. 斜井施工装矸除特殊情况采用人工装矸外，基本都实现了机械装矸。常用的装矸机械有耙斗装岩机、挖掘机、装载机等。其中耙斗装岩机适用于任何坡度的斜井，有利于平行作业。

2. 防跑车装置的设置不合理。

理由：斜井施工提升防跑车是斜井提升的重要安全措施，通常所说的"一坡三挡"就是防跑车的主要措施，"一坡三挡"即在斜井上口入口前设置阻车器，在变坡点下方略大于一列车长度的地点，设置能够防止未连挂的车辆继续往下跑的挡车栏，在下部装车点上方再设置一套挡车栏，除此之外，还必须安设能够将运行中断绳、脱钩的车辆阻止的防跑车防护装置。而本案例中，只设置了两挡，不符合规定。故防跑车设置不合理。

3. 斜井的排水方式应视涌水量大小和斜井的长度而定，一般采取三级排水。设置如下：

（1）一级排水站：工作面排水。

（2）二级排水站：设在工作面后面适当的位置，位置的确定原则：距工作面施工设备至少 5m；要考虑一级排水设备扬程的允许，并有 10% 的富余量。

（3）三级排水站：三级排水站的移动次数不宜过多，二级排水站排上来的水通过三级排水站排到地面。三级排水站的临时水仓容量要大于二级排水站临时水仓的容量。

确定水泵流量：根据《煤矿安全规程》的规定，矿井井下排水设备应当符合矿井排水的要求。除正在检修的水泵外，应当有工作水泵和备用水泵。工作水泵的能力，应当能在 20h 内排出矿井 24h 的正常涌水量（包括充填水及其他用水）。备用水泵的能力应当不小于工作水泵能力的 70%。工作和备用水泵的总能力，应当能在 20h 内排出矿井 24h 的最大涌水量。检修水泵的能力，应当不小于工作水泵能力的 25%。

水泵流量：$V=24 \div 20 \times 25=30m^3/h$。故井下水泵流量为 $V \geqslant 30m^3/h$。

4. 本案例中发生的安全事故属于一般事故。

划分依据是根据《生产安全事故报告和调查处理条例》，事故划分为特别重大事故、重大事故、较大事故和一般事故4个等级。特别重大事故是指造成30人以上死亡，或者100人以上重伤，或者1亿元以上直接经济损失的事故；重大事故是指造成10人以上30人以下死亡，或者50人以上100人以下重伤，或者5000万元以上1亿元以下直接经济损失的事故；较大事故是指造成3人以上10人以下死亡，或者10人以上50人以下重伤，或者1000万元以上5000万元以下直接经济损失的事故；一般事故是指造成3人以下死亡，或者10人以下重伤，或者1000万元以下直接经济损失的事故。

本案例中造成直接经济损失450万元，2人死亡，3人重伤。故安全事故属于一般事故。

5. 施工单位的负责人做法不合理。

理由：根据《生产安全事故报告和调查处理条例》的规定，事故发生后，事故现场有关人员应当立即向本单位负责人报告；单位负责人接到报告后，应当于1h内向事故发生地县级以上人民政府安全生产监督管理部门和负有安全生产监督管理职责的有关部门报告。

情况紧急时，事故现场有关人员可以直接向事故发生地县级以上人民政府安全生产监督管理部门和负有安全生产监督管理职责的有关部门报告。

实务操作和案例分析题十三

【背景资料】

某矿井共设有主井、副井和中央风井三个井筒，矿井为高瓦斯矿井，煤尘有自燃的危险。一施工单位承担矿井的施工任务，施工方案为对头掘进。一安装单位承担了该矿井的井筒安装和主要运输大巷的胶带设备的安装工作。在施工过程中发生了以下事件：

事件1：项目经理安排了1名维修工又未经培训的工人去管理信号工作，导致井上井下信号脱岗，把吊桶送入井底水中还不知道。绞车司机因没有看到停止信号，导致吊桶沉入井底水中，造成1名工人被淹身亡。

事件2：为确保施工进度计划能够按节点完成，施工单位负责人未经监理许可，在材料试验报告未返回前擅自施工。设备基础浇筑完毕后，发现砂试验报告中某些检验项目质量不合格。如果返工重新施工，工期将拖延15d，经济损失达2.4万元。

【问题】

1. 针对矿井条件，在井筒的安装工作中，应如何组织？

2. 为避免发生火灾，在安装工作时应注意哪些问题？

3. 事件1中违反了安全规程的哪些要求？

4. 事件1按事故严重性分类属于哪一类？事故处理的程序是什么？

5. 事件2中施工单位的做法是否正确？应如何做？

【参考答案】

1. 在井筒的安装工程中，应注意产生火源，具体在施工安排时，要与井筒的通风方式相配合和协调。具体如下：

（1）当井筒到底转入井巷过渡时，采用副井首先安装，这时应当将副井作为进风井，主井或风井作为回风井。

（2）风井安装时，应当将其作为进风井。

（3）主井安装时，可采用主、副井同时进风、风井回风的方法，以保证井筒安装在新鲜风流中进行，可避免安装作业时的焊接和明火引燃瓦斯和煤尘。

2. 为避免发生火灾在安装工作时应注意的问题：

（1）焊接工作地点的前后 10m 范围应是不燃性支护，有供水支管，专门负责喷水，并配备两个灭火器。

（2）在井口房、井筒或斜井内焊接，在工作地的下方应有不燃性材料设施接受焊接溅落的火星。

（3）焊接地点的风流中，瓦斯浓度不超过 0.5%。

（4）焊接工作结束后，工作地点应再次用水喷洒，并有专人在工作地点检查 1h。

（5）在有瓦斯与煤（岩）突出的矿井中的焊接，焊接时在突出危险区内必须停止所有可能引起突出的工作。

3. 事件 1 中违反安全规程的规定有：

（1）项目经理违章指挥且违反了未进行转岗培训的规定。

（2）违反了煤矿安全规程"井内和井口的信号必须由专职信号工发送"的规定。

（3）绞车司机违章操作，安全规程规定当吊桶下放到工作面时，即使没有信号也必须停车。

4. 事件 1 中的事故属于一般事故。

事故处理的程序：迅速抢救伤员，保护事故现场；组织调查组；进行现场勘察；分析事故原因，确定事故性质；写出事故调查报告；事故的审理和结案。

5. 事件 2 中施工单位未经监理许可进行设备基础混凝土浇筑的做法是不对的。

正确做法：先组织已具备条件的工序部位作业，待送检报告出来后，经检验确认其质量合格后，方准材料进场组织施工。

实务操作和案例分析题十四

【背景资料】

某施工队伍承包了一矿山 700m 的石门施工任务，该石门所穿过的岩层主要为页岩和泥岩，遇水后易膨胀，稳定性较差，岩层倾角为 25°。巷道采用锚喷网支护，临时支护现打锚杆，支护紧跟工作面。该施工队为加快进度，将工作面锚杆临时支护改为钢支架支撑，锚喷网永久支护在工作面后方 20m 处一次完成，监理同意采取该施工方案，但强调必须在围岩稳定性较好的条件下方可实施，如遇围岩条件差，特别是有涌水时，必须制定相关措施或仍采用原设计方案，否则，出现任何安全或质量问题均由施工单位承担。

施工中，该施工队在工作面无涌水时，施工进度正常，在部分岩石稳定地段，施工队长在放炮通风后直接安排凿岩工进行打眼。在通过一个小断层时，由于有水的影响，加之断层带内岩石破碎，工作面在打眼时发生了冒顶事故，所架设的临时钢支撑全部倾倒，造成 2 人重伤、5 人轻伤，装岩设备损坏，影响工期 20d，施工单位就此事故提出了索赔。

【问题】

1. 施工队在施工中存在安全隐患的做法有哪些？

2. 针对巷道的施工条件应如何预防巷道顶板事故？

3. 施工单位提出的索赔要求是否成立？为什么？

4. 矿山防治水的基本原则是什么？

【参考答案】

1. 施工队在施工中存在安全隐患的做法有：

（1）放炮通风后不进行安全检测，没有进行"敲帮问顶"，直接进行钻眼作业。

（2）在没有临时支护的情况下进行作业。

（3）穿过断层时，由于有水的影响，加之围岩破碎，应当制定相应的安全措施，不能采用正常情况下的施工方法。

2. 针对巷道的施工条件，预防巷道顶板事故应采取的措施有：

（1）掌握巷道围岩的稳定状态。

（2）放炮后首先应进行"敲帮问顶"，检查危石，同时实施临时支护。

（3）工作面涌水会对围岩稳定性产生影响，可采取相应的措施，如注浆封水、超前导水或引水等方法。

（4）对已架设的支架要进行稳定性处理，防止倾覆。

3. 施工单位提出的索赔要求不能成立。

理由：施工前已经明确巷道围岩稳定性较差，穿过的断层并非不可预见。施工单位为加快进度，对安全重视不够导致冒顶事故的发生，该责任应当由施工单位承担。

4. 矿山防治水的基本原则：坚持"预测预报、有疑必探、先探后掘、先治后采"的原则，采取防、堵、疏、排、截的综合治理措施。

实务操作和案例分析题十五

【背景资料】

某施工单位承建矿井风井井筒及井下二、三期工程的施工任务。该井筒直径为 6.0m，井深 500m。为加快井筒施工速度，施工单位布置了 2 台 JKZ 2.8/15.5 提升机配 2 个 3.0m³ 吊桶出矸。施工组织设计中设备一览表显示，该井筒还布置了 0.6m³ 抓岩机、排水卧泵、压风管、供水管、溜灰管、风筒、动力电缆、通讯、监控及信号电缆。由于风筒较轻，采用单绳悬吊。

井筒施工到 430m 时，早班工人打好炮眼、装好药后升井，放炮员地面操作放炮，放炮后，班长即带领吊盘信号工及 6 名出渣人员乘吊桶准备入井，班长指令井口信号工发令下放吊桶。吊桶到达吊盘位置停止后，吊盘信号工下到吊盘上，发现风筒在吊盘处脱节，班长安排吊盘信号工处理。吊桶继续运行到达工作面，由于炮烟浓度较大，视线不清，吊盘信号工没有及时发出停罐信号，致使发生吊桶蹾罐倾倒事故，造成 1 人碰撞颅脑损伤当场死亡，其余人员因炮烟浓度过大被熏倒，后经抢救，5 人脱险，1 人死亡。

【问题】

1. 该风井井筒施工的提升设备选型及风筒布设有何不妥之处？说明理由并给出正确做法。

2. 为保证安全和正常施工，该井筒布置尚缺哪些设施？

3. 造成本次事故的直接原因有哪些？应该采取什么措施避免同类事故发生？

4. 按《生产安全事故报告和调查处理条例》，该井筒施工的伤亡事故属于哪一等级？该等级的划分标准是什么？

【参考答案】

1. 该风井井筒施工的提升设备选型及风筒布设的不妥之处如下：

(1) 提升机选型不妥。

理由：未考虑改绞需要。

正确做法：应安设1台双滚筒提升机。

(2) 风筒悬吊方式不妥。

理由：单绳悬吊风筒不牢固。

正确做法：应采用双绳悬吊（或井壁吊挂）。

2. 为保证安全和正常施工，该井筒布置缺少：安全梯，排水管，水箱（转水站），工作面潜水泵。

3. 本次伤亡事故的直接原因是：班长违章指挥，通风时间不足，未进行安全检查；风筒脱节导致排烟不畅；信号工、把钩工、安全员未能尽职；绞车司机失职。

采取措施：通风按规程严格执行，班长、安监员、信号工、瓦检员应首罐下井进行安全检查，提升机操作应有人监护，并监视吊桶入井深度的相关标志。

4. 该井筒施工伤亡事故属于一般事故。

一般事故划分标准为：死亡3人以下或重伤10人以下，或者直接经济损失1000万元以下。

实务操作和案例分析题十六

【背景资料】

一煤矿改扩建项目施工进入井下巷道施工期，某矿建公司承担了该项目的东翼轨道大巷施工任务。大巷沿煤层底板下8m岩层布置，巷道穿越普氏系数 $f=4\sim6$ 的砂岩；巷道断面采用三心拱，掘进断面宽度3500mm，高度3000mm；锚网喷加锚索支护。改扩建项目设计、施工以原矿井几年前编制的《矿井生产地质报告》为依据，并确定了矿井瓦斯等级为高瓦斯。扩建井田范围内煤层埋藏较浅，早年私挖乱采影响严重。

项目经理部根据设计图纸和地质资料编制了该大巷的施工组织设计。施工方案采用钻眼爆破一次成巷法施工，选用两臂凿岩台车钻眼，配重型导轨式液压凿岩机；ZCY 100R侧卸式装岩机装岩，胶带转载机转载，矿车运输出矸。掘进采用直眼掏槽，眼深2500mm，所有炮眼落在同一深度，周边眼口布置在轮廓线内50mm的位置，眼底落在轮廓线上；雷管选用1~5段煤矿许用毫秒延期电雷管，炸药为二级煤矿许用乳化炸药。

针对该巷道的防治水工作，项目经理部按照有掘必探的原则制定了探水方案，利用凿岩台车上凿岩机采用接长钎杆的方法进行探水作业，钎杆接长到5m，钻凿3个探水孔，探水钻孔布置在断面中央，分别朝向巷道正前方和侧前方，成扇形布置。在施工到地质报告预计断层位置的200m前，工作面出现顶板开裂、淋水增大、岩帮渗水等现象，项目技术负责人检查后安排了探水，并布置一台小型潜水泵用来排除工作面积水和应对探水过程中巷道的涌水。在探水作业未发现有大的涌水后，负责人安排继续施工，结果放炮后揭露出一条地质报告未标明的断层，断层沟通上层老空区积水，引发透水事故，致巷道被淹，2名矿工遇难，事故造成直接经济损失达到1060万元。

【问题】

1. 轨道大巷主要施工设备配置存在哪些不妥之处？说明理由并给出合理的配置方案。

2. 钻眼爆破作业存在哪些不妥之处？说明正确的做法。

3. 导致本项目施工发生透水淹巷事故的原因有哪些？

4. 根据《生产安全事故报告和调查处理条例》，说明透水安全事故的等级及判别依据。该事故应由哪一级机构负责调查？事故调查组应由哪些人员组成？

【参考答案】

1. 不妥之处：台车配侧卸装岩机综合机械化作业线。

理由：断面过小，台车配侧卸装岩机综合机械化作业线适合12m²以上巷道。ZCY100R型侧卸式装岩机要求巷道高度最小3.7m，巷道高度不适合。

合理的配置方案：配套宜选择凿岩台车配耙斗装岩机或其他小型装载机。

2. 不妥之处：炸药选择二级煤矿许用炸药不要。

理由：根据《煤矿安全规程》规定，炸药应选择安全等级三级以上炸药。

不妥之处：所有炮眼深度一致。

理由：炮眼布置掏槽眼应比辅助眼、周边眼加深200～300mm。

不妥之处：周边眼布置不合适。

理由：周边眼口应布置在轮廓线上，眼底落到轮廓线外50mm左右。

3. 导致本项目施工发生透水淹巷事故的原因有地质及水文地质资料不准、探水做法错误造成探水结论不正确、工作面排水能力不足、抗灾能力不足。

4. 根据《生产安全事故报告和调查处理条例》本次事故应确定为较大事故。死亡2人属于一般事故，但直接经济损失超过了1000万元，所以应按1060万元定事故等级。

事故调查应由项目所在地设区的市级人民政府或其委托的有关部门组织调查。

调查组成人员应由有关人民政府、安全生产监督管理部门、负有安全生产监督管理职责的有关部门、监察机关、公安机关以及工会派人组成。

实务操作和案例分析题十七

【背景资料】

某施工单位承包一瓦斯矿井的巷道工程，其中运输石门穿过砂岩、砂质泥岩和泥岩等岩层，地质资料表明该施工段无煤层。施工过程中的某一天，施工队长在班前会上交代并布置了当班掘进工作面的情况和任务：工作面岩层为白色砂岩，稳定性较好，且无涌水，可按正常情况进行掘进。施工时，钻眼工发现工作面右下角底眼1.5m深处冒黑水，怀疑有煤层，班长立即向调度室做了汇报。当班调度人员安排瓦斯检查员立即进行瓦斯检测，现场实测表明巷道风流中无瓦斯，异常炮眼中瓦斯浓度仅为0.14%，未超限。调度员据此指示工作面正常施工，瓦斯检查员此后也一直未对该巷道的瓦斯进行检测。在工作面放炮时，引起了煤与瓦斯突出，突出的瓦斯涌到临时变电所和泵房，并引发爆炸，造成了3人死亡，10人受伤，其中2人重伤。事后经调查，爆炸地点在泵房开关柜处。

【问题】

1. 根据《生产安全事故报告和调查处理条例》，确定该安全事故的等级。

2. 瓦斯爆炸必须具备的三个条件是什么？

3. 发生本次瓦斯爆炸事故的直接原因有哪些？

4. 当班调度人员和瓦斯检查员存在哪些失职行为？

5. 发生瓦斯爆炸事故后，应在事故现场采取哪些处理措施？

【参考答案】

1. 根据《生产安全事故报告和调查处理条例》，该事故为较大事故。

2. 瓦斯爆炸必须具备的三个基本条件是：

(1) 空气中瓦斯浓度达到 5%～16%；

(2) 要有温度为 650～750℃的引爆火源；

(3) 空气中氧含量不低于 12%。

3. 发生本次瓦斯爆炸事故的直接原因有：

(1) 地质资料不准确，工作面遇煤层，放炮涌出瓦斯并达到爆炸浓度；

(2) 泵房开关柜不防爆，产生火花，引起瓦斯爆炸；

(3) 未严格执行"一炮三检"制度；

4. 当班调度人员安全意识淡薄，遇见异常情况，未采取探煤措施，仍指示正常施工；瓦斯检查员未进行跟踪检查瓦斯浓度，装药前、放炮前未进行瓦斯检测。

5. 立即启动事故应急预案，采取有效措施，组织抢救，防止事故扩大，减少人员伤亡和财产损失。同时要妥善保护事故现场及相关证据。

实务操作和案例分析题十八

【背景资料】

某矿井工业场地内布置有主、副、风三个井筒，地面标高＋25.00m，主、副井车场运输水平为－625m，风井回风水平为－600m，主井井深 675m，副井井深 660m，风井井深 630m。在施工过程中发生以下事件：

事件1：材料供应部门根据工程量和技术部门"储备 3 个月材料用量"的要求，在开工前从离工程 40km 远的水泥厂拉来了用于主、副、风三个井筒施工的 250t 水泥，却无计划存放地。最后决定将原拟作为班组会议室的旧建筑改作为水泥库房，可存放水泥 80t。新建库房计划在开工后 2 个月内完成，余下的水泥只能临时露天堆放。虽然采取一定措施，但是到使用时，仍然有 1/6 的水泥受潮或失效。

事件2：某日，时值冬季，当罐笼上升到离副井井底 100m 时，离井口 30m 处突然落下一大冰块，冰块落在罐顶一侧并将罐盖砸掉，巨大的冲击使运行中的罐笼剧烈颠簸，把罐内的 4 个工人从罐笼两端抛出，坠落井底，2 人当场死亡，另外 2 人摔成重伤，在救护队的救护下送往当地医院救治，其中 1 人在一周后抢救无效死亡。

【问题】

1. 事件1中施工准备工作的失误有哪些？说明正确做法。

2. 事件2中的事故等级属于什么等级？依据是什么？

3. 事件2中事故发生的原因是什么？如何预防？

4. 施工企业编制的应急预案应包括哪些内容？

【参考答案】

1. 事件1中施工准备工作的失误之处及正确做法：

(1) 材料供应部门没有做好材料供应计划，盲目进货。

正确做法：首先根据实际情况以及供货单位可能的供货能力确定水泥进货量，然后根据水泥存放量的要求、落实好库房和合适的堆放地方。

(2) 施工现场没有考虑临时水泥库房的需要，或水泥库房建设的安排时间不合适。

正确做法：现场勘察时就应考虑项目开工的各种条件和需要，包括水泥库房；同时，根据实际需要确定临时工程内容，并制定其施工进度计划。

2. 事件2中的事故等级属于较大事故等级。依据《生产安全事故报告和调查处理条例》，自事故发生之日起30日内，事故造成的伤亡人数发生变化的，应当及时补报。较大事故是指造成3人以上10人以下死亡的事故。

3. 事件2中的事故发生的原因是由于冬期施工井筒没有保温措施又没有及时清除井筒内冻结冰块造成的。

为预防此类事故应采取的措施为：

(1) 加强冬期施工的安全教育，提高对立井井筒结冰危害的认识；

(2) 立井井筒冬期施工前，必须提前做好井口供暖工作，防止井筒内冻结挂冰；

(3) 无法解决暖风问题的，必须安排专人轮班检查、清除井筒挂冰；

(4) 如果是瓦斯矿井，要在保证瓦斯浓度不超限的情况下，适当限制井筒风速和风量，防止井筒大量结冰。

4. 施工企业编制的应急预案应包括的内容有：应对事故发生的方法；应对事故处理的人、材、物准备；应急预案实施操作与演练；主要安全注意事项。

实务操作和案例分析题十九

【背景资料】

某施工单位承建巷道工程，该巷道净断面20m²，所穿过的岩层属于Ⅳ～Ⅴ类稳定性围岩，采用锚喷支护，锚杆长度2.0m，间排距800mm×800mm，喷射混凝土强度等级C20，厚度100mm，同时架设钢棚支架，支架间距0.8m，地质资料预计该巷道将通过断层破碎带。

施工单位采用钻爆法掘进，气腿式风动凿岩机钻眼。凿岩机操作人员开始钻眼时，领钎工戴着手套点好周边眼位，要求周边眼的眼底落在掘进断面轮廓线外50mm处。钻眼完毕后，班组长立即通知爆破工进行装药，此时爆破工在临时水泵房内刚完成起爆药卷的装配工作，接到装药通知后，立即到工作面迎头进行炮眼装药工作。装药过程中，班组长发现工作面围岩破碎，认为巷道已遇断层破碎带，经监理单位同意，采取了减少装药量（周边眼间隔装药）、缩小钢棚支架间距、钢棚架设支护紧跟工作面迎头的措施。装药结束，经瓦斯检查工检查瓦斯后，进行了爆破。

爆破后，待工作面的炮烟被吹散，班组长、爆破工和瓦斯检查工进入爆破工作面，发现钢棚支架崩坏、支架间拉杆脱落。在工作面进行敲帮问顶安全检查时，钢棚支架突然发生倾倒，支架顶部大块岩石冒落，将班组长等3人砸成重伤，冒落事故致使巷道施工工期滞后15d。事故处理完毕后，施工单位以地质资料（遇断层破碎带）不详为由向建设单位提出工期顺延的要求。

【问题】

1. 针对施工单位在钻爆施工过程中存在的错误，写出其正确的做法。

2. 为安全通过该巷道断层破碎带，可采取哪些有效措施？

3. 根据《生产安全事故报告和调查处理条例》规定，冒顶事故属于哪一等级？说明理由。

4. 施工单位提出工期顺延的要求是否合理？说明理由。

【参考答案】

1. 施工单位正确的做法为：

（1）点眼位时不应戴手套领钎；

（2）应使周边眼口布置在轮廓线上，并控制眼底偏出轮廓线外 50～100mm；

（3）爆破工制作起爆药卷应在顶板完好、支护完整的地方，避开电气设备和导电体的爆破工作地点的附近；

（4）装药前应先进行瓦斯检查。

2. 可采取的有效措施有：

（1）超前支护（如在工作面迎头拱部施工超前锚杆、前探梁、管棚注浆加固）；

（2）加强支护（如增加锚杆长度和采用锚索、网片）；

（3）减小掘进炮眼深度，短掘短支；

（4）采取多打眼、少装药的爆破措施。

3. 冒顶事故属于一般事故。

理由：10 人以下重伤的事故。

4. 施工单位提出工期顺延的要求不合理。

理由：地质资料已提供巷道将穿过断层破碎带，班组长违章作业（或进入工作面作业前未先行修复崩坏的钢棚支架），属于施工单位自身承担的风险范围和责任。